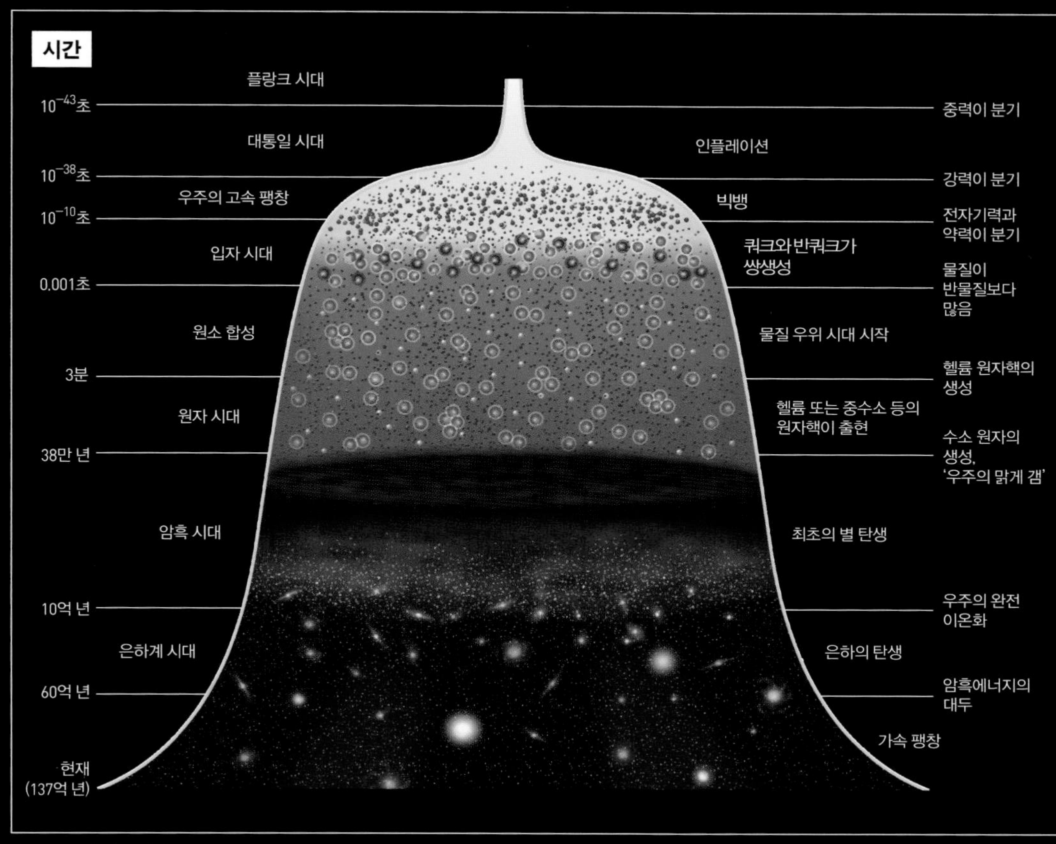

우주 137억 년의 진화

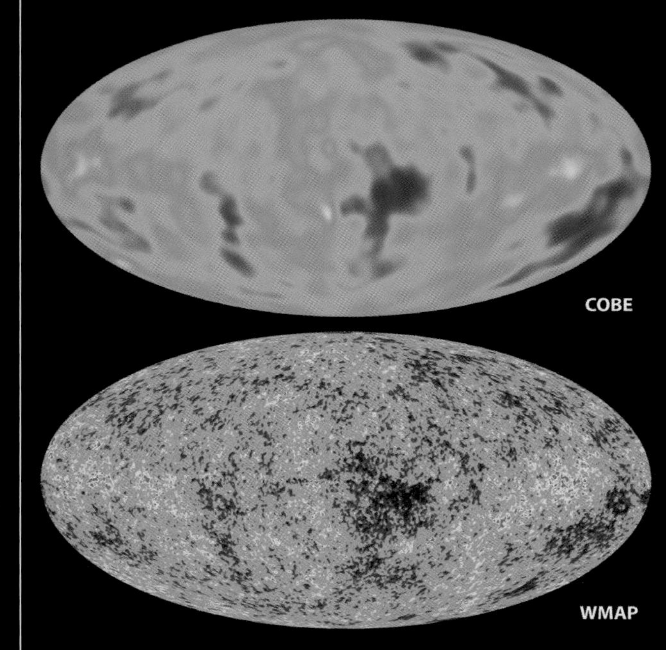

우주의 나이를 밝힌 우주배경복사(CMB)의 요동
위쪽은 1992년에 관측한 우주배경복사탐사위성(COBE, Cosmic Background Explorer)의 영상 데이터, 아래쪽은 이것을 더 자세히 포착한 윌킨슨마이크로파비등방성탐사선(WMAP, Wilkinson Microwave Anisotropy Probe)의 영상(2003년 2월 발표).
적색 부분은 온도가 높고 청색 부분은 온도가 낮다. 이 온도의 요동은 우주가 생겨나고 약 38만 년 후의 물질 밀도 분포이며, 미세한 요동(얼룩)이 은하와 은하 덩어리의 '씨앗'이 되었을 것으로 여겨진다.
제공: NASA/WMAP Science Team

암흑성운 '바너드 Banard68'

한때는 하늘에 뻥 뚫린 구멍이라고 여겨졌으나 현재는 별이 탄생하기 전에 존재했던 성간분자운이라고 생각된다. 수수께끼의 암흑물질이다.
993년 3월 VLT 촬영.
제공: European Southern Observatory(ESO)

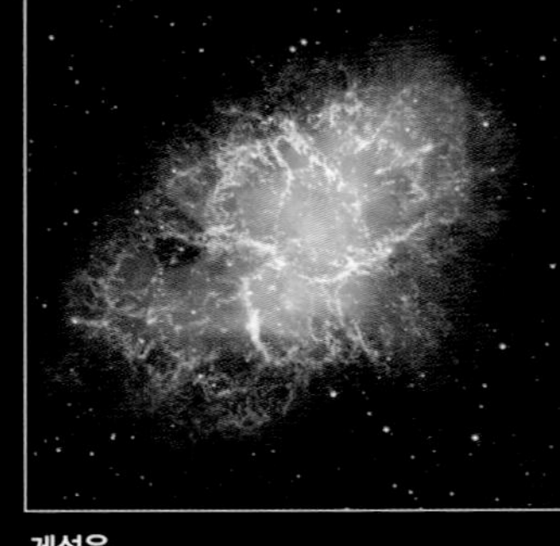

게성운

서기 1054년에 발견된 초신성 폭발로 생긴 성운. 필라멘트 상태로 퍼진 '구름'이 폭발의 잔해. 영상은 1999년 11월에 초대형망원경(VLT)이 찍은 것이다.
제공: European Southern Observatory(ESO)

보석함처럼 빛나는 우주의 빛

허블우주망원경이 잡아낸 빛나는 우주의 영상. 별의 색깔이 다르다는 것으로 별들의 표면 온도가 다르다는 것을 알 수 있다.
제공: NASA and The Hubble Heritage Team (STScl/AURA)

캣츠아이성운

지구에서 3000광년 거리에 있는 행성상성운. 날카로운 고양이 눈처럼 빛난다고 해서 생겨난 이름이다. 동심원상으로 퍼지는 고리가 특징적이다.
제공: NASA, ESA, HEIC and The Hubble Heritage Team(STScl/AURA)

막대나선은하 M83

남쪽 별자리 바다뱀자리에 위치하며 은하의 크기는 1500만 광년이다. 1999년 3월 VLT 촬영.
제공: European Southern Observatory(ESO)

솜브레로은하 Sombrero Galaxy

복잡하게 구조화된 먼지로 이루어졌다. 멕시코의 산고모(중산모자) '솜브레로'를 닮은 소용돌이 상태의 원반. 2000년 1월 30일 VLT 촬영.
제공: European Southern Observatory(ESO)

화성의 파노라마 영상

화성 탐사기 '마스패스파인더'가 1997년 7월 4일 화성 착륙 때 촬영한 영상이다. 제공: United States Geological Survey

토성의 고리

토성 탐사선 카시니 · 호이겐스위성이 관측한 토성의 고리를 색상 처리한 영상. 2004년 6월 21일 촬영.
제공: NASA/JPL/Space Science Institute

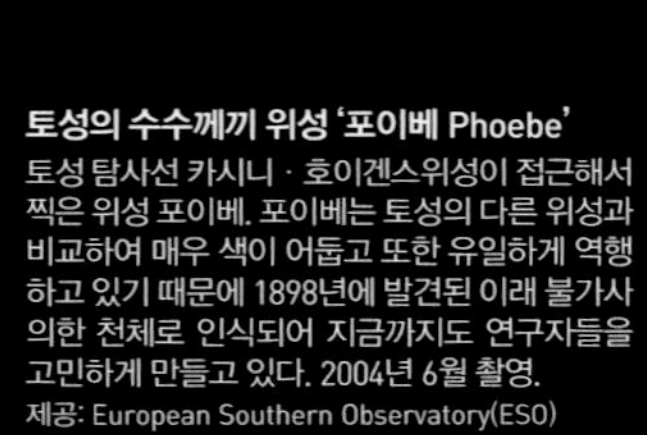

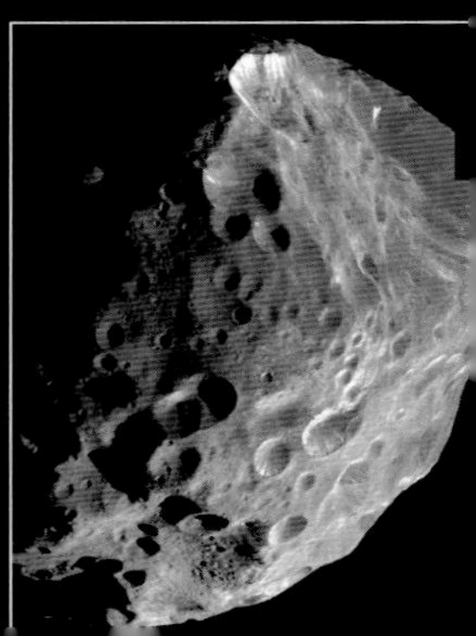

토성의 수수께끼 위성 '포이베 Phoebe'

토성 탐사선 카시니 · 호이겐스위성이 접근해서 찍은 위성 포이베. 포이베는 토성의 다른 위성과 비교하여 매우 색이 어둡고 또한 유일하게 역행하고 있기 때문에 1898년에 발견된 이래 불가사의한 천체로 인식되어 지금까지도 연구자들을 고민하게 만들고 있다. 2004년 6월 촬영.
제공: European Southern Observatory(ESO)

우주 공간을 비행하는 허블우주망원경

제공: NASA, STScl

수성의 오로라

제공: NASA and J. Clarke(University of Michigan)

토성의 오로라

제공: J. Trauger(JPL) and NASA

켁 keck 망원경

스바루망원경 옆에 있는 쌍둥이 망원경. 거울의 지름은 15미터이고 육각형 거울 36개를 맞춰 놓은 '맞춤 거울'로 되어 있다.

제공: W. M. Keck Observatory

스바루망원경

일본이 자랑하는 고성능 망원경. 미국 하와이 마우나케아 산 정상에 위치하며 1999년에 완성되었다.

제공: 일본 국립천문대

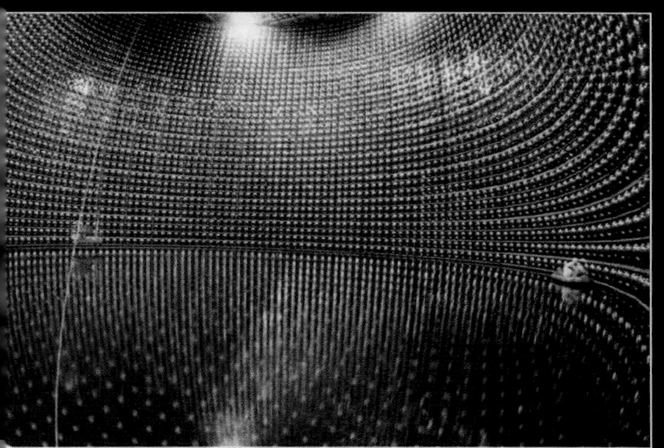

슈퍼카미오칸데

일본 기후현 카미오카 광산의 지하 1000미터에 설치한 실험 장치. 양성자 붕괴 검증과 중성미자(뉴트리노) 검출을 목적으로 건설했다. 약 1만 개의 광전자 증배관으로 이루어져 있다. 1999년 6월 19일 처음으로 뉴트리노를 관측.

VLT (Very Large Telescope)

유럽 8개국이 가맹한 남유럽천문대(ESO)의 거대 망원경. 2000년 완성. 칠레 안데스 고지에 4대가 세워졌다. 그 각각은 이름대로 큰 구경을 자랑한다. 1대의 구경은 8미터로, 4대를 합하면 16미터의 대구경 망원경이 된다.

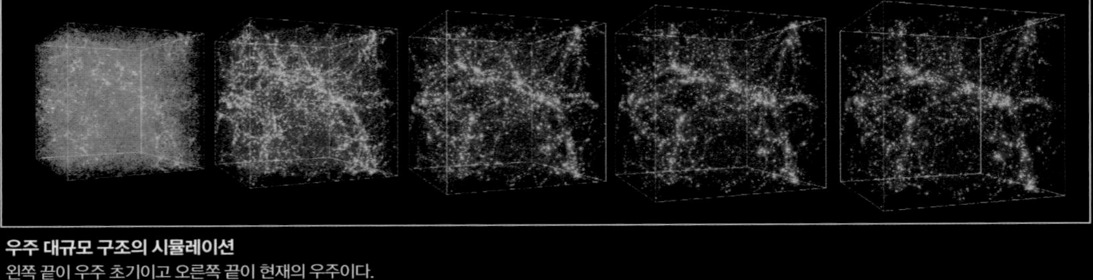

우주 대규모 구조의 시뮬레이션
왼쪽 끝이 우주 초기이고 오른쪽 끝이 현재의 우주이다.
CG 작성: Andrey Kravtsov(시카고 대학), Anatoly Klypin(뉴멕시코 주립 대학)

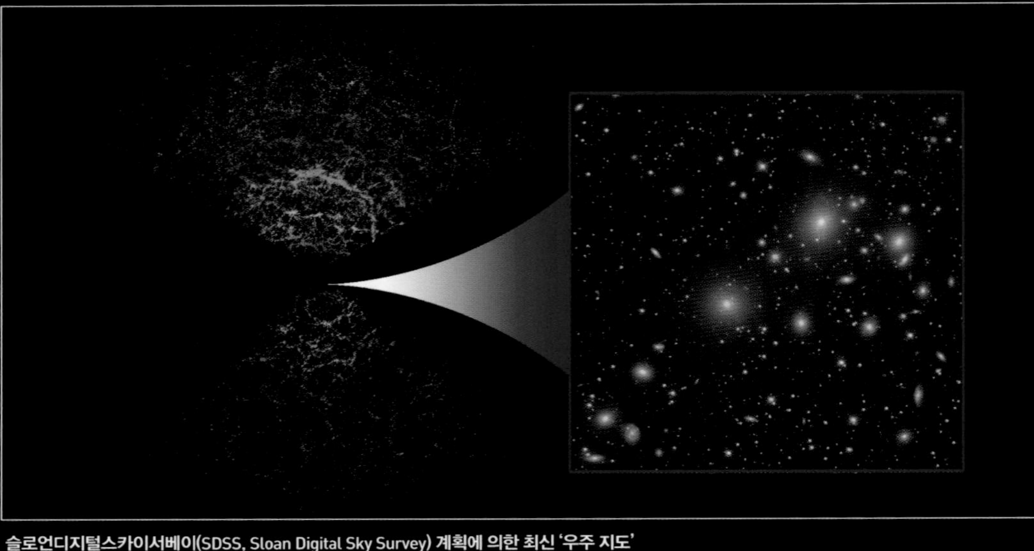

슬로언디지털스카이서베이(SDSS, Sloan Digital Sky Survey) 계획에 의한 최신 '우주 지도'
대항해시대에 세계지도를 만들었던 것처럼 인류는 '우주의 대지도'를 만들려고 하고 있다.
CG 작성: Astrophysical Research Consortium(ARC) and the Sloan Digital Sky Survey (SDSS) Collaboration

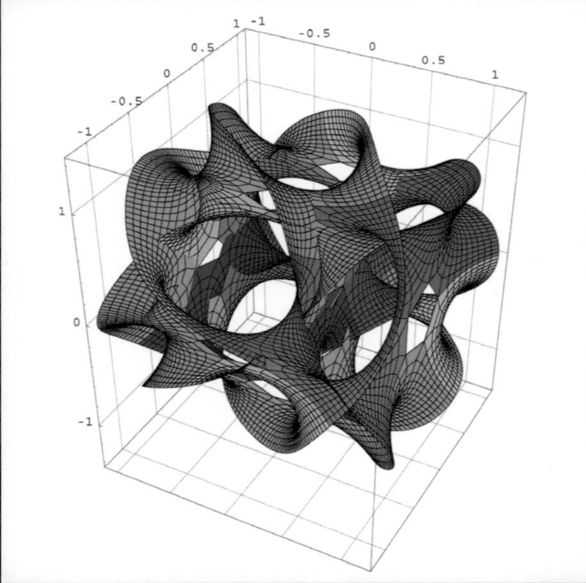

칼라비 · 야우공간
Calabi-Yau Space〈Eugenio Calabi(Italian-American mathematician), Shing-Tung Yau(Chinese)〉
초끈이론에서는 우주의 탄생을 '점'이 아닌 '끈'으로 가정한다. 초끈은 우리에게 익숙한 3차원 공간(또는 시간을 고려한 4차원 공간)이 아니라 10차원 또는 11차원 공간에 존재한다.
CG 작성: 다케우치 가오루

■ 미국의 적외선 우주망원경으로 본 다양한 우주의 모습

미국의 적외선 우주망원경 스피처

제공: NASA

소마젤란 은하

우리 은하에서 약 20만 광년 거리에 위치한 소마젤란 은하. 미국의 우주망원경 스피처가 포착한 모습에는 푸른색 부분의 늙은 별과 녹색과 붉은색 부분의 젊은 별들이 선명하게 보인다.

제공: NASA/JPL-Caltech/STScI

주기적으로 흐려지는 쌍성계

주성인 엡실론 오리가(Epsilon Aurigae)와 먼지 원반으로 둘러싸인 그 동반성. 왼쪽의 소용돌이치는 먼지 원반으로 인해 주성은 주기적으로 가려지는 현상을 보인다. 미국의 적외선 우주망원경 스피처와 천문학자들의 관측 자료를 토대로 그렸다.

제공: NASA/JPL-Caltech

CENTER OF THE MILKY WAY GALAXY
NASA'S GREAT OBSERVATORIES
SPITZER • INFRARED
HUBBLE • VISIBLE
CHANDRA • X-RAY
NASA, ESA, CXC, SSC, AND STScI
STScI-PRC09-28B

우리 은하수

궁수자리 방향에서 뚜렷이 볼 수 있는 우리 은하수의 모습. 왼쪽은 3대의 망원경으로 본 우리 은하수의 다양한 모습이다. 위쪽은 적외선 파장대의 스피처, 가운데는 가시광선 파장대의 허블, 아래쪽은 X선 파장대의 우주망원경인 찬드라가 찍은 모습이다.

제공: NASA

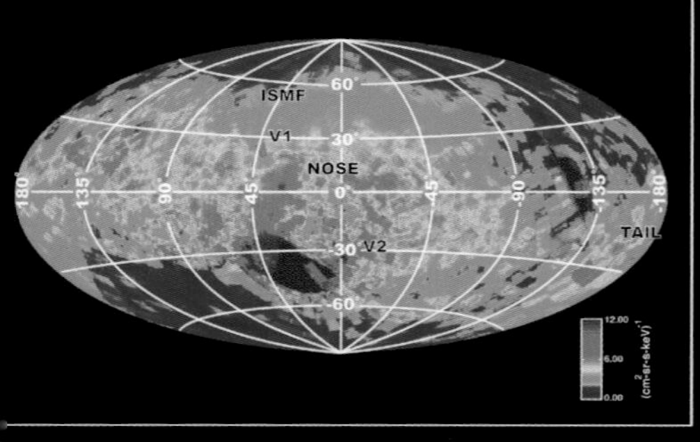

우리 태양계 주변을 둘러싼 버블

태양권의 가장자리에서 방출된 중성 원자들을 포착해 작성한 태양계 주변 지도. 카시니 · 호이겐스호가 관측한 데이터를 바탕으로 작성했다. 이러한 버블 생성은 태양풍에서 유래한다. 붉은색 부분은 고에너지 입자들이 밀집된 뜨거운 곳, 보라색 부분은 상대적으로 차가운 곳이다.
제공: NASA/JPL/JHUAPL

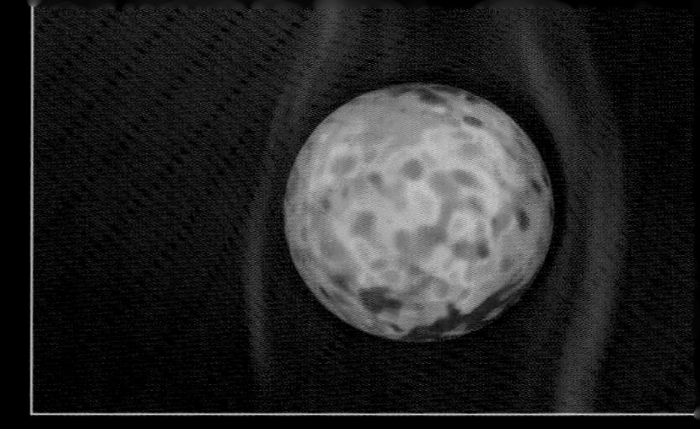

태양권 버블의 3차원 모습

제공: NASA/JPL/JHUAPL

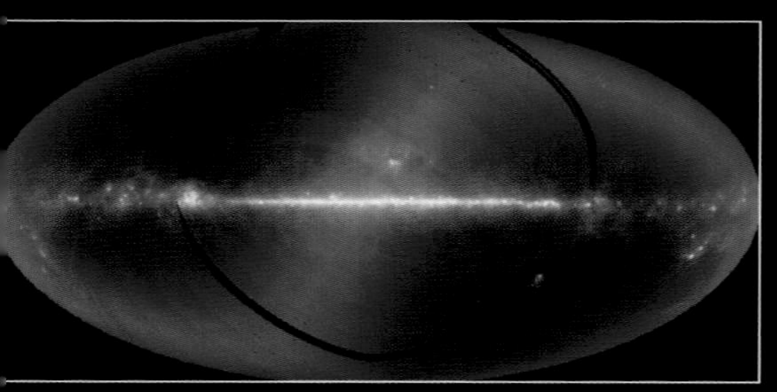

전천 우주와 은하수

적외선 우주 탐사선 IRAS가 6개월 동안 관측한 우주 전천 모습. 가운데 부분의 밝은 수평 띠가 은하수이다. 푸른색 부분은 뜨거운 물질, 붉은색 부분은 차가운 물질이 분포하는 곳이다. 검은색 띠 부분은 아직 관측되지 않은 부분이다.
제공: NASA/JPL–Caltech

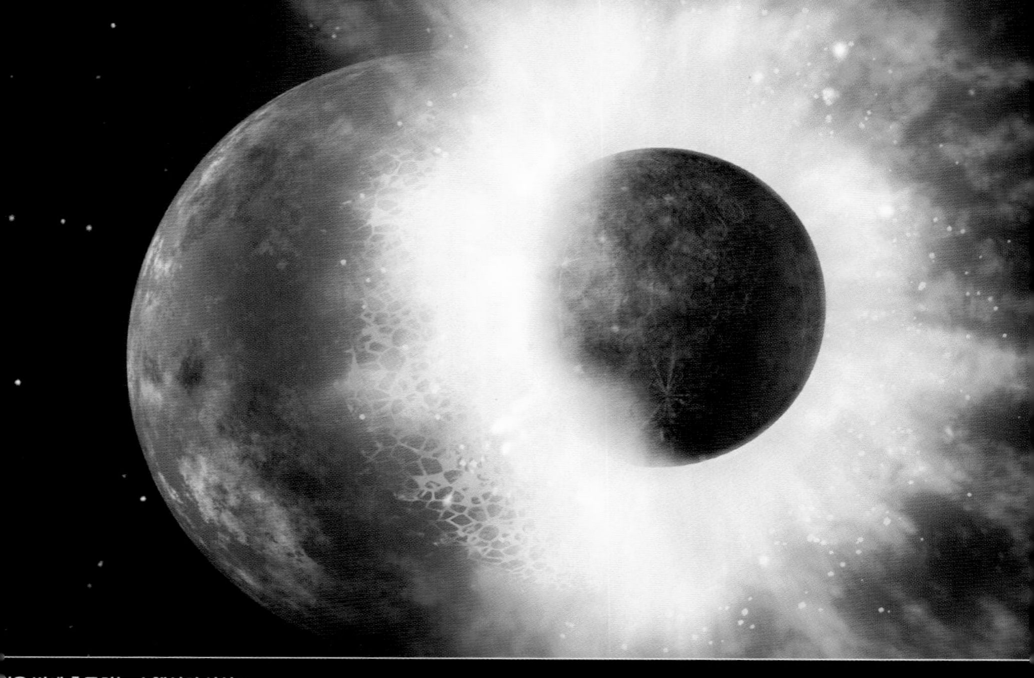

젊은 별에 충돌하는 소행성의 상상도

지구에서 100광년 떨어진 젊은 별 HD 172555에 수성 크기의 소행성이 충돌하는 모습의 상상도. 이 사건은 수천 년 전에 일어난 것으로 보고 있다.
제공: NASA/JPL–Caltech

죽은 별 주위에서 분해되는 소행성

백색왜성과 같은 별 진화의 마지막 단계의 천체 주위에서 소행성이 파괴되는 모습의 상상도.

제공: NASA/JPL-Caltech

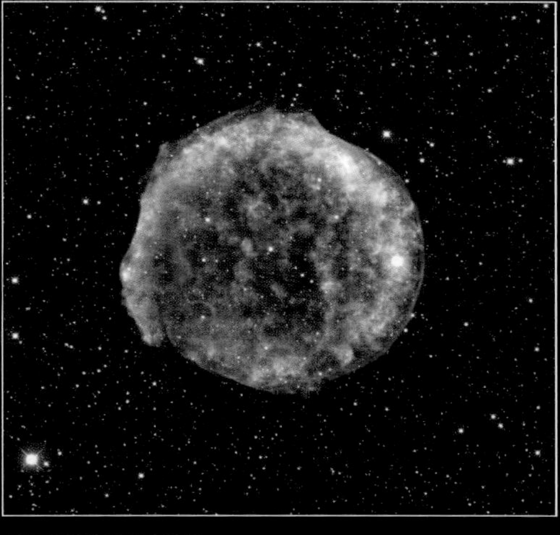

티코 초신성 폭발의 잔해

티코 초신성 폭발의 잔해를 미국의 적외선 우주 망원경 스피처와 찬드라 X선 망원경, 그리고 스페인의 칼라르 알토 천문대에서 관측한 자료를 종합해 합성한 사진이다.

제공: MPIA/NASA/Calar Alto Observatory

사진 가운데의 조그만 점으로 빛나는 것이 갓 태어난 별 HH 46/47. 지구에서 1140광년 떨어진 곳에서 양쪽으로 거대한 기체의 제트를 불어내는 모습을 스피처 우주 망원경으로 포착했다. 기체 제트의 속도는 초속 200~300킬로미터 정도이다.

제공: NASA/JPL-Caltech

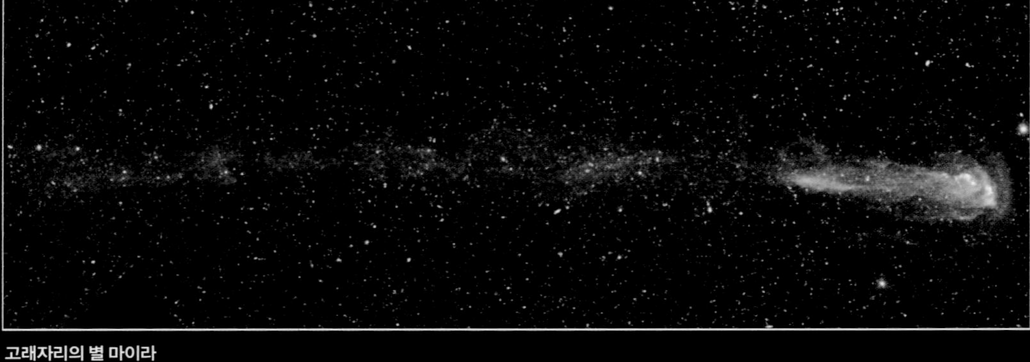

고래자리의 별 마이라

지구로부터 고래자리 방향으로 350광년 떨어진 곳에 위치한 별 마이라(Mira)의 모습. 미국의 자외선우주망원경 갤렉스(GALEX)가 포착했다. 혜성과 같이 기체의 긴 꼬리를 흩날리며 초스피드로 이동하고 있다. 그 꼬리는 약 13광년에 걸쳐 뻗어나 있다.
제공: NASA/JPL-Caltech

2009년에 발사된 달 크레이터 관측 및 탐사선 LCROSS. 달 크레이터(분화구 또는 표면의 움푹한 곳)에 충돌해, 그 파편으로 물의 존재를 탐사한다.
제공: NASA

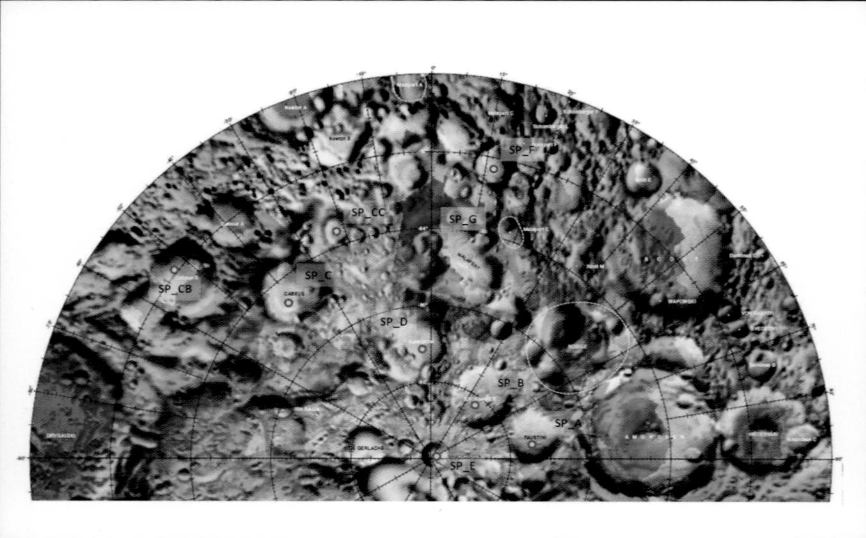

LCROSS의 탐사 후보 크레이터.
제공: NASA

고전이론에서 포스트 아인슈타인 이론까지

친절한 우주론

ZUKAI NYUMON YOKU WAKARU SAISHIN UCHU-RON NO KIHON TO SHIKUMI
by TAKEUCHI Kaoru

Originally published in Japan by SHUWA SYSTEM CO, LTD., Tokyo.
Korean translation rights arranged with
SHUWA SYSTEM CO, LTD., Tokyo, Japan
through THE SAKAI AGENCY and YU RI JANG LITERARY AGENCY.

과학이 쉬워진다 02

우주의 역사, 137억 년의 신비를 하나씩 벗겨나가는 유쾌한 지식 탐구여행!

고전이론에서 포스트 아인슈타인 이론까지

친절한 우주론

다케우치 가오루 지음 | 김재호 · 이문숙 옮김

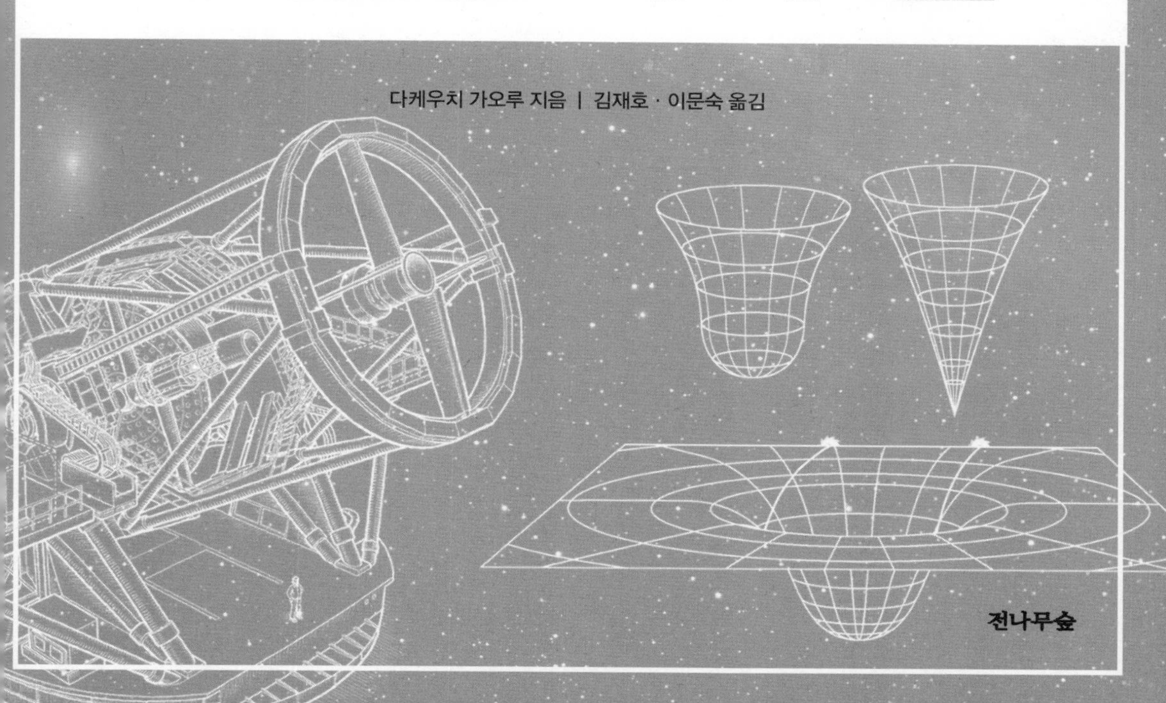

전나무숲

흥미진진하고
스릴 있는
현대 우주론의 세계로
여행을 떠나보자!

편집자의 글

'시각화를 통한 명쾌한 이해'를 가장 잘 적용한 우주론

과학 단행본의 편집에 있어 가장 중요한 것 중의 하나는 독자와의 눈높이 맞추기라고 할 수 있다. 그렇지 않아도 '과학은 어렵다'는 인식을 가지고 있기 때문에 늘 화두는 '어떻게 하면 과학을 좀 더 쉽고 재미있게 전달할 수 있을까' 하는 것이었다. 하지만 과학이라는 것이 원래 이론적인 데다 그 배경이 되는 물리학적, 화학적 지식이 없으면 핵심 논리를 이해하기가 쉽지 않다. 결국 '과학의 대중화'라는 말에는 어느 정도 모순이 있을 수밖에 없다.

특히 최첨단 과학이론으로 갈수록 이러한 현상은 더욱 심화된다. 우주론은 그중에서도 가장 광범위하고 가장 추상적인 개념이 동원되는 학문이다. 인간의 상상력으로는 도저히 가늠할 수 없는 범위를 다루는 데다가 우주를 상대로 직접적인 실험을 해볼 수 없다는 점도 우주론을 더욱 어렵게 만든다.

말하고자 하는 내용이 복잡할수록 말로만 전달하기보다는 직접 그림을 그려서 분류하고, 표로 만들어보는 '시각화'를 하면 내용을 명쾌하게 이해할 수 있을 때가 많다. 《친절한 우주론》은 이제까지 나온 우주론 관련 서적 중에서 사진과 그림, 도표를 가장 많이 활용한 책이다. 거의 모든 이론을 설명할 때 그림으로 이해를 돕고 있으며 복잡한 수학적 연산은 그래프와 도표를 활용해 설명한다. 그런 점에서 이 책은 '시각화를 통한 명쾌한 이해'를 가장 잘 적용한 우주론이라고 할 수 있다. 과거에 '어려운 과학', 특히 '우주론'과 관련해서 머리가 지끈거릴 정도로 책과 씨름해본 사람들이라면 반드시 일독해볼 것을 권한다.

아마도 이 책을 덮을 즈음에는 우주의 탄생부터 현재와 미래의 모습까지 파노라마처럼 머릿속에 그려질 것이다. 뿐만 아니라 조금만 곱씹으며 읽는다면 누군가에게 '우주론이란 말이야~' 하고 설명해주는 기쁨도 느낄 수 있을 것이라 확신한다.

2021. 12

시각적 영상을 전면에 내세운 우주론, 그 흥미진진한 세계로 여행을 떠나보자!

우리가 살고 있는 우주에 관해 새로운 사실이 하나씩 밝혀지고 있다. 이렇게 두근거리고 설레는 일이 또 있을까?

우주론 연구는 20세기 말을 경계로 경이로운 진보를 이뤄왔다. 그 전까지는 무수한 가설과 철학적인 견해들이 서로 엇갈려 '정밀과학'이라고 부를 수 없는 상태가 계속되어 왔었다. 우주론의 제1인자로 불리는 스티븐 호킹은 그러한 우주론의 상황을 '유사 과학'이라고 자기 비하하기도 했다.

그러나 2000년 전후에 시행된 수많은 천문 관측에 의해 우주론은 정밀과학의 영역에 발을 들여 놓았다. 미국의 허블우주망원경으로 50억 년 전의 초신성을 관측하게 됐고, 고정밀도의 우주 배경 복사 탐사선 WMAP로 137억 년 전 우주에서 발생한 잔광을 관측하기에 이르렀다. 이러한 정밀 관측이 여러 차례 이루어지면서 우주론의 다양한 가설은 몇몇 현실과 들어맞는 모델로 좁혀졌다.

그러나 정밀 관측은 새로운 문제를 불러일으켰다. 우리는 그동안 우주를 이루고 있는 성분에 대해서 잘 모르고 있었다. 그런데 최근의 천문 관측을 통해 우주의 96%가 의문투성이의 성분으로 이루어져 있다는 사실이 밝혀졌다.

어떤 학문이든 운동선수처럼 대활약을 하는 시기가 있고 슬럼프에 빠지는 시기가 있다. 지금 우주론은 세계의 각광을 받고 있는 시기이다.

이 책은 필자에게 있어서 처음으로 시각적 영상을 전면에 내세운 과학책이다. 호킹의 이론이나 초끈이론 등 순수한 가설의 영역에서부터 WMAP를 중심으로 한 정밀한 천문 관측, 그리고 아인슈타인, 뉴턴과 코페르니쿠스에 이르는 과거 역사에 이르기까지 제법 욕심을 내서 다루었다. 어디까지나 알기 쉽게 시각적으로 소개했다. 그러나 그냥 단순한 '이야기'가 아니라 '객관적인 사실'을 독자에게 전달하려고 노력했다.

흥미진진하고 스릴 있는 현대 우주론의 세계로 여행을 떠나보자!

요코하마 랜드마크타워가 보이는 작업실에서

— 다케우치 가오루

차 례

제2장 한눈에 보는 우주의 스펙

제 3 장 지금까지 밝혀진 우주의 수수께끼

제5장 인류가 생각해온 우주의 모습들

제6장 아이슈타인에서 시작된 현대 우주론

인플레이션우주론에서 호킹의 최신 우주론까지

부 록

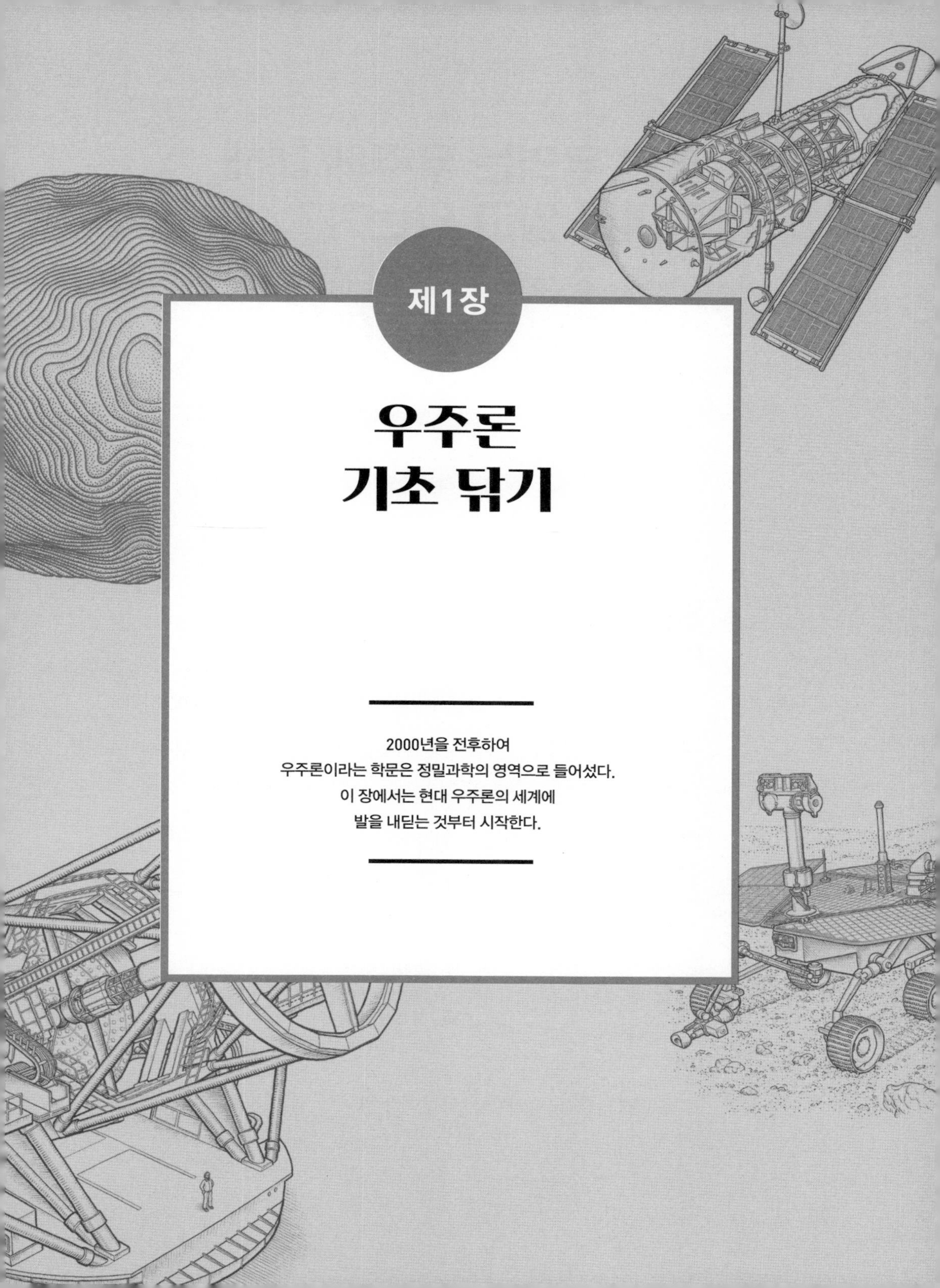

제1장

우주론 기초 닦기

2000년을 전후하여
우주론이라는 학문은 정밀과학의 영역으로 들어섰다.
이 장에서는 현대 우주론의 세계에
발을 내딛는 것부터 시작한다.

1-1 과연 우리는 우주에 대해 얼마나 알고 있는가?

우주란 무엇이며 우주를 연구하는 우주론이란 어떤 학문인가?
또한 우리는 과연 우주에 대해 얼마나 알고 있을까?

우주라는 상자

'우주'의 어원은 중국 전한시대의 철학서 「회남자(淮南子)」에 기록된 "往古來今謂之宙, 天地四方上下謂之宇(왕고래금위지주, 천지사방상하위지우)"라는 구절에서 유래한다. 이는 "예부터 오늘에 이르는 것을 주(宙)라 하고, 사방과 위아래를 우(宇)라 한다"는 뜻이다. 다시 간결하게 요약하면 다음과 같다.

宇 : 공간의 팽창

宙 : 시간의 팽창

우(宇)는 공간, 주(宙)는 시간이라 정리할 수 있다. 현대식으로 말하면 '시공간'이라는 말로 표현할 수 있을 것이다. 은하계와 태양계, 지구 그리고 우리들마저 모두 공간과 시간이 펼쳐져 있는 '조용한 상자' 안에 있는 것이다. 우주는 이처럼 소박한 모습이다.

그러나 이러한 소박한 우주상은 오늘날 점점 무너지고 있다. 왜냐하면, 빅뱅이나 인플레이션 가설을 통해 우주가 결코 고요하지 않다는 것을 알았고, 아인슈타인의 등장으로 상자가 구불구불하게 휘었을 가능성이 제기됐으며, 마지막에는 호킹의 양자우주와 루프양자중력 가설에서 시간이나 시공(時空) 그 자체가 소멸하기 때문이다.

우주론은 영어로는 코즈몰로지(cosmology)이다. 이는 '질서'를 뜻하는 그리스어 코스모스(kosmos)에서 온 말이며, 그 반대인 '혼돈'을 뜻하는 말은 카오스(chaos)이다. 우주를 뜻하는 영어 유니버스(universe)는 '하나로 정리된 것'이라는 뜻의 라틴어가 그 어원이다.

우주론이란

그럼 우주에 대해 연구하는 우주론은 대체 어떤 학문인가?

내용면에서 볼 때는 '우주의 고고학·역사학·경제학·미래학을 하나로 통합한 학문'이며, 연구에 동원되는 도구면에서 볼 때는 '물리학·수학·천문학의 연구 성과를 종합한 학문'이라 할 수 있다.

우주의 오랜 옛날부터 이어져온 잔광인 우주배경복사는 '고고학' 그 자체이고, 우주 전체의 에너지 수지와 인플레이션으로 인해 우주가 폭발적으로 성장한 것은 '경제학'이라 할 수 있다. 그리고 우주의 팽창이 계속될지 아니면 언젠가 팽창을 멈추고 수축으로 돌아설지 등 우주의 운명과 관련한 문제는 '미래학'에 속하는 문제인 것이다.

우리는 우주에 대해 어디까지 알고 있는가?

어린 시절 역사 수업 시간에 역사적 사실과 그 연대를 쉽게 외우기 위해 음조를 이용해 암기를 했던 기억이 있다. 필자는 그렇게 역사를 거슬러 올라가면서 가끔 '정말 어떤 일이 있었을까, 우리는 어디까지 알고 있는 것일까?' 하고 생각하며 왠지 불안한 느낌이 들기도 했다. 우주의 역사도 20세기 말까지는 혼돈 그 자체였고 우주에 대해 그다지 아는 것이 없었다.

그러나 2000년을 전후하여 상황이 크게 바뀌었다. 지금은 우리가 살고 있는 우주에 대해 실로 많은 것을 알고 있고 또 우주를 기술하는 물리량을 정밀하게 계산하는 방법도 알아내고 있다. 역사상 처음으로 우주를 본격적으로 탐구할 수 있게 된 것이다.

이 책에서는 지금까지 밝혀낸 최신 지식에 기초하는 한편 수많은 그림을 곁들여 우주의 시작부터 지금까지의 모습을 설명할 것이다. 또 프톨레마이오스를 비롯하여 뉴턴, 아인슈타인, 호킹 등이 생각했던 것이 과연 무엇인지와 함께 그들 우주론의 인간적인 측면도 살펴볼 것이다.

1-2 우주론과 천문학의 다른 점, 같은 점

우주론과 특히 관계가 깊은 학문이 천문학이다.
태곳적부터 인류는 하늘을 바라봐왔지만 현대의 천문학은 별자리나 행성을 관측하는 것으로 끝나지 않는다.

우주론이 천문학과 다른 점

그렇다면 우주론과 천문학은 어떻게 다를까?

천문학은 직접 천문을 관측하는 것이지만, 우주론은 물리학을 통해 이론을 구축하는 것이라 할 수 있다. 관측 결과를 물리학적으로 설명하기도 하고 새로운 이론을 확인하기 위해 관측하는 경우도 있다. 천문학은 실험적이고 우주론은 이론적이라 할 수 있다. 현대 우주론에서는 천문 관측과 물리 이론의 밀접한 연계가 중요하다.(하지만 '천문학자'라고 불리는 사람 중에서도 관측보다는 이론을 추구하는 사람들도 있어서 분명히 구별하기 힘든 면도 있다.)

천문학이라 하면 천문대에서 거대한 망원경으로 별을 관측하는 것이라는 이미지가 강하다. 하지만 현대 우주론과 관계가 깊은 천문 관측에서는 가시광선, 전파, 마이크로파, 엑스선, 감마선에 이르는 전자기파와 뉴트리노라 불리는 소립자는 물론 중력파까지도 관측 대상에 포함한다. 다시 말해 우주에서 날아오는 모든 정보를 잡아내려 노력하고 있는 것이다.

그림 1-1 :: 파장에 따른 전자기파 분류

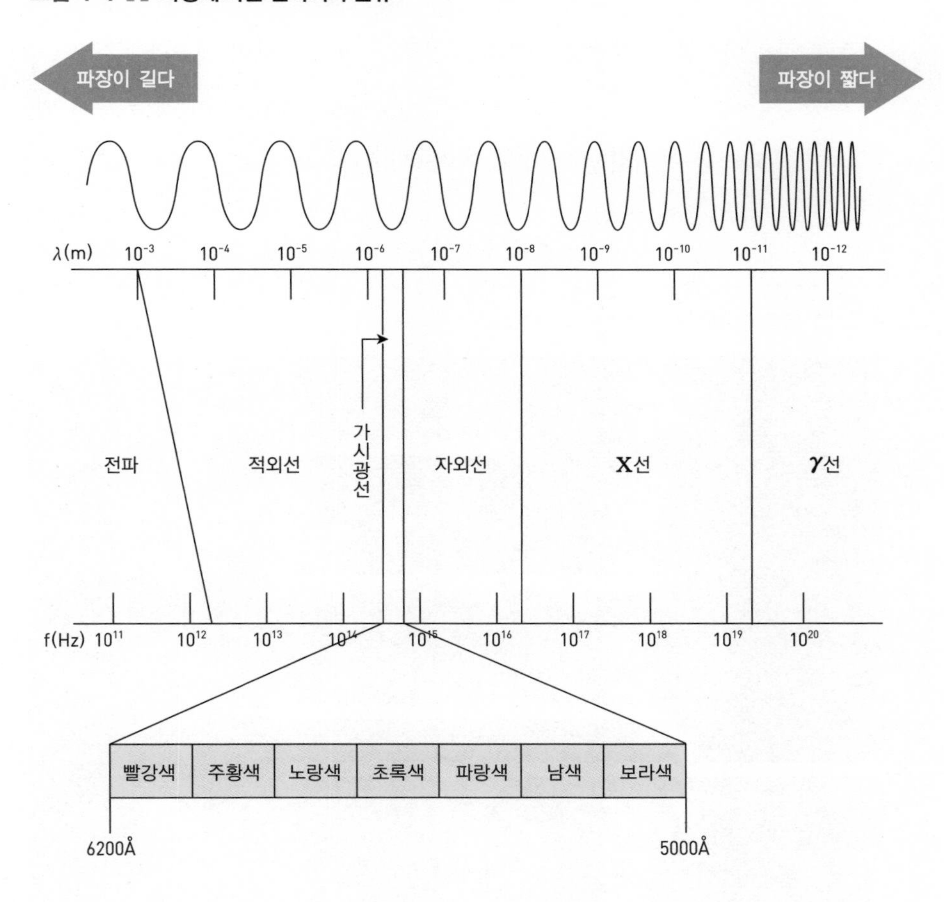

별 사이의 공간은 타임머신

아인슈타인의 상대성이론에 따르면 어떤 정보도 빛보다 빨리 전달될 수 없다(중력도 빛과 같은 속도로 전달된다고 여겨진다). 따라서 지구에서 10만 광년 떨어진 별을 볼 때 우리는 그 별의 10만 년 전 모습을 보고 있는 셈이다. 10만 년 전에 그 별에서 출발한 빛이 10만 년 동안 우주를 여행하여 우리 지구에 도달한 것이다.

결국 밤하늘을 보면서 우리는 자신도 모르는 사이에 우주의 먼 과거를 목격하는 것이다. 이런 의미에서 별 사이의 공간은 타임머신이라 할 수 있다.

그림 1-2 ∷ 우주 관측은 '과거'를 보는 타임머신

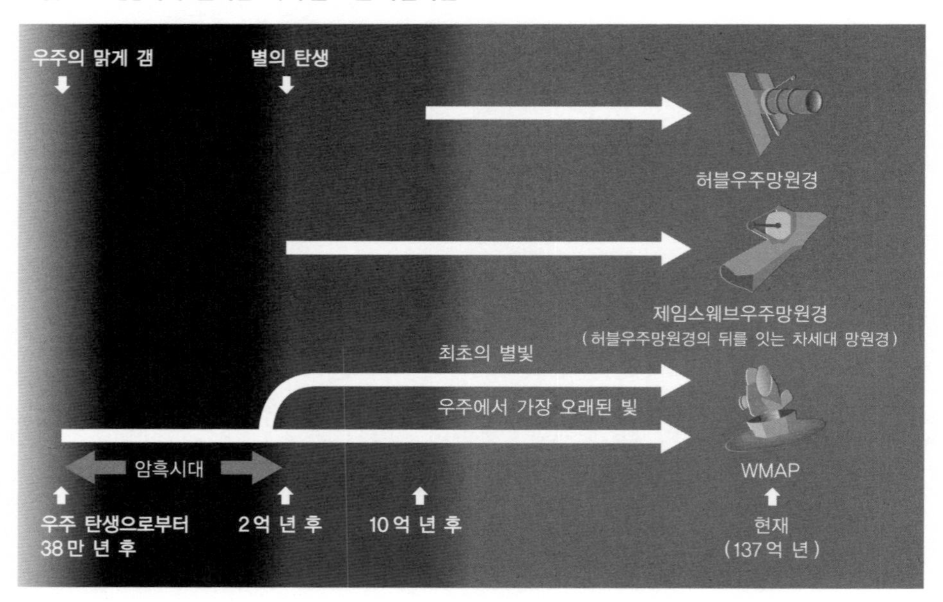

우리가 관측할 수 있는 우주의 범위

1-3

별 사이의 공간이 먼 과거의 모습을 비추는 타임머신이라면,
우리는 얼마나 오래된 우주의 모습을 보고 있는 것일까?

이론적으로는 다음과 같은 시기까지 거슬러 올라갈 수 있으리라 생각된다.

(1) 중력파를 이용한 우주 관측 : 우주가 생기고 나서 0.000000000000000000000000000000000000000000000001초 후의 모습까지 관측 가능

(2) 뉴트리노를 이용한 우주 관측 : 우주가 생기고 나서 0.2초 후의 모습까지 관측 가능

(3) 마이크로파를 이용한 우주 관측 : 우주가 생기고 나서 38만 년 후의 모습

(4) 그 밖의 전자기파를 이용한 우주 관측 : 우주에 별이 생기고 나서 수억 년 후의 모습

혼잡한 지하철역에서의 이동

출퇴근 시간 지하철역의 혼잡함을 떠올려보자. 처음 도착해서 자신이 가고자 하는 곳까지 곧바로 가기란 쉽지 않다. 도중에 많은 사람들과 부딪치기 때문이다. 그러나 그때가 지나고 인파가 줄면 곧장 앞으로 걸어갈 수 있다. 물론 혼잡하더라도 몸이 작거나 강아지처럼 사람 다리 밑으로 빠져나갈 수 있다면 더 쉽게 나아갈 수 있을 것이다.

그림 1-3 우리가 볼 수 있는 우주의 과거는 어디(언제)까지인가?

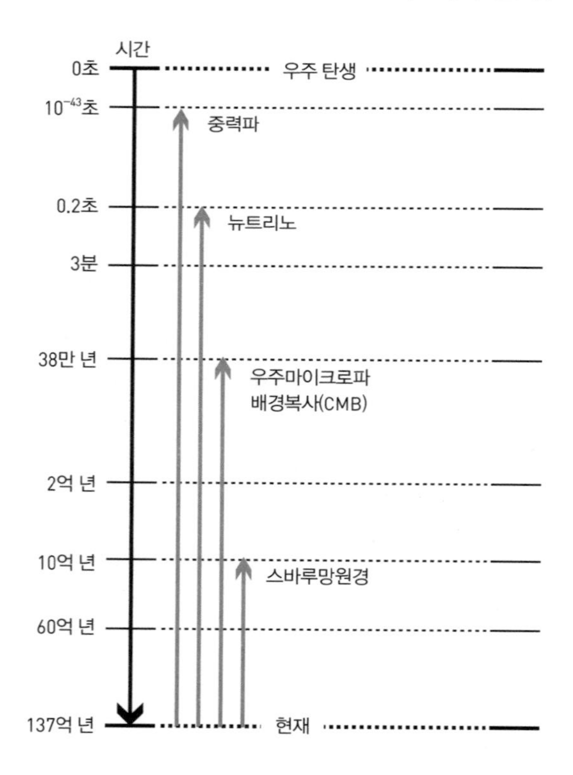

부딪치는 전자기파는 보이지 않는다

우주에서 '부딪치기 쉬운 정도'는 중력파[•]냐 뉴트리노[••]냐 전자기파냐에 따라 크게 달라진다. 중력은 우리가 알고 있는 힘 가운데서 다른 물질과의 상호작용이 가장 약하기 때문에 방해를 받지 않고 앞으로 나아갈 수 있다. 또 뉴트리노라는 소립자도 다른 물질과의 상호작용이 약하기 때문에 우주의 초기 단계에서는 곧바로 나아갈 수 있다. 그러나 마이크로파(전자기파의 일종)는 앞에서 예로 든 혼잡한 지하철역에서의 이동에서처럼 우주가 탄생하고 어느 정도 시간이 흐르기 전에는 곧바로 나아갈 수 없다. 그 밖의 전자기파는 더 시간이 흘러 우주에 열을 내는 주체인 천체가 생기지 않으면 발생하지도 않기 때문에 먼 과거의 우주를 관측하는 데는 사용할 수 없다. 이상은 이론적인 고찰이다. 현재의 과학 기술 수준에서 실제로 관측할 수 있고 우주론에도 큰 기여를 하고 있는 것은 마이크로파와 그 밖의 전자기파이다.

•
중력파
중력의 변동과 더불어 광속으로 전해지는 파동. 일반상대성이론에 기초하여 아인슈타인이 그 존재를 추론했지만 검출에는 성공하지 못했다.

••
뉴트리노
소립자의 일종이다. 전하가 0으로서 강한상호작용(강력)을 하지 않기 때문에 중성미자라고도 한다. 전자, 뮤입자, 타우입자와 상호작용할 때가 많다.

1-4 상상할 수 없을 정도로 작은 소립자에서 탄생한 우주

우주와 소립자. 이 두 가지는 크기만 보아도 극과 극의 관계에 놓여 있다.
그러나 현재의 우주론에서 이 두 요소는 떼려야 뗄 수 없는 관계에 있다.
극소와 극대의 만남! 이것은 현대 우주론에서 맛볼 수 있는
또 하나의 재미라 할 수 있다.

우주는 상상할 수 없을 만큼 크다

우주는 광대하다. 현재로서는 그 크기가 약 137억 광년에 달할 것으로 추정된다. 광년(light year)이란 빛의 속도로 움직이더라도 도달하는 데 1년이 걸리는 거리를 말한다. 광속은 초속 약 30만 킬로미터이다. 60초가 1분, 60분이 1시간, 24시간이 하루, 365일이 1년이니까 1광년이라고 하면 대략 10조 킬로미터(30만km×60×60×24×365=9조 4608억km)가 된다. 우주의 크기는 그것의 137억 배니까 킬로미터로 환산하면 어마어마하게 큰 숫자가 나온다. 너무 커서 상상할 수 없을 정도이니 지구와 태양 사이의 거리(1천문단위라고 한다)로 줄여서 생각해보자. 1천문단위는 대략 1억 5000만 킬로미터 정도이므로 1광년이면 약 6만 3240천문단위가 된다.

그림 1-4 :: 광년

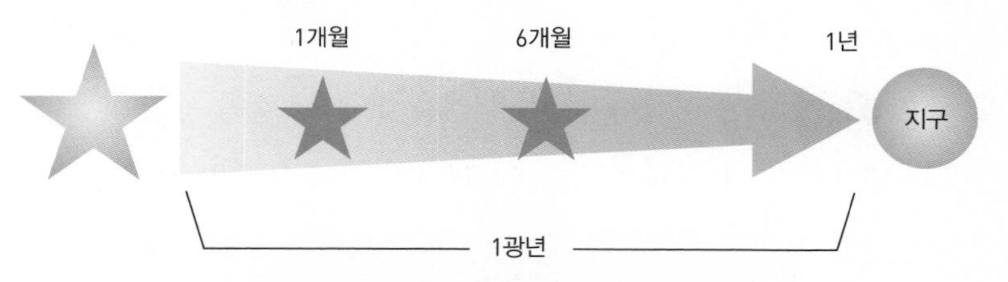

그림 1-5 :: 천문단위

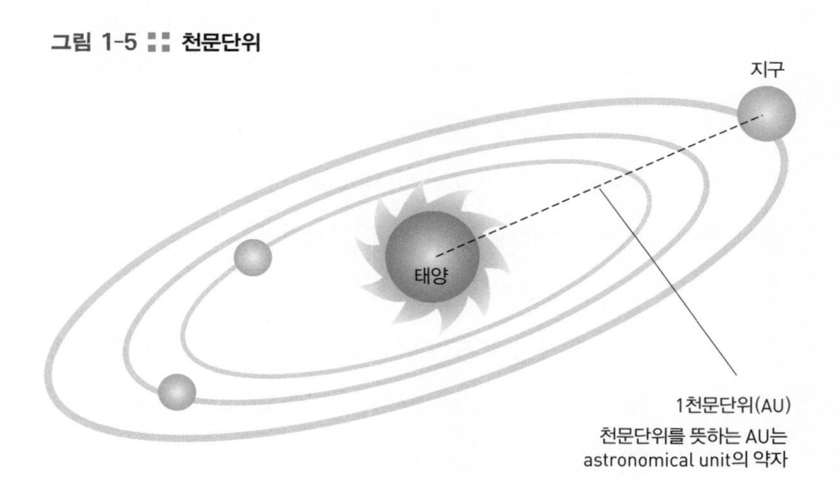

그러나 '우주의 크기'라는 말은 주의해서 사용해야 한다. 아인슈타인의 상대성이론에 따르면 광속보다 빠르게 전달되는 정보는 없다. 따라서 137억 광년이라는 것은 인류가 우주에서 모을 수 있는 정보의 범위를 뜻하는 것이다. 이른바 우주 지평선의 크기인 것이다.

우주가 탄생했을 때는 상상할 수 없을 정도로 작았다

어쨌든 우주는 상상하기조차 어려울 만큼 큰 것이 사실이다. 그렇다면 137억 년 전에는 과연 어땠을까? 당시 우주의 크기는 0에 가까웠을 것으로 생각된다. 우주는 계속 팽창하고 있기 때문에 옛날에는 현재보다 훨씬 작았을 것이 틀림없다.

그렇다면 얼마나 작았을까?

우주의 탄생에 대해서는 여러 가지 설이 있다. 그 가운데는 우주가 탄생할 때 그 크기가 10^{-33}센티미터 정도에 불과했을 것이라는 설도 있다. −33제곱센티미터(소수점 이하 33번째자리에 1이 있다)는 0.000000000000000000000000000000001센티미터이기 때문에 역시 상상하기 어려울 만큼 작은 크기이다. 이 크기를 플랑크길이라 한다.

덧붙이면 수소 원자의 크기는 대략 10^{-8}센티미터 정도이고 이보다 더 작은 원자핵의 크기도 10^{-11}센티미터 정도이므로 플랑크길이가 얼마나 작은지는 상상이 갈 것이다.

현재의 과학 기술 수준에서 실험적으로 관측할 수 있는 크기는 대략 10^{-17}센티미터 정도이다.

양자역학의 출현

물리학에서는 물체의 크기에 따라 적용하는 이론이 달라진다.

큰 물체 : 아인슈타인의 중력마당이론(일반상대성이론)

중간 크기의 물체 : 뉴턴의 고전역학

작은 물체 : 양자역학

현재 우주 전체의 움직임을 생각할 때는 아인슈타인의 이론이 필요하고 태양계 행성의 움직임을 계산할 때는 뉴턴역학만으로도 충분하다.

최근 유행하는 나노테크놀로지 분야는 수소 원자보다 10~1000배 정도 큰 물질의 움직임을 연구하는데, 위의 구분으로는 고전역학과 양자역학 분야의 사이에 놓인다고 할 수 있다.

우주론에서 가장 문제가 되는 것은 태곳적, 그러니까 우주가 아직 작았을 무렵에 무슨 일이 일어났는가 하는 것이다. 지금의 우주를 생각할 때는 아인슈타인의 중력마당이론이 필요하지만 우주가 작았을 때는 양자역학이 반드시 필요하다.

사실 우리가 자주 듣는 초끈이론이나 양자중력이론이라는 가설적 이론은 우주가 아주 작았을 때를 설명하기 위한 것이며 아인슈타인의 중력마당이론과 양자역학을 함께 적용할 필요성이 있었기 때문에 등장한 것이다. 초끈의 크기는 대략 플랑크길이 정도라 생각된다.

우주론에서는 10^{-35}미터라는 극소에서부터 137억 년이라는 극대에 이르는 광대한 범위의 크기를 다뤄야 하는 것이다.

1-5 드디어 떠나보는 우주 여행

10^{20}미터, 10^{-35}미터라는 말을 들어도 이것이 어느 정도 크기인지 가늠하기란 매우 어려운 일이다. 그래서 여기서는 극소부터 극대까지의 크기를 시각화하여 우주론의 세계에 접근해보려고 한다.

망원경(현미경)의 배율을 바꿔서 우주를 실감해보자

무엇보다도 작은 *초끈*(가설)에서부터 우리들의 몸을 이루는 원자, 태양계나 은하계, 은하단 그리고 우주의 끝까지 그 규모가 대략 어느 정도인지 실감해보자. 그 규모를 하나하나 살펴보는 것은 이 책 전체를 할애해도 부족하므로 계단을 몇 개씩 건너뛰듯 중간중간 생략하면서 바라보기로 하자.

쿼크는 원자핵을 이루는 소립자로, 여기까지가 현재의 기술 수준에서 실험적으로 볼 수 있는 한계이다.

그림 1-6 ▪▪ 규모로 보는 우주

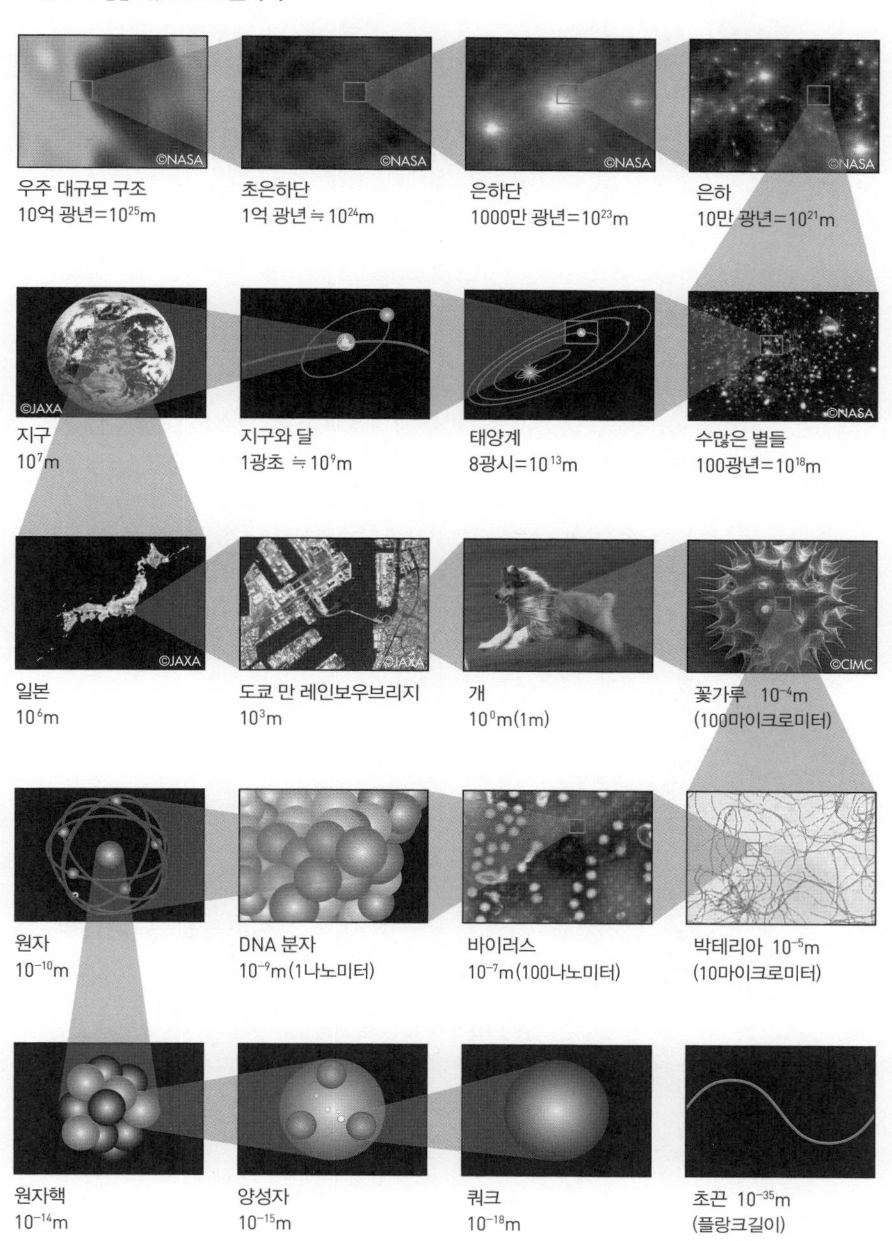

광속으로 인간을 태워 보낼 수는 없을까?

태양에 가장 가까운 별은 센타우루스자리(Centaurus)의 프록시마(Proxima)로 그 거리는 약 4.22광년이다. 프록시마는 센타우루스자리의 알파성[•]인 쌍성계[••]주변을 공전하고 있다. 센타우루스자리의 알파성을 이루는 A와 B 사이의 거리는 약 4.36광년이다. 그러니까 빛의 속도로 갔을 때 4년 이상 걸리는 것이다. (덧붙이면 태양에서 태양계 가장 바깥에 있는 해왕성까지의 거리는 44억 9825만 2900킬로미터이므로 광속으로 달려도 4시간 조금 더 걸린다.)

알파성 A는 태양과 매우 비슷하기 때문에 그 행성계에는 지구처럼 생명체가 존재할 가능성이 있다.

4광년이라면 광속으로 통신을 할 수는 있겠지만 물질을 실어 보내거나 인간을 태워 보낼 수 있는 거리일까? 먼저 로켓의 속도를 생각해보아야 한다. 현재의 기술 수준에서 로켓의 속도는 시속 4만 킬로미터 이하이므로 광속의 2만 7000분의 1에 불과하다. '거북이 같은' 속도인 셈이다. 따라서 현재로서는 태양계 탈출에 10년 이상 걸리고 태양계의 이웃 행성계에 도달하기까지는 10만 년 이상 걸린다. 당분간은 관측에 만족하는 수밖에 없을 듯하다.

그림 1-7 ⁚⁚ 프록시마의 크기

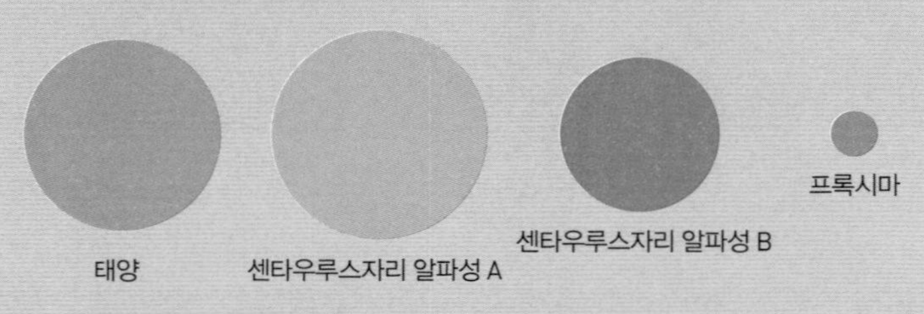

•
알파성
별자리에서 가장 밝은 별이다.

••
쌍성계
두 개의 항성(별)이 만유인력으로 서로 끌어당겨 공통의 질량 중심이 되는 어느 한 점 주변을 공전 운동하는 천체이다

제2장

한눈에 보는 우주의 스펙

우주론이 정밀과학의 반열에 오른 것은
최신 천문 관측의 성과 덕분이다.
이 장에서는 우리들이 알고 있는
우주의 '스펙'을 정리해서 소개한다.

2-1 숫자로 보는 우주의 모습

신체검사나 건강검진에서는 건강 상태를 알기 위해
먼저 키, 몸무게, 시력, 청력 등을 수치화하여 측정한다.
마찬가지로 우주의 실체에 접근하기 위해서는
먼저 우주탐사를 통해 측정한 수치를 알아야 한다.

우주를 나타내는 여러 가지 수치

우주의 나이 : 137억 년

우주의 곡률 : 0(평탄형)

우주의 온도 : 절대온도 2.73K = 섭씨 −270도

우주의 팽창 속도 : 메가파섹당 초속 71킬로미터(71km/s/Mpc ; 가속 중임)

우주 에너지 : 4퍼센트가 관측 가능한 물질, 23퍼센트가 관측되지 않은 물질,
73퍼센트가 관측되지 않은 에너지

우주의 평균 밀도 : 0.00000000000000000000000000005g/cm^3

우주의 평균 압력 : 0.00000000001파스칼(Pa)

여기서는 단위에 주의할 필요가 있다.

그림 2-1 ▪ 켈빈온도와 섭씨온도

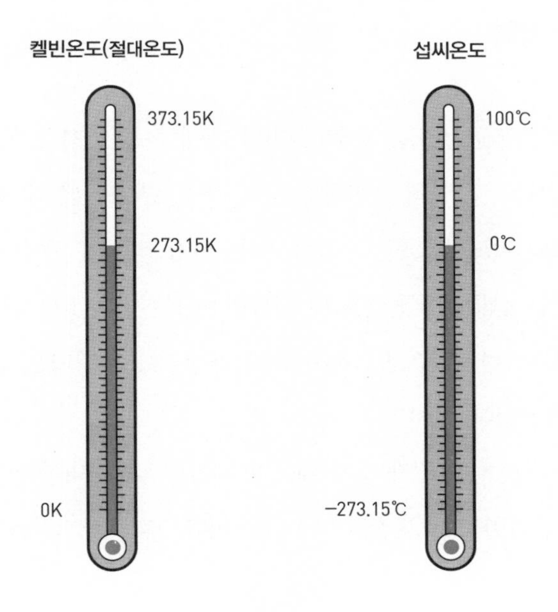

온도를 나타내는 기호인 K는 절대온도 단위로서 켈빈이라고 읽는다. 켈빈온도의 눈금 간격은 우리가 잘 알고 있는 섭씨온도와 같지만 0도의 위치가 다르다. 섭씨온도 −273도가 0K, 그러니까 절대온도로 0도인 것이다. 섭씨온도 0도는 물이 어는 온도이지만 절대온도 0도는 고전역학에 따르면 모든 물질이 어는 온도이다. 즉, 모든 분자의 움직임이 멈춘다.

나중에 자세히 설명하겠지만 우주의 팽창 속도는 허블상수라 한다. 먼 은하일수록 지구에서 빨리 멀어지는데 그 속도와 거리 사이의 비례상수가 허블상수이다. pc는 '파섹'이라고 읽고 Mpc는 그 100만 배로 '메가파섹'이라 읽는다. 1파섹은 3.26광년이다.

밀도와 압력

우주의 평균 밀도는 1세제곱미터 내에 수소 원자가 한 개 존재하는 정도로, 간단히 표현하면 방에 수소 원자가 몇 개 떠돌고 있는 정도의 밀도라고 할 수 있다. 이는 가장 성능이 뛰어난 진공 펌프로 진공상태를 만들었을 때 잔류하는 물질량의 1000만분의 1정도에 불과하다. 우주 공간은 거의 진공상태에 가깝다는 걸 이해할 수 있을 것이다.

우주 공간은 밀도가 낮기 때문에 기압도 낮다. 덧붙이면 지구상의 기압은 1013헥토파스칼(hPa) 정도이다. 1헥토파스칼은 100파스칼이다.

우주의 온도는 과연 몇 도? 2-2

현재 정설이 되어 있는 빅뱅이론이 우세해진 배경에는 '우주의 맑게 갬'(뒤에 자세히 설명할 것이다)이 있다. '우주의 맑게 갬'은 우주의 온도와 관련된 현상이다. 최신 우주론에서는 우주에서 전달되는 전자기파의 온도를 측정함으로써 많은 것을 알아내고 있다.

전자기파로 우주의 온도를 측정한다

우주의 온도란 과연 무슨 뜻일까?

예를 들면 대기의 온도, 즉 기온은 공기 분자가 얼마나 활발히 움직이는지, 다시 말해서 공기 분자들이 얼마나 많은 에너지를 띠고 있는지를 측정한 값이다. 물체의 온도는 그 물체를 구성하고 있는 분자나 원자의 에너지이다. 그렇다면 거의 진공상태에 가까운 우주 공간에서는 온도를 어떻게 측정할까?

사실 우주 공간에는 분자나 원자는 거의 없지만 빛은 많다. 더 정확히 말하면 우주는 파장이 긴 **전자기파**로 채워져 있다. 그러므로 전자기파를 통해 우주의 온도를 측정하는 것이다.

예를 들어 용광로를 생각해보자. 용광로 속의 온도는 작은 구멍에서 밖으로 흘러나오는 빛(전자기파)의 색(파장)을 관측함으로써 알 수 있다. 왜냐하면 특정한 온도의 물질에서는 특정한 색의 빛(파장)이 나오기 때문이다.

이 용광로에서 나오는 전자기파에는 하나의 파장이 아니라 짧은 파장부터 긴 파장까지 다양한 파장을 지닌 파동들이 일정한 배율로 분포되어 있다. 그 파장들은 아래와 같이 산 모양으로 분포되어 있다.

용광로에서 나오는 전자기파를 흑체복사(또는 플랑크의 분포)라고 한다. 물리학자는 이 흑체복사가 분포하는 모양과 온도의 관계

그림 2-2 ▪▪ 흑체복사 스펙트럼 에너지 분포도

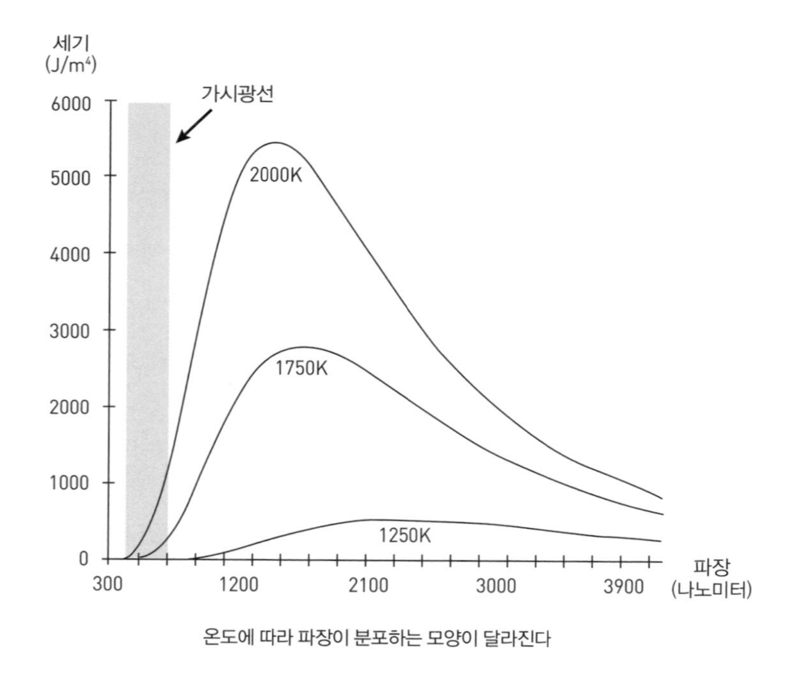

온도에 따라 파장이 분포하는 모양이 달라진다

를 표현하는 수식을 알고 있다. 따라서 전자기파를 측정하여 그것이 몇 도의 온도에서 복사되는 것인지를 알 수 있는 것이다.

'우주의 맑게 갬'으로 직진할 수 있게 된 전자기파

현재 우주의 온도는 절대온도 약 2.73K(섭씨 −270도 정도)이라고 알려져 있다. 섭씨 −270도의 용광로는 상상하기 어렵지만 우주가 시간이 흐름에 따라 팽창하고 있다는 점을 생각해보면 재미있는 사실을 유추할 수 있다. 부피가 팽창하면 온도가 내려간다는 점을 생각하면 아주 옛날 우주가 작았을 때는 용광로처럼 뜨거웠을 것이 분명하다.

'우주의 맑게 갬'이라는 말이 자주 등장하는데, 앞에서 이는 우주의 온도와 관련이 있다는 이야기를 했다. 우주의 온도가 높으면 전자기파는 물질과 상호작용을 해서 직진할 수 없다. 따라서 우주가 작고 온도가 높았을 때는 전자기파가 물질에 흡수되고 복사되기를 되풀이하여 한 방향으로 곧바로 나아갈 수 없었기 때문에 시간이 지나도 우리 눈에 전달되지 않는 것이다.

다시 말하면 우리가 과거의 우주에서 보낸 정보를 얻으려고 해도 우주의 온도가 높았을 때의 모습은 흐려서 보이지 않는다는 것이다. 그러다가 우주의 온도가 내려가 비로소 빛이 자유롭게 직진할 수 있게 된 순간을 '우주의 맑게 갬'이라고 부른다.

'우주가 맑게 갠' 것은 우주가 탄생하고도 약 38만 년이나 지난

그림 2-3 ∷ '우주의 맑게 갬'

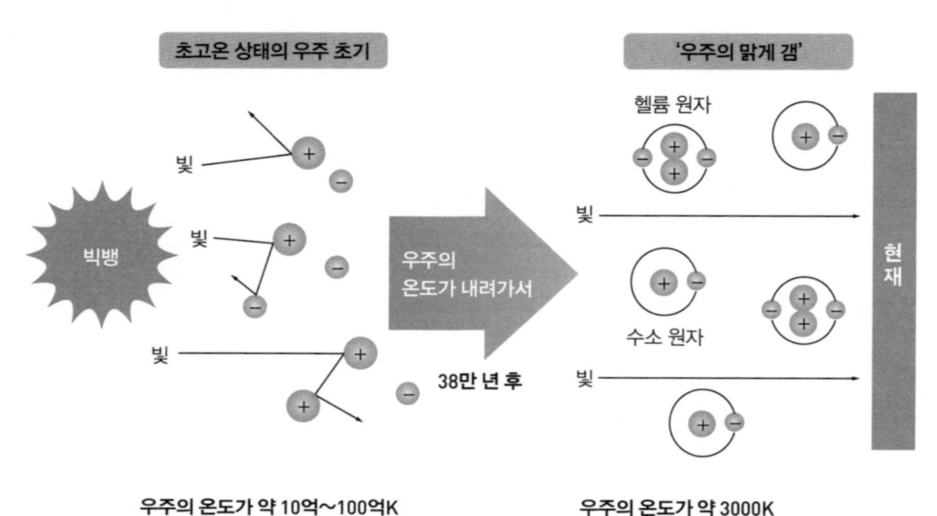

후의 일로, 당시 우주의 온도는 약 300K이었다. 그 후 137억 년 가까운 시간이 흐르는 동안 우주는 끊임없이 팽창하면서 차가워진 것이다.

그러나 '우주의 맑게 갬'에는 여러 종류가 있다. 최근의 천문 관측으로는 전자기파(광자)뿐만 아니라 다른 소립자도 관측할 수 있다. 물질의 상호작용에서 벗어나 자유로워지는 온도는 소립자의 종류에 따라 달라진다. 즉 관측 대상이 되는 소립자의 종류에 따라 '우주가 맑게 개는' 시간이 달라진다. 예를 들어 전자기파가 아닌 뉴트리노를 관측 대상으로 삼으면 더 오래되고 뜨거운 우주를 볼 수 있는 것이다. 중력파를 관측하면 가장 오래된 우주의 모습을 볼 수 있지만, 현재의 과학 기술로는 뉴트리노나 중력파 관측으로 초기 우주의 모습을 보는 것이 불가능하다.

그림 2-4 지구에 전해지는 광자, 뉴트리노, 중력파

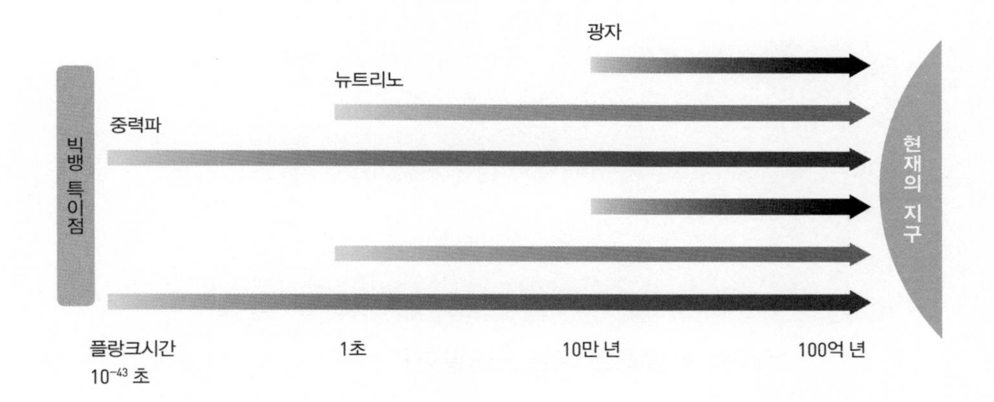

2-3 우주의 모습은 닫혀 있다? 평탄하다? 열려 있다?

우주는 어떤 모양을 하고 있을까? 인간이 우주 끝까지 갈 수는 있을까?
이 질문에 명쾌하게 대답하기란 의외로 어려우며 이에 대해서는
현재까지도 여러 가설들만 제시되어 있을 뿐이다.
여기서는 우주의 모양으로 가정되고 있는 기본적인 형태들을 소개한다.

우주의 바깥쪽은 어떤 모습일까?

우주의 모양이나 크기에 관한 문제는 우주론에서 아주 미묘한 부분이다. 관측할 수 있는 범위가 제한되어 있어 관측이 불가능한 부분이 어떻게 구성되어 있는지 현재로서는 알 도리가 없기 때문이다. 만약 우주가 유한하다고 해도 그 가장자리가 구처럼 둥근지 아니면 다면체처럼 각진지 지금으로서는 전혀 알 길이 없다.

'작은 우주'라는 가설이 있다. 이에 따르면 우주는 매우 작지만 가장자리(한계)에 이르면 반사되듯이 되돌아와버리기 때문에 크게 느껴진다고 한다. 이는 현관문을 통해 집 밖으로 나갔다고 생각했는데 어느 순간 다른 문을 통해 집 안에 들어와있는 것과 같은 것이다.

실제로 우주의 모양은 아인슈타인의 방정식만으로는 알 수 없다. 천천히 하나하나 천문 관측을 통해서 확인해나가는 수밖에 없다.

그러나 이론적으로는 뒤에서 설명할 '우주 헌법', 즉 균일성과 등방성을 가정한다면 우주의 모양을 기본적으로 세 가지 형태로 가정할 수 있다. 현실의 3차원 우주를 시각화하는 것은 어렵기 때문에 여기서는 2차원 우주를 떠올려보기로 하자.

우주를 대략적으로 시각화해본다면…

자동차로 산길을 드라이브하고 있는데 급커브를 나타내는 표지판이 눈에 들어왔다.

그림 2-5 :: 급커브 표지판

도로의 커브가 심한지 어떤지는 그 커브에 들어맞는 원의 반지름 R로 표시할 수 있다. R은 반지름을 뜻하는 영어 radius에서 온 표기로, R이 크면 커브가 완만한 것이고 R이 작으면 커브가 급하다는 것을 의미한다. 즉 커브의 완급 정도는 반지름과 반비례 관계에 있는 셈이다.

그림 2-6 ∷ 도로의 커브 정도는 반지름과 반비례한다

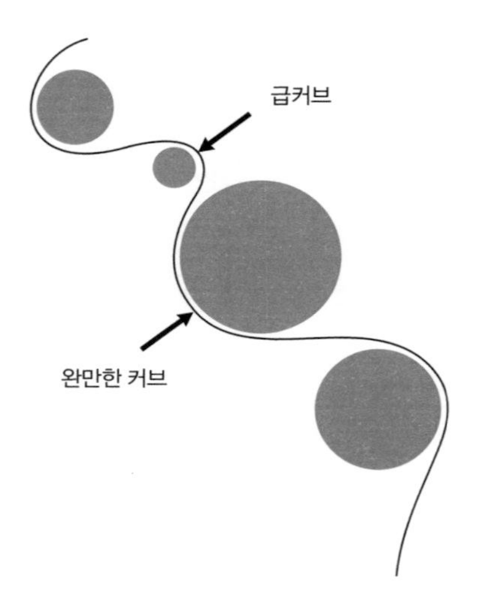

도로의 커브를 나타내는 것처럼 2차원 면의 굴곡도 거기에 들어맞는 원의 반지름 R로 표시할 수 있다. 그러나 도로와 달리 면의 굴곡을 나타낼 때는 한 개의 원만으로는 불충분하고 방향이 다른 두 개의 원이 필요하다. 구에서는 구면을 기준으로 특정한 반지름의 두 원이 구면과 맞닿아 모두 같은 쪽에서 전후좌우로 교차하고, 말안장(52페이지 그림 참조)에서는 곡면을 기준으로 특정한 반지름의 두 원이 곡면과 맞닿아 서로 맞은편 쪽에서 전후좌우로 교차하게 된다. 따라서 각각 그 반지름의 역수를 취하여 그 면의 곡률을 표현할 수 있다. 이와 달리 평면에는 굽은 부분이 없어 무한한 반지름의 원이 그 면에 맞닿을 수 있다. 따라서 그 곡률은 무한대의 역수인 0인 것이다.

그림 2-7 ▪▪ 곡면에 원을 맞댄 그림

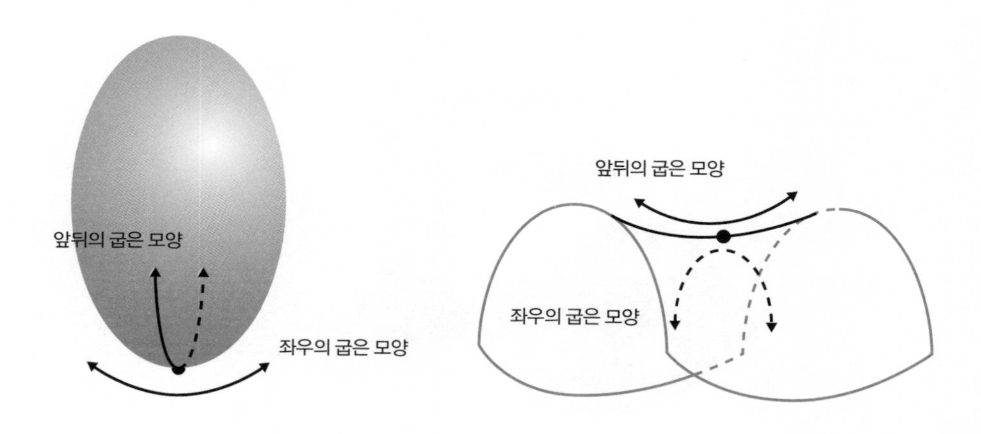

현실의 3차원 우주 모양도 위에서 본 2차원 우주처럼 구부러지는 방법으로 생각하면 세 가지 모양을 가정할 수 있다. 그것을 우주의 '모양'으로 생각할 수 있지만 유감스럽게도 그림으로 완벽하게 시각화하는 것은 거의 불가능하다.

그림 2-8 ∷ 닫힌 우주(구형)　　그림 2-9 ∷ 평탄한 우주(평탄형)

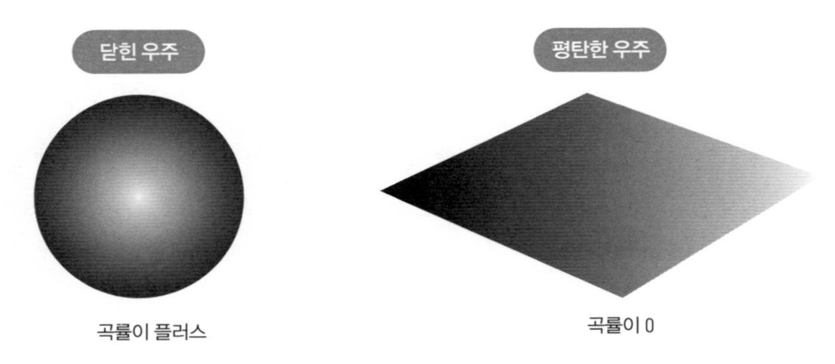

그림 2-10 ∷ 열린 우주(말안장형)

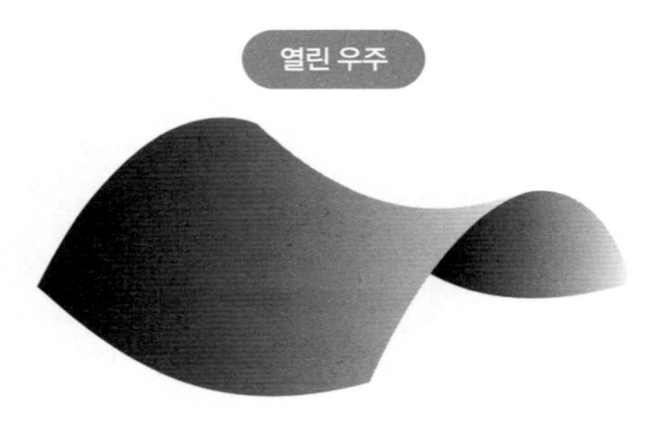

또한 여기에서 제시한 세 가지 기본 형태뿐만 아니라 면을 여러 개로 나누어 맞붙이는 것도 우주의 모양을 생각해보는 하나의 방법이 될 수 있다. 결국 우주의 모양은 무수한 가능성을 띠고 있다는 말이 된다.

우주의 모양을 전문적으로 연구하는 분야를 '우주위상기하학'이라 부르는데 이 분야에서는 지금도 활발히 연구를 진행하고 있다.

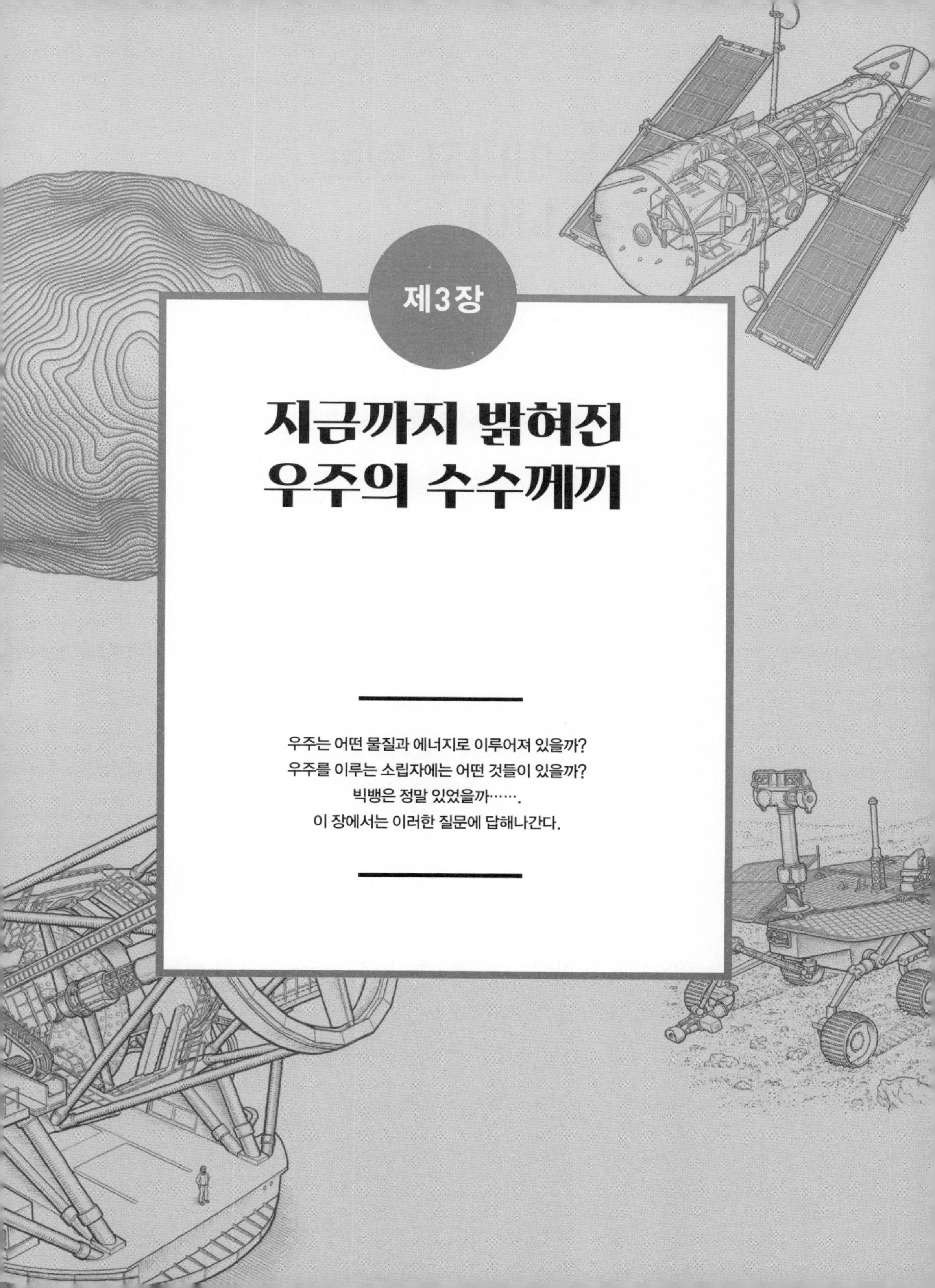

제3장

지금까지 밝혀진 우주의 수수께끼

우주는 어떤 물질과 에너지로 이루어져 있을까?
우주를 이루는 소립자에는 어떤 것들이 있을까?
빅뱅은 정말 있었을까…….
이 장에서는 이러한 질문에 답해나간다.

점점 늘어나고 있는 우주의 나이

이 장에서는 일반적인 이론으로써 최신 우주론의
연구 성과 몇 가지를 설명해보겠다. 먼저 우주의 나이를 알아보고
탄생부터 지금에 이르는 우주의 역사를 조망해본다.

에드윈 허블이 활약하던 시대에는 우주의 나이가 20억 년 정도 일 것이라고 생각했다.

한때는 180억 년 정도일 것이라 말하기도 했지만 현재는 정밀 관측을 통해 우주의 나이가 약 137억 년이라는 결론에 이르렀다.

우주의 과거 역사를 정리하는 의미에서 '우주의 과거 연표'를 소개한다.

우주는 지금으로부터 137억 년 전에 생겨나 그 직후 무엇인가가 원인이 되어 폭발적으로 팽창하기 시작하였고 인플레이션 시기로 들어섰다. 그러다가 인플레이션 시기에 우주의 팽창에 제동이 걸리고 우주는 가열되어 마침내 빅뱅이 일어났다. 우주는 얼마간 제동이 걸린 상태로 완만한 팽창을 계속했지만 50억 년쯤 전에 이르러서 다시 가속 팽창으로 돌아섰다.

그림 3-1 ∷ 우주의 과거 연표

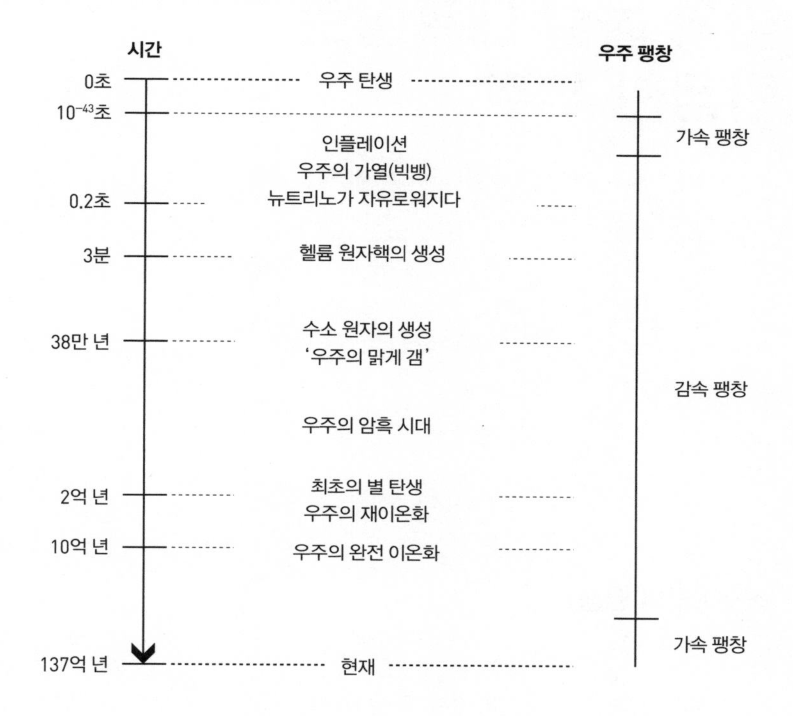

문제는 어떤 이유에서 우주 팽창이 가속되고 감속되느냐 하는 것인데 지금으로서는 그 원인을 알 수 없다. 그러나 몇 가지 가설은 존재한다. 예를 들면, 현재 일어나는 우주의 과속 팽창은 우주 상수라고 하는 일종의 '만유척력'이 그 원인이지 않을까 하고 여겨진다.

원인을 자세히 알 수는 없지만, 아무튼 지금까지의 수많은 관측 결과를 근거로 작성한 우주의 과거 연표는 매우 신빙성이 높다.

깜짝 놀랄 대폭발로 탄생한 우주

현재는 인플레이션 우주가 빅뱅 이전에도 존재했다는 사실이 알려져 있지만, 우리들이 생각하는 우주는 빅뱅으로 탄생했다.

불덩어리의 탄생

우주가 뜨거운 불덩어리에서 탄생했다는 가설을 처음으로 제창한 사람은 미국의 물리학자 조지 가모다. 『이상한 나라의 톰킨스』라는 과학 소설의 저자로 유명한 그는 제자인 랠프 앨퍼, 핵물리학자인 한스 베테와 함께 "우주는 불덩어리에서 탄생하여 그 용광로와도 같은 우주에서 원소가 만들어졌다"는 빅뱅이론을 제창했다. 그리고 지금은 우주의 온도가 내려가 차가운데 이 '용광로'의 온도는 절대온도 약 7K(섭씨 –266도) 정도까지 내려갈 것이라고 예측했다.

가모는 세 사람 성의 머리글자를 따서 부르기 쉽게 '알파·베타·감마이론'이라 이름을 붙였다.

빅뱅이라는 이름은 글자 그대로 '대폭발'이라는 의미로 영국의

그림 3-2 ▪▪ 조지 가모(George Gamow, 1904~1968)

미국의 이론물리학자. 러시아 출생. 알파입자가 방출되는 원리를 양자역학적 효과인 터널효과로 설명했다. 태양에너지를 연구하고 우주의 기원을 고찰하는 등 많은 업적을 남겼다.

천문학자 프레드 호일이 붙인 것이다. 그런데 '빅뱅'의 작명자로 유명한 호일 자신은 안타깝게도 "우주가 불덩어리에서 탄생했다는 것은 생각할 수 없다"고 주장하여 빅뱅이론과 정반대되는 정상우주론을 제창했다.

우주론에도 '헌법'이 있다

현대 우주론은 '우주원리'라 불리는 생각에 기초하고 있다. 우주론의 가설은 대부분 아래의 두 가지 생각에 기초하고 있다.

우주는 어디서나 거의 동일하게 만들어져 있다(공간의 균일성)

우주는 어느 쪽을 향하든지 거의 동일하게 만들어져 있다(공간의 등방성)

이러한 두 가지 생각을 '우주원리'라 한다. 이른바 '우주론의 헌법'과도 같은 것이다.

만약 빅뱅이론이 옳다면 우주에는 '시작'이 있다고 할 수 있다. 물리학자는 방정식을 풀 때 '초기조건'이라는 것을 생각한다. 처음에 어떤 상태였는지에 따라서 그 후의 예측이 달라지기 때문이다. 소박한 질문이지만 만약 우주에 정말 시작이 있었다면 '하필이면 왜 그 특별한 초기조건에서 우주가 탄생했을까, 신은 왜 다른 초

그림 3-3 ▪▪ 프레드 호일(Fred Hoyle, 1915~2001)

영국의 물리학자. 정상우주론의 제창자이며 빅뱅의 작명자이다. 『암흑 성운』, 『비밀 국가』, 『안드로메다의 A』 등 공상과학소설가로도 활동했다.

기조건을 만들지 않았을까?'라는 의문이 생긴다.

물론 '어쩌다 보니 신은 우주가 생성되는 특별한 초기조건을 선택하게 되었다'고 생각할 수도 있지만 물리학자는 그러한 특별 취급을 싫어하는 경향이 있다.

정상우주론

그래서 호일은 헤르만 본디*, 토머스 골드**와 함께 다음과 같은 원리를 '우주의 헌법'에 덧붙였다.

우주는 어느 때나 똑같은 모습이다(시간의 균일성)

다시 말하면 우주는 '정상(항상 일정)'이고 시작도 끝도 없다는 것이다.

오해가 없도록 강조해서 말하지만 호일의 주장이 우주의 팽창을 부정한 것은 아니다. 그것은 관측으로 증명된 사실이다. 이들은 우주가 계속 팽창한다고 해도 '창조마당(C마당)***'이라는 미지의 원천에서 물질이 솟아나기 때문에 우주의 상태는 변하지 않는다(정상)고 주장한 것이다.

실제로 학계에서 정상우주가 불덩어리 우주보다 우세한 시기가 있었는데, 이는 정상우주에 대한 호일의 아이디어들이 물리학적으로 일리가 있었기 때문일 것이다.

* **헤르만 본디 (Hermann Bondi, 1919~2005)** 오스트리아의 수학자, 우주론학자. 빅뱅이론에 대응하는 정상우주론을 제창했으며, 성간가스가 블랙홀이나 별 쪽으로 유착되는 현상도 연구했다.

** **토머스 골드 (Thomas Gold, 1920~2004)** 오스트리아계 미국 천체물리학자. 우주는 정상상태일 것이라는 가설을 제창하고 지구자기장에 관한 연구에도 많은 업적을 남겼다.

*** **창조마당 (Creation Field)** 정상우주론에서 물질이 생기는 곳을 일컫는다.

그림 3-4 ▪▪ 정상우주를 시각화한 모습

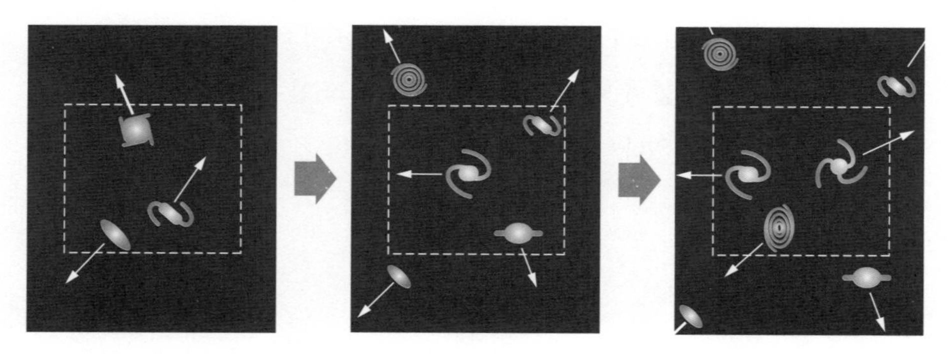

정상상태의 우주는 팽창하지만 C마당에서 계속 물질이 생겨나므로 과거와 미래의 평균적인 우주의 모습에는 변화가 없다.

그러나 뒤에서 살펴보겠지만 태곳적 우주는 뜨거운 용광로였고 그것이 차가워졌다는 확고한 증거가 발견되면서 정상우주론은 무대에서 사라지고 말았다.

3-3 아주 오래된 우주, 뜨거운 용광로

빅뱅이론을 증명하는 영상으로서 '우주배경복사'가 있다.
우주배경복사는 태곳적 우주의 모습을 가늠할 수 있게 해주는
마이크로파 영역의 전자기파로 빅뱅이론을 실증하는 자료가 되었을 뿐 아니라
그 후의 우주론에도 큰 영향을 미쳤다.
그러나 그것은 아주 우연히 발견된 것이었다.

누구나 들어봤을 우주배경복사

1965년 미국 벨연구소의 아노 펜지어스와 로버트 윌슨은 전파망원경의 잡음을 측정하고 있었는데 잡음이 너무 커서 고민에 빠져 있었다. 우주의 어떤 방향을 향해도 마찬가지였다. 결국 이들은 전파망원경에 비둘기가 눈 똥이 묻어 잡음이 나는 게 아닐까 생각하며 살펴보았지만 원인은 비둘기 똥이 아니었다. 그들이 측정하고 있었던 것은 파장 7.35센티미터, 절대온도 약 3K(섭씨 약 −270도)의 전자기파였다. 지금은 이것이 우주배경복사로 밝혀져 우주론에 없어서는 안 될 관측 결과로 남게 되었다.

우주배경복사 : Cosmic Microwave Background Radiation(CMB),
온도 약 3K의 복사선이므로 '3K 복사'라고도 한다.

예전 텔레비전 채널에는 통상 초단파인 VHF 외에도 극초단파인 UHF가 있었다. 펜지어스와 윌슨이 (우연히) 관측한 잡음은 UHF 텔레비전 화면의 화이트 노이즈(백색 잡음)에 포함되어 있다(VHF에도 1퍼센트 정도 포함). 또 휴대전화의 잡음 일부에도 우주배경복사가 있으므로 실은 이 잡음을 누구나 들어본 적이 있을 것이다(그것을 알아챈 사람은 거의 없겠지만).

뜨거운 용광로의 흔적

오랜 옛날 우주는 뜨거운 용광로와 같은 상태였다. 이때 우주의 나이는 38만 년 정도였다. 그 용광로에 가득 차 있던 빛의 복사는 그 후 우주가 팽창하여 차가워짐과 동시에 파장이 길어지고 눈에 보이지 않게 되면서 전자기파의 잡음으로 남게 되었다. 이것이 우주 전체에 가득 차 있어서 '우주배경복사'라 부르게 된 것이다.

용광로 속 빛의 복사는 특수한 성질을 가지고 있다. 그 파장과 세기를 그래프로 나타내면 정상이 약간 왼쪽으로 치우친 산 모양을 하고 있다. 이러한 파장의 분포는 최초로 그 이론 공식을 발견한 독일의 물리학자 막스 플랑크의 이름을 따서 **플랑크의 분포**라고 부른다. 온도가 내려가서 복사의 파장이 길어져도 산 모양, 즉 그

그림 3-5 ▪▪ 우주배경복사의 파장(플랑크의 분포)

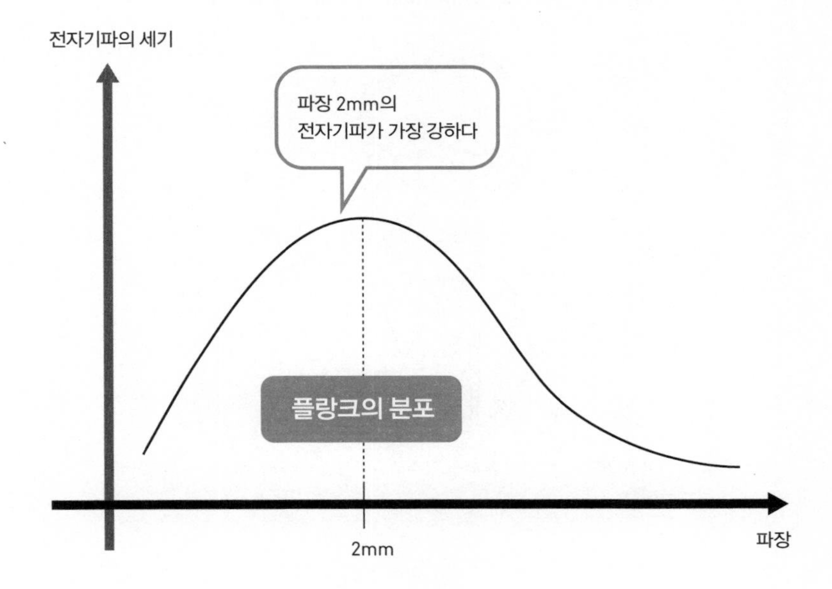

래프의 전체적인 모양은 변하지 않는다. 그래서 '산 모양의 복사 분포는 옛날 용광로의 흔적'이라고 여겨지는 것이다. 물론 여기서 '옛날 용광로'는 빅뱅을 말한다.

텔레비전이나 휴대전화의 잡음이 지금으로부터 137억 년 전 우주의 '영상' 또는 '소리'라는 것은 놀랄 만한 일이고 어떤 의미에서는 감동 그 자체라고도 말할 수 있다.

펜지어스와 윌슨은 이 업적으로 1978년 노벨 물리학상을 받았다. 그들은 '우주의 가장 옛 모습'을 찍은 것이다.

그림 3-6 ▪▪ 아노 펜지어스(Arno allan Penzias, 1933~)

독일계 미국 물리학자. 빅뱅의 흔적인 우주배경복사를 발견해 1978년 노벨 물리학상을 수상했다.

그림 3-7 ▪▪ 로버트 윌슨(Robert Woodrow Wilson, 1936~)

미국의 물리학자. 펜지어스와 우주배경복사를 공동으로 발견하여 같은 연도에 노벨 물리학상을 수상했다.

그래도 늘어만 가는 수수께끼들

3-4

펜지어스와 윌슨이 우주배경복사를 발견함으로써
빅뱅이론을 입증했지만 허블은 이미 1929년에
'우주는 정적인 것이 아니며 팽창하고 있을 것'이라 생각했다.

허블의 법칙이 의미하는 것

우주망원경의 이름이 되기도 한 허블은 미국의 천문학자이다. 허블은 망원경 관측을 통해, 당시 성운이라고 여겨졌던 구름처럼 보이는 것의 정체가 은하계 밖에 있는 또 다른 은하라는 것을 알아냈다. 그러나 우주론 쪽에서는 허블의 법칙으로 공헌한 바가 더 크다고 할 수 있다.

허블의 법칙은 은하가 멀어지는 속도가 은하까지의 거리에 비례한다는 것이다. 이때 비례상수•를 허블상수라 부른다.

비례상수
비례하는 두 변수 사이의 관계식에서 상수. x와 y가 비례하는 식 y=ax에서 a를 말한다.

그림 3-8 ■■ **허블의 법칙**

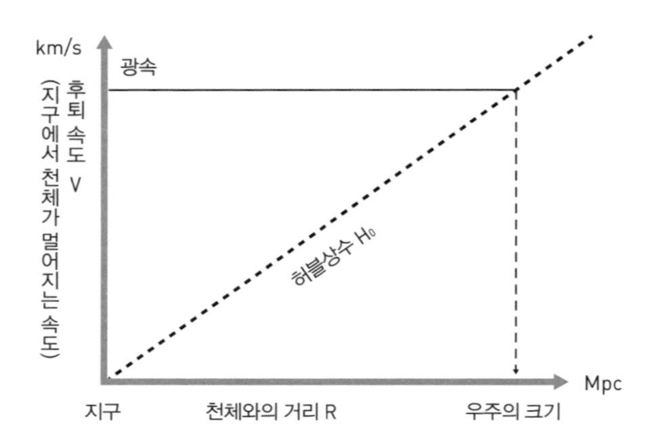

허블의 법칙을 식으로 나타내면 다음과 같다.

$$V = H_0R$$

V는 천체가 멀어지는 속도(후퇴속도), H_0는 비례상수인 허블상수, R은 은하까지의 거리이다.

그러면 허블의 법칙은 어떻게 해석할 수 있을까?

거리와 후퇴속도가 비례한다는 것은 우주가 전체적으로 균일하게 팽창하고 있다는 것을 의미한다. 그것은 다음과 같은 풍선의 표면을 생각하면 이해하기 쉬울 것이다.

풍선(우주)을 부풀리면 풍선은 전체적으로 팽창하는데 이때 풍선 표면에 붙여 놓은 동전(은하)들의 멀어지는 속도는 거리에 비례한다. 다시 말하면 지구에서 볼 때 주위의 별이나 은하가 모두 멀

그림 3-9 ■ 팽창우주를 시각화한 모습

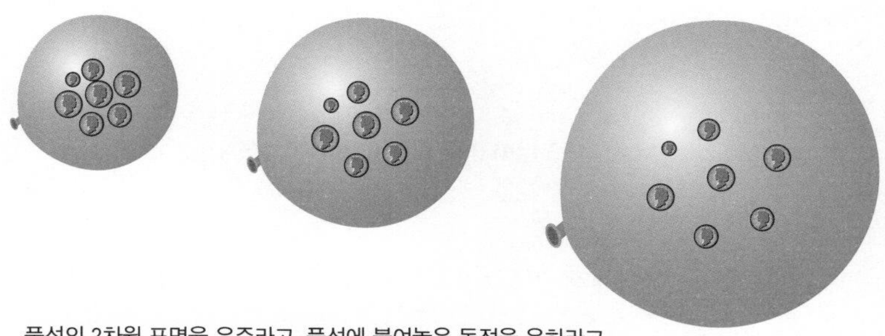

풍선의 2차원 표면을 우주라고, 풍선에 붙여놓은 동전을 은하라고 생각해보자. 어느 동전을 보더라도 주위로부터 동일하게 멀어진다. 따라서 어떤 동전이 중앙에 있는지 묻는 것은 의미가 없어진다.

어진다고 해서 지구가 팽창우주의 중심에 있다고 할 수는 없는 것이다. 그보다 우주의 어떤 은하계, 어떤 별, 어떤 행성에서 관측하더라도 주위의 별이나 은하는 자신으로부터 멀어지고 있는 것처럼 보일 것이라고 생각하는 편이 더 자연스럽다. 결국 우주는 전체적으로 팽창하고 있는 것이다.

이상한 허블상수의 단위

허블상수의 값은 아래처럼 정의되어 있다.•

• 2003년의 데이터 http://lambda.gsfc.nasa.gov에서(C. L. Bennett et. al.)

71km/s/Mpc

하지만 조금만 생각해보면 이 단위가 이상하다는 사실을 알 수 있다. 왜냐하면 킬로미터(km)도 메가파섹(Mpc)도 거리를 나타내는 단위이기 때문이다.

1Mpc = 30,800,000,000,000,000,000km

이것은 그림 3-8에서 가로축의 단위가 Mpc라는 거리이고 세로축의 단위가 km/s라는 속도로 표시한 좌표에 나타난 관측치를 그대로 적은 것이다.

그렇다면 허블상수의 물리학적 단위는 '매 초'가 되며, 허블상수의 역수는 '초'의 단위를 가지게 된다.

그림 3-10 ∷ 에드윈 허블(Edwin Powell Hubble, 1889~1953)

윌슨산천문대에서 100인치(2.54미터) 구경의 망원경으로 은하의 거리와 후퇴속도를 연구하여 허블의 법칙을 발견했다.

그렇다. 눈치 빠른 독자들이라면 이미 눈치챘겠지만 허블상수의 역수는 '우주의 나이'가 되는 것이다.

우주의 나이를 한번 계산해볼까?

허블상수의 역수는

1Mpc · s/71km

인데, Mpc을 km로 환산하면

30,800,000,000,000,000,000km · s/71km

가 된다. 이것을 계산하면 우주의 나이가 '초'로 계산되어 나오며, 그것을 60×60×24×365로 나누면 '년'으로 환산되어 결과적으로

13755797085.915

라는 숫자가 된다. 이것은 약 137.6억 년이며 이 책에서 우주의 나이로 추정하고 있는 137억 년이라는 숫자에 매우 가깝다. (허블상수로 71과 72 사이의 값을 택하면 약 137억 년이 된다.)

90억 광년의 저편에서 오는 우주의 신호

감마선은 전자기파의 일종으로 매우 높은 에너지를 지닌 빛이다.
우주의 저쪽 끝에서 감마선이 폭발적으로 전해져 올 때가 있는데
그 정체가 하나하나 밝혀지고 있다.

우주를 비추는 등대

감마선버스트는 말 그대로 우주 저쪽에서 전해지는 감마선 폭발을 일컫는다. 인류가 최초로 그 기묘한 섬광을 알아차린 것은 1960년대 미국이 핵실험 감시용으로 발사한 벨라·호텔위성(Vela-Hotel satellite)에 의해서였다.

감마선버스트는 우주 저 끝의 등대와 같은 존재라고 할 수 있다. 일직선으로 뻗어 나오는 감마선은 정면에서 보지 않는 한 그 존재조차 알 수 없다.

1999년 1월 23일, 여러 대의 감마선 관측위성이 거의 동시에 목자자리의 북쪽에서 감마선버스트를 발견하였다. 그 후 계속해서 광학망원경으로 가시광선을 관측해냄으로써 그 존재와 성질이 밝

혀졌다. 발견된 날짜에 따라 GRB990123이라 이름 붙여진 감마선버스트는 90억 광년 떨어진 우주의 저쪽 끝에서 온 것이었다.

우주의 이 섬광은 별이 초신성 폭발을 일으켜 블랙홀이 될 때 생긴 것으로 추정되고 있다. 즉 별의 자전축을 따라 빔 상태의 강력한 감마선을 복사한 것으로 여겨지는데, 그 생성 원리를 입증하는 구체적인 증거는 아직 확보하지 못한 상태이다.

감마선버스트의 관측은 양자론과 아인슈타인의 중력마당이론을 통합한 양자중력이론을 검증하는 데 큰 힘이 될 것으로 기대하고 있다. 그도 그럴 것이 양자중력이론에서는 극히 적은 양이기는 하지만 감마선의 에너지에 따라 감마선이 지구에 도달하는 시간에 차이가 생길 수 있다고 예측하기 때문이다.

그림 3-11 ∷ 감마선버스트의 최대 에너지

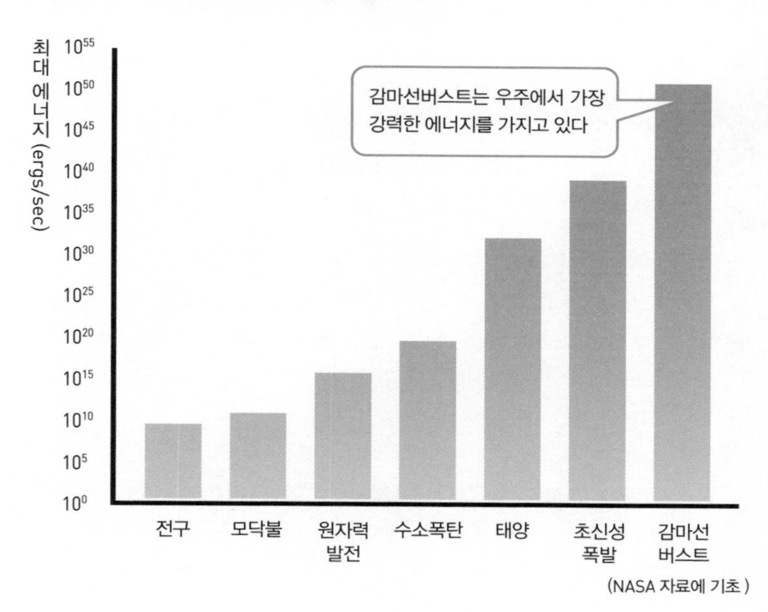

그림 3-12 ▪▪ 감마선버스트 GRB990123을 찍은 영상

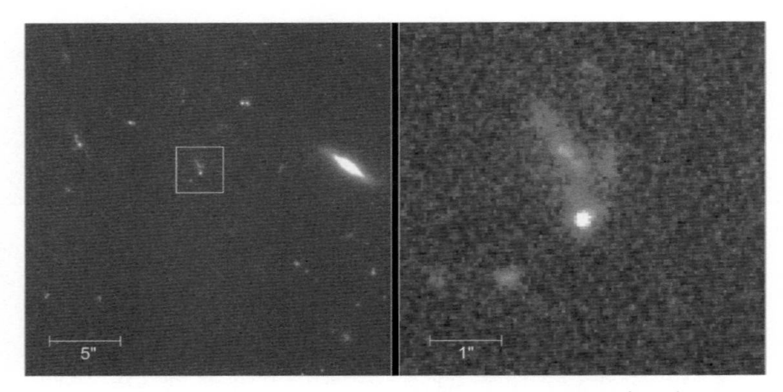

사진 제공 : Andrew Fruchter(STScl) and NASA

1999년 1월 23일, 콤프턴우주망원경이 감마선버스트를 포착하고 곧바로 지상망원경에 연락을 함으로써 GRB990123이 가시광선으로 관측되었다. 그림 3-12는 허블우주망원경이 같은 해 2월에 촬영한 GRB990123의 모습이다.

도플러효과와 적색이동

우주론에서 자주 나오는 도플러효과나 적색이동은 어떤 현상일까?

우주론에서 말하는 도플러효과는 파동에서 보이는 독특한 효과이다. 주변에서 흔히 볼 수 있는 예로는 구급차의 사이렌을 들 수 있다. 구급차의 사이렌 소리는 그 높이가 정해져 있지만 그것이 가까워질 때와 멀어질 때 우리가 느끼는 소리의 높이는 다르다.

왜 그럴까?

소리는 공기의 파동이다. 그 진동수(1초에 진동하는 횟수)가 사람이 귀로 듣는 소리의 높낮이인 것이다. 진동수가 많으면 소리는 높아지고 진동수가

그림 3-13 ■■ 광원과 파장

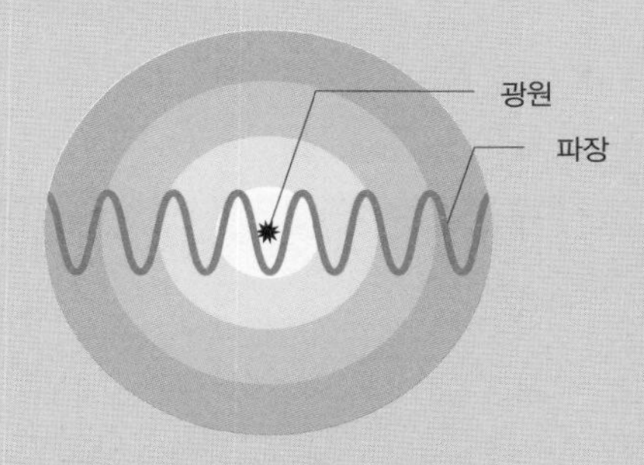

그림 3-14 ■■ 도플러효과

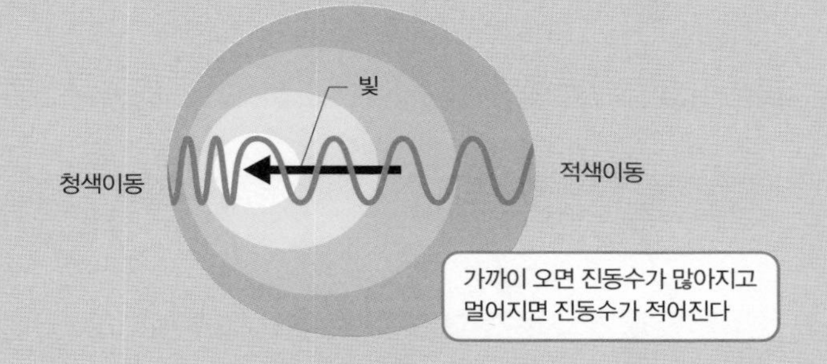

적으면 소리는 낮아진다. 음원이 되는 구급차가 우리 가까이에 올 때는 '파장이 압축되어' 결과적으로 진동수가 많아진다. 반대로 멀어질 때는 '파장이 늘어져' 진동수가 적아진다. 이것이 도플러효과이다.

조금 다른 이야기가 되겠지만 전자기파를 시각화하면 구급차의 사이렌 소리와 같은 형태를 보인다. 전자기파 가운데서 가시광선은 진동수가 많으면 파랗게 보이고(청색이동), 진동수가 적으면 빨갛게 보인다(적색이동). 결국 적색이동라는 것은 별이 지구에서 멀어질수록 진동수가 적어지는 현상이다. 따라서 우리에게서 멀어지는 별빛은 본래의 색보다 빨갛게 보이는 것이다.

별에서 오는 빛을 삼각프리즘의 분광 원리를 이용해 분리해보면 군데군데에 검은 틈이 있는 것을 볼 수 있다. 이것은 별 주변에 있는 가스가 특정 진동수의 전자기파를 흡수하기 때문이다. 이렇게 흡수된 전자기파를 흡수선이라 한다. 가스에 포함된 원소로 인해 흡수되는 빛의 진동수는 정해져 있다. 그러나 별이 우리에게서 멀어지면 원소의 종류에 따라 정해져 있는 흡수선의 위치가 이동하게 된다.

그림 3-15 ▪ 별과 은하의 적색이동

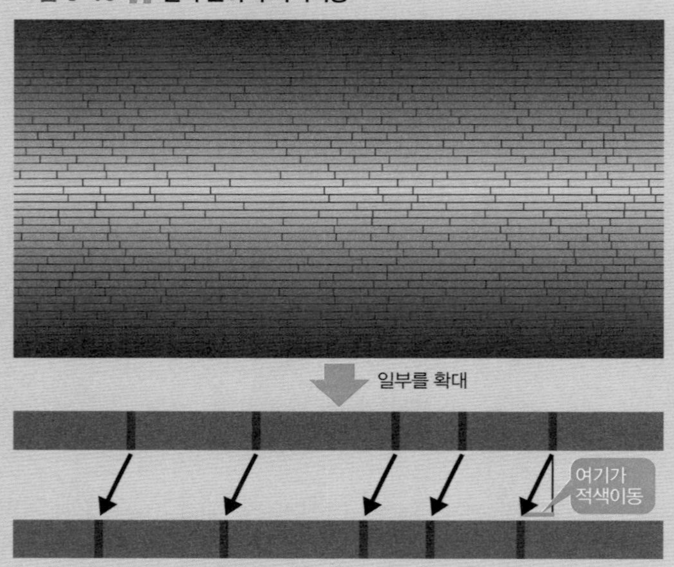

적색이동은 별이 멀어지는 속도에 비례한다. 여기에 허블의 법칙을 적용하면 별이나 은하까지의 거리를 추정할 수 있는 것이다. 이 설명이 어렵다면, 우주 전체가 팽창해 전자기파의 파장이 길어진다고 생각하면 쉽게 이해할 수 있을 것이다.

그림 3-16 ▪ 적색이동의 시각화

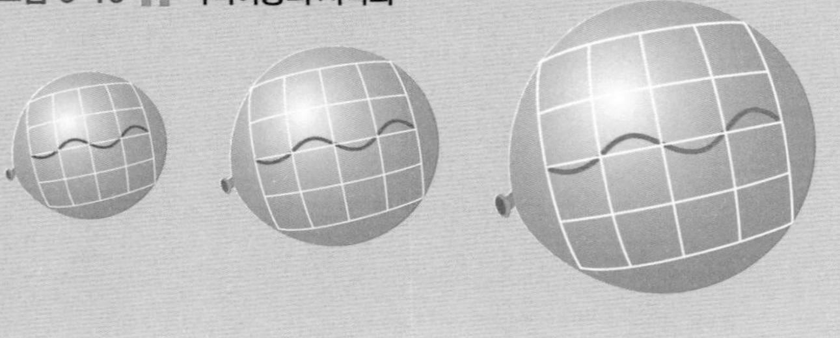

우주를 구성하는 소립자의 세계

3-6

모든 물질은 분자로 구성되어 있다. 그리고 분자는 원자로,
그 원자는 다시 소립자로 이루어져 있다.
그렇다면 우주의 구성 요소인 소립자에는 어떤 것들이 있을까?

우주의 구성 요소

소립자 차원에서는 우주를 이루고 있는 요소는 크게 두 가지로 분류할 수 있다.

(1) 페르미온(물질을 구성하는 소립자)

(2) 보손(힘을 매개하는 소립자)

페르미온(페르미입자)이 모이면 우리들이 만지고 볼 수 있는 물질이 된다. 물질 사이에 작용하는 힘은 보손(보스입자)이 전달한다.

음전하를 가진 전자와 양전하를 가진 양전자는 물질과 반물질의 대표격이라 할 수 있다. 이들은 모두 페르미온에 속한다. 그리

고 전자와 양전자 사이를 왕래하는 것에 **광자**가 있으며 이를 매개로 하는 힘을 우리는 **전자기력**이라고 한다. 광자는 보손의 대표격이다.

소립자에는 이와 같은 두 가지 유형이 있는 것이다. 비유하자면, 이것은 인간계에 남자와 여자가 존재하는 것과 비슷하다.

아래에 제시한 그림 3-17은 미국의 이론물리학자 리처드 필립스 파인먼•이 고안한 '파인먼 다이어그램'이다. 여기서는 전자와 양전자가 충돌하여 광자가 나타나는 현상을 보여주고 있다. 가로축

리처드 필립스 파인먼 (Richard Phillips Feynman, 1918~1988)
미국의 이론물리학자. 양자전기역학(QED)을 연구하여 재규격화이론을 완성했다. 여기서 고안한 파인먼 다이어그램은 이론물리학에서 널리 이용된다.

그림 3-17 ∷ 물리학자 파인먼이 고안한 '파인먼 다이어그램'

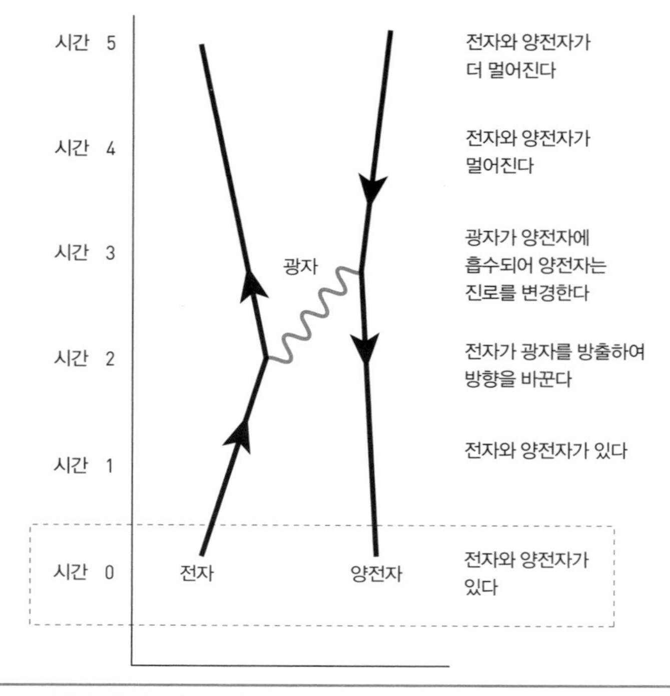

시간이 흐름에 따라 전자와 양전자가 광자를 주고받는다는 것을 알 수 있다

이 공간, 세로축이 시간이다.

먼저 점선으로 나타낸 시간이 0인 상태에 주목한다. 전자와 양전자가 공간적으로 떨어져 있다는 것을 알 수 있다. 다음으로 점선 위에 있는 시간 1의 상태를 본다. 계속 같은 방법으로 시간 2~5로 시선을 옮겨 간다. 처음의 전자와 양전자가 쌍소멸을 일으켜 지금까지 없었던 광자가 생기고 또다시 전자와 양전자가 생성되는 양자역학적 현상이 일어나는 것을 알 수 있다.

이처럼 우주를 이루는 요소라 할 페르미온들이 쌍소멸을 반복하면서 보손을 주고받고 있다. 우주를 소립자 차원에서 바라보면 대략 이러한 모습이 된다.

소립자 관측 자료

그림 3-18은 현대 물리학에서 그 존재를 확인한 소립자를 목록으로 만든 것이다.

이 외에도 **초대칭성 입자**라 불리는 것들이 존재할 것으로 예측되고 있다. 앞에서도 말했듯이 소립자에는 페르미온과 보손이 있는데 지금으로서는 이 두 가지가 서로 다른 종류일 것으로 보고 있다. 그런데 우주에는 초대칭성이라는 특수한 대칭성이 존재한다는 이론적인 예측이 있다. 이에 따르면 페르미온인 전자(일렉트론)에는 보손인 **s-전자**(실렉트론)가 짝으로 존재하고, 보손인 광자에는 페르미온인 포티노가 짝으로 존재한다고 한다. 또 광자, 위크보손, 힉스 입자에도 각각 대칭(보손-페르미온)이 되는 초대칭성 입자들이 짝으로 존재하고, 이들로 뒤섞인 뉴트랄리노라고 불리는 페르미온 등도 존재할 것이라고 한다.

뉴트랄리노는 우주 물질에서 많은 부분을 차지하는 암흑물질의 후보로 생각되고 있다.

그림 3-18 ▪▪ 소립자 목록

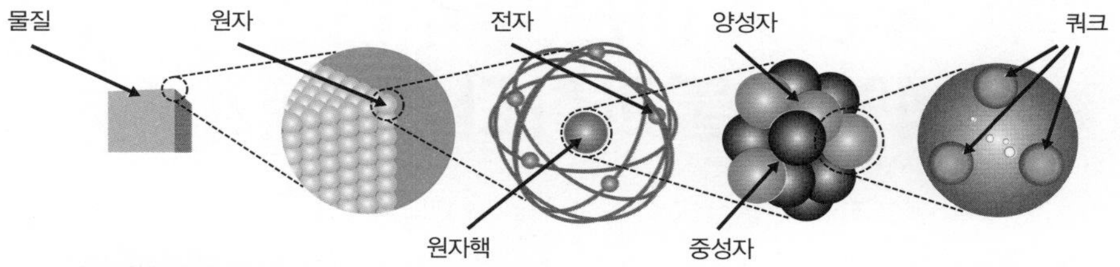

페르미온(페르미입자)

		렙톤		쿼크	
물질을 구성하는 입자	제1세대	명칭 : 전자 기호 : e^- 스핀 : 1/2 질량 : 1 전하 : −1 그 외 :	명칭 : 전자뉴트리노 기호 : ν_e 스핀 : 1/2 질량 : 0.000006 이하 전하 : 0 그 외 :	명칭 : 업쿼크 기호 : u 스핀 : 1/2 질량 : 5.4 전하 : 2/3 그 외 :	명칭 : 다운쿼크 기호 : d 스핀 : 1/2 질량 : 11.7 전하 : −1/3 그 외 :
초고에너지 상태로만 나타나는 불안정한 입자	제2세대	명칭 : 뮤온 기호 : μ^- 스핀 : 1/2 질량 : 206.77 전하 : −1 그 외 :	명칭 : 뮤뉴트리노 기호 : ν_μ 스핀 : 1/2 질량 : 0.37 이하 전하 : 0 그 외 :	명칭 : 참쿼크 기호 : c 스핀 : 1/2 질량 : 2446 전하 : 2/3 그 외 :	명칭 : 스트레인지쿼크 기호 : s 스핀 : 1/2 질량 : 205 전하 : −1/3 그 외 :
	제3세대	명칭 : 타우 기호 : τ^- 스핀 : 1/2 질량 : 3477 전하 : −1 그 외 :	명칭 : 타우뉴트리노 기호 : ν_τ 스핀 : 1/2 질량 : 35.6 이하 전하 : 0 그 외 :	명칭 : 탑쿼크 기호 : t 스핀 : 1/2 질량 : 341096 전하 : 2/3 그 외 :	명칭 : 보텀쿼크 기호 : b 스핀 : 1/2 질량 : 8317 전하 : −1/3 그 외 :

보손(보스입자)

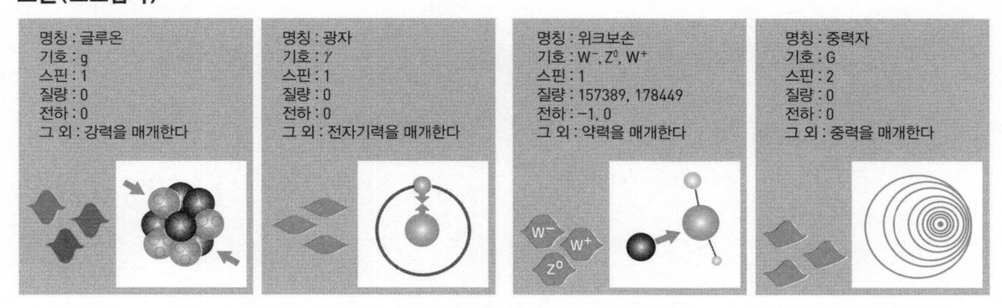

그 밖에

- 스핀은 소립자 고유의 자유도로서 입자의 자전에 의한 각운동량을 말한다.
- 질량은 전자의 질량 9.1×10^{-31}kg의 몇 배인가로 나타낸다.
- 보손은 자연계의 '네 가지 힘'을 매개하는 입자이다.
  (자료는 S. Eidelman et. al., Phys. Lett. B592, 1 (2004)에서 인용)

유럽입자물리연구소(CERN) 제공 자료를 참고로 작성

우리가 아는 우주는 4%에 불과하다

최근에는 우주를 이루는 물질과 에너지에 대해 자세히 알게 되었다. 그러나 그렇게 밝혀진 내용들을 종합한 결과는 아이러니하게도 우주의 96퍼센트는 무엇으로 이루어져 있는지 알 수 없다는 것이다.

앞에서 말한 페르미온 가운데 전자류는 질량이 작기 때문에 경입자(그리스어 어원으로 렙톤)라 하고, 쿼크가 모여서 만들어진 것은 질량이 크기 때문에 중입자(그리스어 어원으로 바리온)라 한다. 원자핵을 이루는 양성자나 중성자는 바리온의 대표적인 예이다.

혼동하기 쉬우므로 약간 부연 설명을 하면 중입자는 우리가 알고 있는 물질의 이미지 그대로이다. 우리는 원자나 분자가 많이 모여 있는 것을 물질이라 하는데 이것들은 질량이 큰 것이다. 이를 낱개로 분해하면 마침내 중입자만 남게 되는 것이다.

물질은 어디로 사라졌는가?

여기서는 우주 규모의 물질 분포에 대해 이야기하려고 한다. 질량이 작은 전자류는 무시하고 일단 질량이 큰 것에만 주목해보자.

질문 : 우주 에너지에서 중입자가 차지하는 비율은 얼마나 될까?

지구나 태양, 별이나 은하는 거의 대부분 중입자로 이루어져 있다. 그래서 일반적으로 생각하면 우주 에너지의 대부분은 중입자로 되어 있다는 막연한 생각을 갖게 된다. 그러나…….

답 : 겨우 4퍼센트!

결국 우주 에너지 가운데서 우리들이 그 실체를 알고 있는 것은 극히 적은 일부에 불과한 것이다. 그렇다면 나머지 96퍼센트는 대체 무엇으로 이루어져 있는 것일까?

관측망에 걸리지 않는 암흑물질·에너지

이상하게 들리겠지만, 천문 관측은 대부분 '빛'을 보는 것으로 이루어진다. 엑스선이나 감마선은 강한 빛이고 적외선은 약한 빛이지만 둘 다 빛의 일종임은 틀림이 없다. 먼 곳의 은하나 별과 같

그림 3-19 ▪▪ 우주의 조성

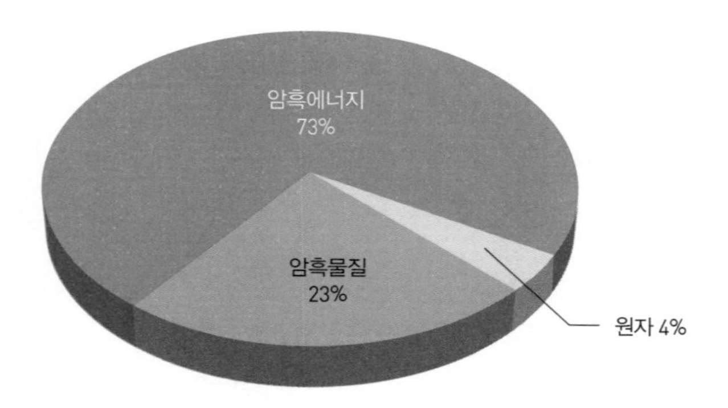

우주 에너지는 4퍼센트의 물질과 23퍼센트의 암흑물질, 그리고 73퍼센트의 암흑에너지로 이루어진다.

은 천체들은 빛을 복사하는 등의 활동을 하기 때문에 우리가 볼 수 있다. 그 천체들의 총질량을 계산함으로써 우리가 그 활동을 통해 예측할 수 있는 에너지는 전체 우주 에너지의 4퍼센트에 불과하다.

나머지 96퍼센트의 에너지는 우리의 관측망에 걸리지 않는다. 특히 전자기파(광자나 엑스선 등)로는 그 존재를 확인할 수 없다. 그래서 '어두워서 보이지 않는다'는 뜻으로 암흑물질(Dark Matter) 또는 암흑에너지라고 한다.

암흑에너지의 정체는 아인슈타인이 고안한 우주상수일 것이라 여겨지지만 그렇더라도 우주상수가 생겨난 메커니즘은 거의 알려져 있지 않은 실정이다.

나머지 96%를 이루는 암흑물질의 정체는?

3-8

가설의 증명, 즉 새로운 사실의 발견은 또다시 새로운 미스터리를 안겨준다.
이러한 미스터리 우주론 가운데 최대의 미스터리가
오직 중력의 존재만으로 확인할 수 있는 미지의 물질, 즉 '암흑물질'이다.

존재하지만 보이지 않는다?

우주에 보이지 않는 물질이 있을 것이라는 생각을 가장 먼저 한 사람은 스위스 천문학자 프리츠 츠비키•다. 그가 그런 생각을 한 것은 1930년대의 일이었다. 츠비키는 처녀자리 안에 있는 몇 개의 은하(은하단)를 관찰하고 있었다. 그 회전 속도가 빨랐기 때문에 낱낱이 흩어져야 할 은하가 그렇지 않은 사실에 의문을 품고 있었다. 그는 계산을 통해 전체 별의 질량을 고려한다 해도 그 전부를 모아둘 인력은 얻을 수 없다는 것을 알았다. 그리하여 츠비키는 '눈에 보이지 않는 물질이 있는 것이 틀림없다'고 생각했다.

• **프리츠 츠비키**
(Fritz Zwicky, 1898~1974)
불가리아 태생의 스위스 천문학자. 은하단을 구성하는 은하들의 동역학적 평형 연구로 암흑물질이 존재할 가능성을 최초로 제기했다.

우주에 가라앉은 암흑물질의 수수께끼

츠비키의 생각은 그 후 반세기 이상 잊혀버렸지만 현재는 다양한 관측을 통해 눈에 보이는 물질보다 보이지 않는 물질이 훨씬 많다는 사실을 알게 되었다.

그림 3-20 ▪▪ 소용돌이은하의 수수께끼

소용돌이은하는 그 중심에 가까워질수록 중력이 강해지는 한편, 원심력(=중력에 반대되는 힘)도 강해져 외부 소용돌이보다 내부 소용돌이의 회전 속도가 더 빠를 것이라고 예측했다.

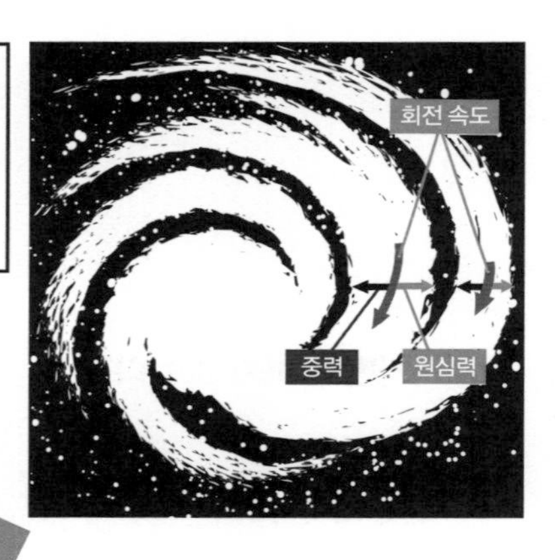

그러나 실제로 관측해보면 중심에서 떨어진 거리와는 상관없이 소용돌이의 회전 속도는 거의 일정하다. 왜 그럴까?

눈에 보이지 않는 물질이 있다!

암흑물질에는 뜨거운 것과 차가운 것 두 가지가 있다고 여겨진다. '뜨겁다' 함은 질량이 작고 빠르게 움직인다는 것을, '차갑다' 함은 질량이 크고 천천히 움직인다는 것을 의미한다. 현재 우주에 존재하는 암흑물질은 대부분 차가울 것으로 여겨진다. 왜냐하면 뜨거운 암흑물질은 그 움직임이 지나치리만큼 빨라서 우주 초기의 중력으로도 뭉치지 못했을 것이고 따라서 현대 우주 구조의 '씨앗'이 될 수 없었을 것이기 때문이다(눈의 결정이 먼지라는 '씨앗'에서 성장하는 것처럼 은하나 별도 암흑물질이라는 씨앗에서 성장했다!).

덧붙이면 최근에 질량이 있다고 판명된 소립자 뉴트리노는 전하* 가 0이어서 전자기적 상호작용을 하지 않는다. 바꿔 말하면 광자와 상호작용을 하지 않는다. 결국 보이지 않기 때문에 이 역시 암흑물질의 일종이라 할 수 있다. 그러나 뉴트리노는 지나치리만치 가볍고 빨라 뜨거운 암흑물질에 속하기 때문에 현재 우주의 23퍼센트를 차지하는 수수께끼의 물질은 아니다.

* **전하**
물체가 포함하고 있는 정전기를 나타내는 물리량. 전기량, 하전이라고도 한다.

그러면 차가운 암흑물질이란 구체적으로 무엇일까?

사실은 아직 알려져 있지 않다! 거대한 블랙홀이 암흑물질일 가능성도 거론되고 있지만 아직은 명확히 밝혀진 것이 없다.

다만 그 후보로 거론되고 있는 것에 뉴트랄리노라는 소립자가 있다. 그러나 아직까지 이론적으로만 존재를 예측하고 있을 뿐 실험적으로 확인되지 않았다.

암흑물질의 정체는 뉴트리노?

블랙홀?

뉴트랄리노?

암흑 물질의 정체는 아직도 우주론 최전선의 큰 화제이자 수수께끼다. 그리고 또 하나의 수수께끼인 암흑 에너지에 관해서는 206페이지의 우주상수와 276페이지의 퀸테센스의 해설을 참고하길 바란다.

뉴트리노도 질량은 있다

2002년도 노벨 물리학상은 일본 도쿄 대학 명예교수인 고시바 마사토시가 받았다. 수상 이유는

'천체물리학에서 거둔 선구적인 업적, 특히 우주 뉴트리노의 검출'

이었으며 지금까지 일본에서는 유카와 히데키, 도모나가 신이치로, 에사키 레오나가 노벨 물리학상을 받았다.

우주 분야와 관련해서는 일본인 최초의 수상이었다.

뉴트리노는 질량이 0이라는 것이 정설이었지만, 고시바 교수는 '뉴트리노는 진동한다'는 가설을 성실하게 검토해 실험을 계획했다.

일본에는 세계 최고 수준의 뉴트리노 검출 장치인 슈퍼카미오칸데가 있다. 기후현에 있는 광산 터에 거대한 수조를 건설해 우주에서 지구로 내려오는 뉴트리노를 잡아내는 것이다. 초신성 폭발 등으로 아주 먼 우주에서 온 뉴트리노는 대부분 물질과 상호작용을 하지 않기 때문에 대부분 지구를 그냥 빠져나가지만 아주 드물게 물질과 반응하기도 한다. 거대한 수조를 준비해 두면 드물지만 뉴트리노가 반응하여 빛을 방출하는데 그것을 고감도 검출 장치로 잡아내는 것이다.

하늘에서 쏟아진 뉴트리노와 지구 반대편에서 와서 지구를 통해 빠져나가는 뉴트리노를 관측했더니 그 수치가 큰 차이를 보였다. 하늘에서 쏟아지는 뉴트리노보다도 지구를 통과하여 발아래에서 올라오는 뉴트리노의 수가 적었다. 구체적으로 예를 들면, 하늘에서 쏟아지는 뉴트리노가 256개라면 반대편 하늘에서 지구를 통과해 오는 뉴트리노는 139개밖에 되지 않았다.

뉴트리노는 물질과 상호작용을 하지 않기 때문에 지구에 빨려들거나 해서 수가 절반이 된 것은 아니다.(이렇게 생각했다면 노벨상은 받을 수 없었다!)

지구를 통과해서 오는 뉴트리노는(지구의 지름 분량만큼) 필요 없는 비행을 했기 때문에 다른 종류의 뉴트리노로 변해버린 것이었다. 이러한 현상을 '뉴트리노진동'이라 하는데, 뉴트리노의 질량이 0이라면 일어나지 않을 현상이다.

그림 3-21 :: 슈퍼카미오칸데의 구조

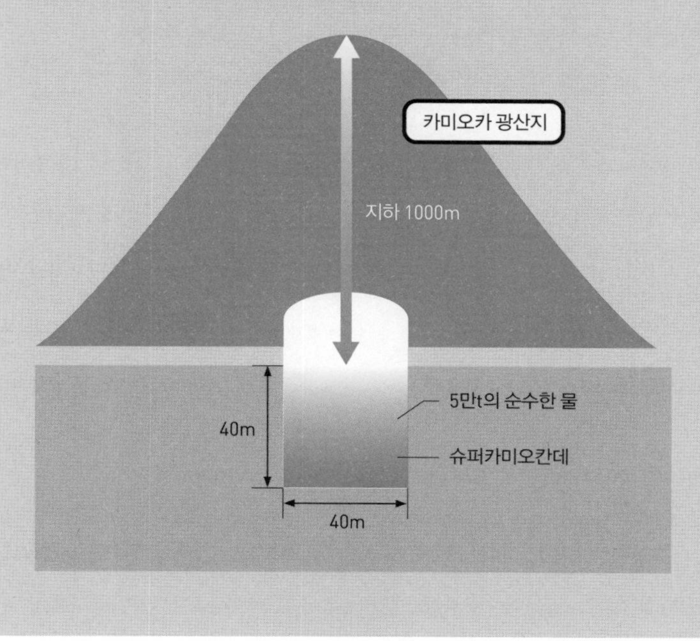

거대한 수조 위로 쏟아져 내려온 뉴트리노 수와 밑에서 올라온 뉴트리노 수의 차이로 뉴트리노에도 질량이 있다는 사실을 밝혀낼 수 있었다.

그림 3-22 ▪▪ 슈퍼카미오칸데의 내부

사진 제공 : 도쿄 대학 우주선연구소 카미오카 우주소립자연구시설

우주를 지배하는 네 가지 힘

3-9

우리 주변에 흔히 존재하는 힘으로는 중력과 전자기력이 있다.
그러나 우주에는 그 외에도 강한상호작용(강력)과
약한상호작용(약력)이라는 힘이 존재한다.
이 강력과 약력은 소립자의 반응실험으로만 확인할 수 있다.

자연계에 존재하는 네 가지의 힘

극소 소립자 차원에서 우주에는 네 가지 힘이 존재한다는 사실이 밝혀졌다. 강한 순서대로 나열하면 다음과 같다.

강한상호작용(이하 '강력'이라고 한다. 쿼크 간에 작용)

전자기력(전하 사이에 작용)

약한상호작용(이하 '약력'이라고 한다. 뉴트리노 등이 관여)

중력(에너지를 지니는 모든 것에 작용)

대략적인 기준으로 볼 때, 강력은 전자기력보다 1~2 자릿수 배(倍) 만큼이나 더 강하고, 중력은 전자기력보다 40 자릿수 배 만큼이나 더 약하다.

하지만 거대한 우주 차원이 되면 실질적으로는 중력만이 효력을 가진다. 그 외의 힘은 우주 규모에서는 거의 영향을 미치지 않

그림 3-23 ▪▪ 자연계에 존재하는 네 가지 힘

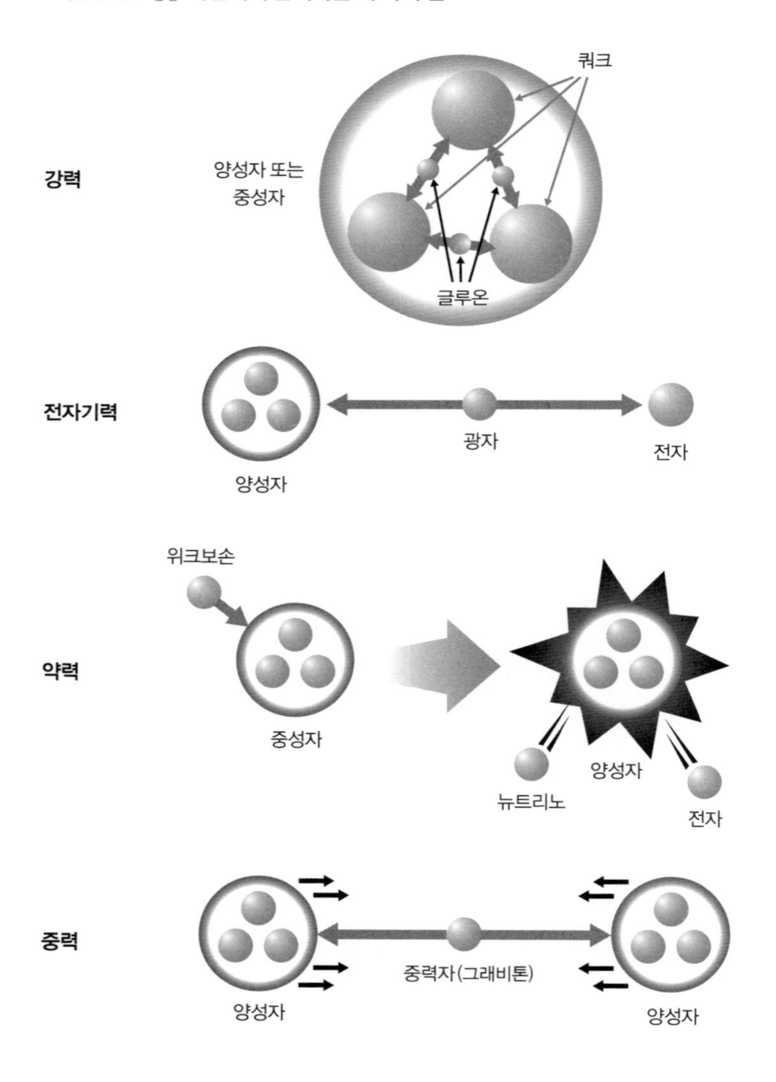

는다고 보아도 된다. 우주 규모에서는 다음 두 가지를 주목해야 한다.

중력(인력, 팽창을 감속시킨다)

우주상수(척력, 팽창을 가속시킨다)

두 번째로 제시한 우주상수는 '아무것도 없는 진공에 존재하는 에너지'이다. 이것이 정말 상수일까, 아니면 시간과 함께 변화하는 퀸테센스라 불리는 것인가, 그것도 아니면 또 다른 무엇일까? 아직은 알 수 없다.

그저 우주 전체에 작용하는 힘에는 우주를 수축시키려는 중력과 우주를 팽창시키려는 미지의 힘이 있다는 사실만이 확인되었을 뿐이다.

힘은 상변화에 의해 나뉘어졌다

우주가 탄생한 뒤 얼마 지나지 않았을 때 우주에는 진공에너지(우주상수 또는 그에 준하는 에너지)만 존재했을 가능성이 있다. 그 진공에너지에 의해 우주는 가속 팽창(인플레이션이라고 한다)하고, 팽창이 끝난 뒤 남은 에너지는 앞에서 말한 네 가지 힘을 포함한 우주 소립자를 만들었을 것으로 생각된다.

그림 3-24 ▪▪ 네 가지 힘은 상변화에 의해 갈라졌다

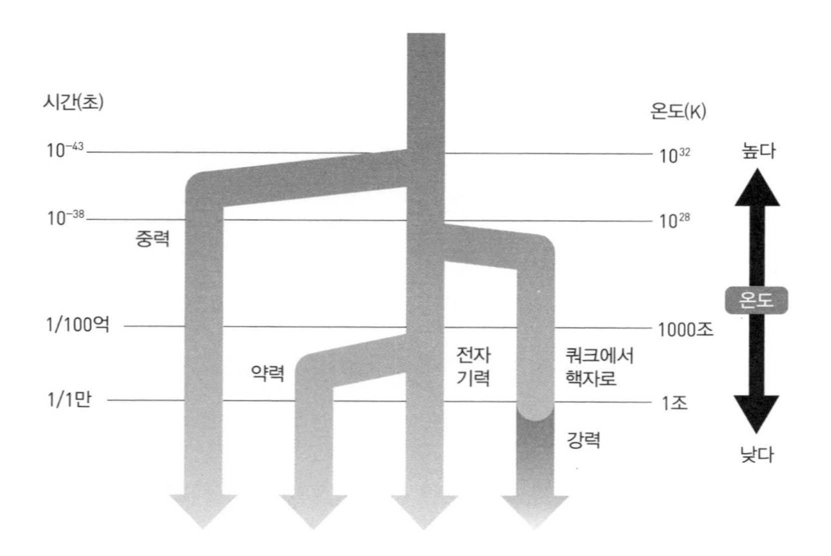

네 가지 힘을 시각화해보면 다음과 같은 과정을 거쳐 생겨났을 것으로 추론할 수 있다.

초기의 우주는 푹 삶아진 상태로 모든 것이 녹아 있는 상태였다. 우주가 팽창해 차가워지면서 먼저 중력이 다른 세 가지 힘과 나뉘어졌다. 그 후 우주의 온도가 더 낮아지면서 강력이 나뉘고 마지막으로 전자기력과 약력이 분리되면서 현재처럼 확실하게 네 가지 힘으로 나뉘어졌다.

화학에서는 물질의 상태가 온도에 따라 기체에서 액체 그리고 고체로 변화하는 것을 '상변화' 또는 '상전이'라 한다. 똑같은 일이 우주 규모에서도 일어난 것이다.

그림 3-25 ∷ 상변화로 방출된 잠열

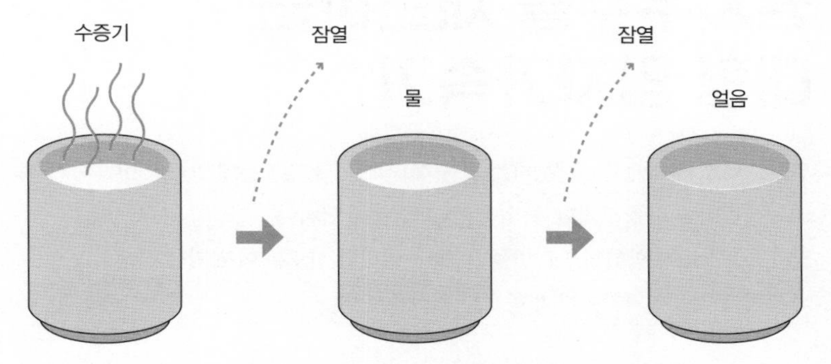

얼음을 물로 만들기 위해서는 외부에서 열을 가해야 한다. 이와는 반대로 섭씨 100도의 물에서 0도의 물, 그 물에서 얼음으로 '상변화'가 일어날 때는 잠열(잠재적인 에너지)이 방출된다. 같은 작용이 진공 우주에서도 일어났으리라 생각된다.

원시우주를 재현하는 대형 입자가속기

우주는 극소 세계에서 탄생했다는 것을 제1장에서 설명했는데 그러면 어떻게 극소 상태의 우주를 해명할 수 있을까? 대답은 간단하다.
원시우주 상태를 인위적으로 만들면 된다. 이러한 시도는 이제 막 시작되었다.
이 분야에서는 '입자가속기'가 중요한 역할을 한다.

입자가속기의 원리

어니스트 올랜도 로렌스 (Ernest Orlando Lawrence, 1901~1958)
미국의 실험물리학자. 1939년 사이클로트론 개발과 인공 방사성원소 연구로 노벨 물리학상을 수상했다. 초우라늄 원소 로렌슘(원자번호 103)은 그의 이름을 딴 것이다.

입자가속기는 1929년에 어니스트 올랜도 로렌스*가 발명한 기계이다. 원형 터널 속에서 전자나 양성자 등 전하를 띤 소립자를 전기장으로 가속하는 것으로, 리니어 모터기와 같은 원리이다.

그러나 속도가 빨라지면 전자나 양성자의 궤도 반지름이 커지기 때문에 그것을 터널 내에 머무르도록 하기 위해서 위아래 방향으로 자기장을 걸어준다. 다시 말하면 전기장으로 가속하고 자기장으로 입자선의 궤도 반지름을 일정하게 유지하는 것이다.

이 가속기의 원형을 사이클로트론이라 한다. 음전하를 가진 전자와 양전하를 가진 양전자는 전기장에 의해 서로 반대 방향으로 움직이기 때문에 원형 터널을 빙빙 돌면서 가속해 마침내

그림 3-26 ▪▪ 사이클로트론의 원리

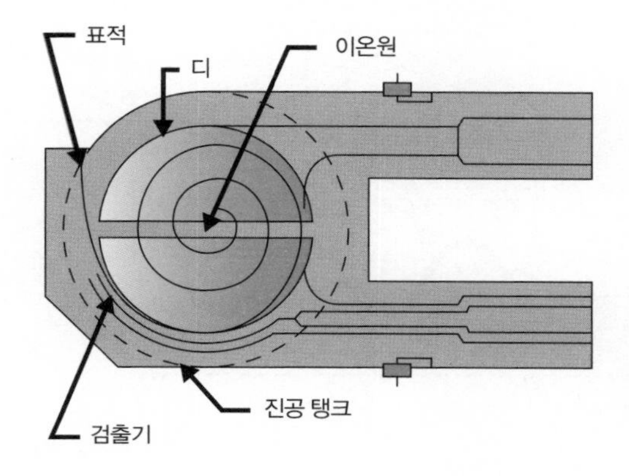

맨 가운데 이온원이 있다. 전기장을 거는 부분은 D자 모양인데 이를 '디'라고 한다.
두 개의 디는 진공 용기 안에 놓여 있다. 가속된 이온은 결국 궤도를 이탈해 밖으로 나와 표적에 충돌한다.

는 정면으로 충돌한다.

세계 최대의 입자가속기

양자론에 따르면 소립자는 생성되거나 소멸되기 때문에 전자와 양전자는 충돌·소멸하여 금세 (충돌 에너지와 같은) 전혀 다른 소립자가 생성된다. 이를 이용해 물질의 성질을 연구하는 것이다.

초기의 입자가속기는 그야말로 탁상형이라 해도 좋을 만큼 작았는데, 에너지가 커지면서 가속기의 지름도 점점 커졌다. 현재는 유럽입자물리연구소[•]에 있는 **대형하드론충돌기**[••]가 지름 8.5킬로미터(원둘레 27킬로미터)로 세계에서 가장 크다. 스위스 제네바 교외에 위치한 지하 100미터 터널 안에 있다.

우주 초기의 고에너지 상태를 시뮬레이션하는 데 입자가속기는

• **유럽입자물리연구소**
Centre Europeen pour la Recherche Nucleaire (CERN)

•• **대형하드론충돌기**
Large Hadron Collider (LHC)

그림 3-27 ∷ 파도타기형 입자가속기

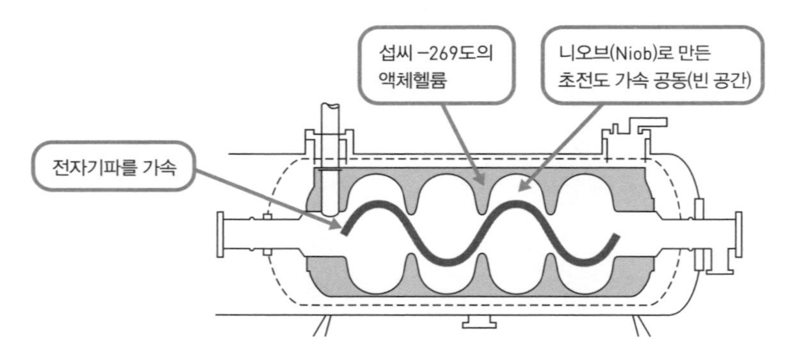

자료 제공: CERN

없어서는 안 될 장치이지만 에너지가 높아질수록 지름도 커지기 때문에 언젠가는 건설하는 데 한계에 이를 것이다. 그래서 최근에는 단순한 전기장이 아니라 서핑의 원리를 응용한 '파도타기형' 입자가속기가 검토되고 있다.

고에너지 입자가속기의 충돌 실험으로 우주의 탄생을 재현한다

그러면 고에너지 입자가속기는 우주론과 어떤 관계가 있는 것일까?

우주가 탄생한지 얼마 되지 않았을 때 우주는 뜨거운 용광로와 같았다. 바꿔 말하면 우주 전체가 고에너지 상태였다. 우리 인류는 우주 그 자체를 만들어낼 수는 없으나 그 일부를 재현할 수는 있다. 그 방법이 입자가속기를 이용한 충돌 실험인 것이다.

그림 3-28 ▪▪ 대형하드론충돌기(LHC)

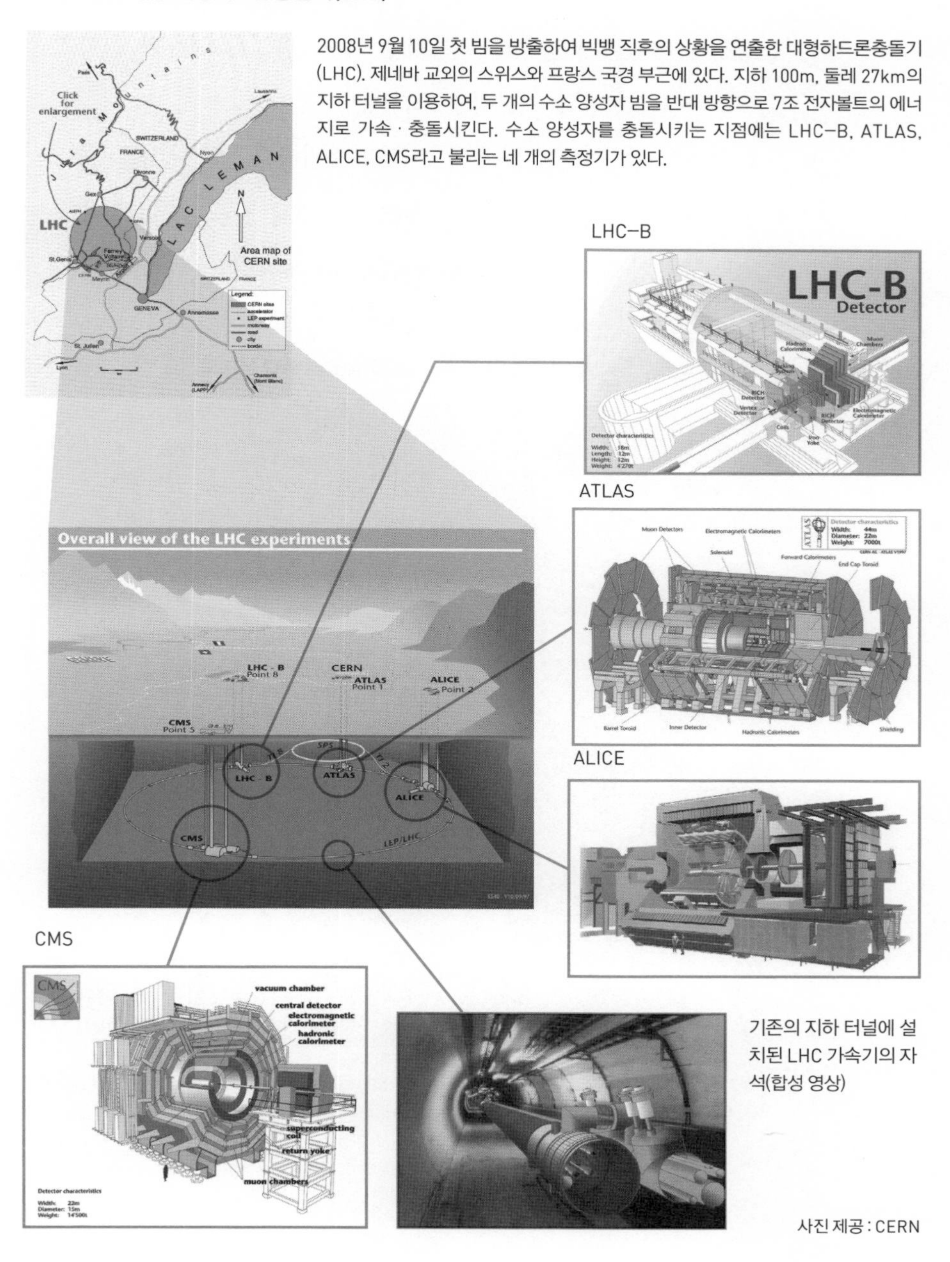

2008년 9월 10일 첫 빔을 방출하여 빅뱅 직후의 상황을 연출한 대형하드론충돌기(LHC). 제네바 교외의 스위스와 프랑스 국경 부근에 있다. 지하 100m, 둘레 27km의 지하 터널을 이용하여, 두 개의 수소 양성자 빔을 반대 방향으로 7조 전자볼트의 에너지로 가속 · 충돌시킨다. 수소 양성자를 충돌시키는 지점에는 LHC-B, ATLAS, ALICE, CMS라고 불리는 네 개의 측정기가 있다.

기존의 지하 터널에 설치된 LHC 가속기의 자석(합성 영상)

사진 제공 : CERN

우주 질량의 대부분을 차지하고 있으리라 여겨지는 암흑물질의 정체는 밝혀내지 못했지만 어쩌면 입자가속기를 이용한 실험에서 새로운 소립자가 검출될지도 모른다.

그 하나로 주목받는 것이 기존의 소립자와 '짝'을 이룰 것으로 생각되는 초대칭성 입자이다. 현재는 전 세계 연구자들이 입자가속기로 초대칭성 입자를 탐색하기 위해 노력하고 있다.

그림 3-29 세계 최초의 입자가속기 사이클로트론의 설계도

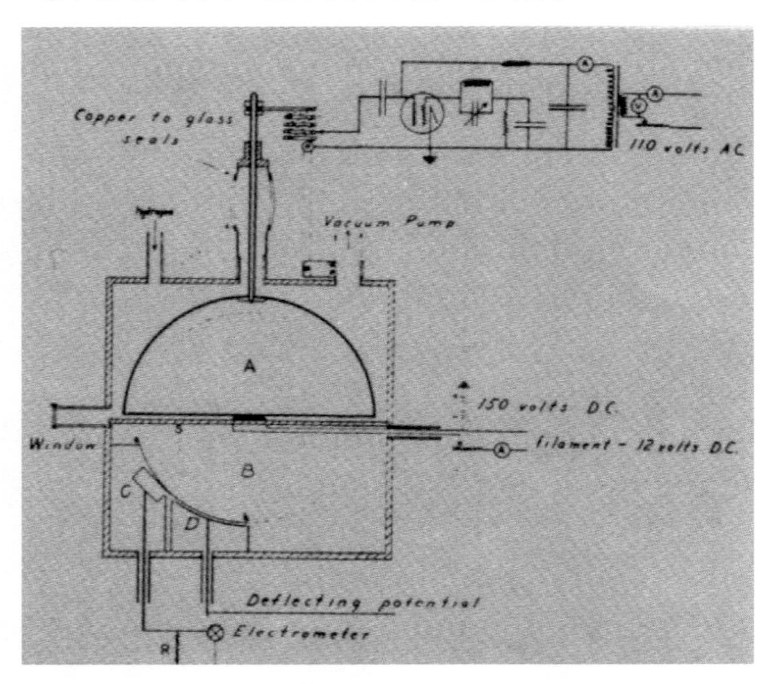

초기에는 원의 중심부에 이온을 넣어 전기장을 가하고, 그 이온의 궤도가 점점 커져 원의 둘레까지 이르면 밖으로 나가 표적에 부딪치도록 설계했다.

자료 제공: Berkeley Lab Image Library

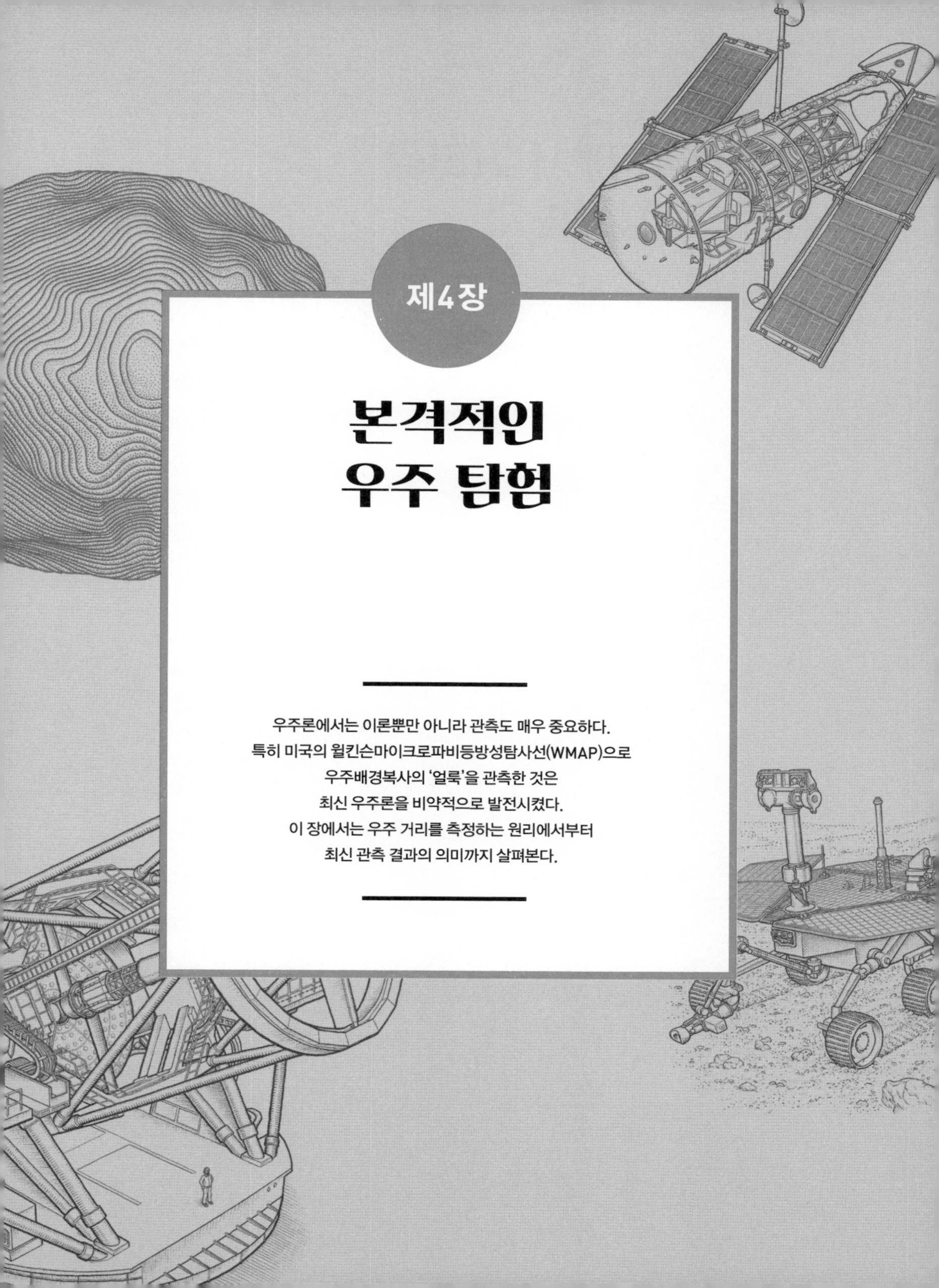

제4장

본격적인 우주 탐험

우주론에서는 이론뿐만 아니라 관측도 매우 중요하다.
특히 미국의 윌킨슨마이크로파비등방성탐사선(WMAP)으로
우주배경복사의 '얼룩'을 관측한 것은
최신 우주론을 비약적으로 발전시켰다.
이 장에서는 우주 거리를 측정하는 원리에서부터
최신 관측 결과의 의미까지 살펴본다.

우주에서 거리를 측정해보자

우리가 갈 수 있는 곳이라면 거리는 간단한 방법으로 측정할 수 있다.
줄자나 큰 자를 이용하면 된다. 그러나 우주와 같은 거대한 곳이라면
실제로 끝까지 날아가서 거리를 잴 수는 없다.
그래서 별이나 은하까지의 거리를 측정하기 위해서는 다양한 방법을 궁리해야 한다.
거리 측정은 천문 관측에서 매우 중요한 과제 가운데 하나로 남아 있다.

삼각측량의 원리

지구에서 멀리 떨어진 별까지의 거리를 측정하려면 어떻게 해야 할까?

길에 삼각대를 세우고 삼각측량을 하는 모습을 본 적이 있을 것이다. 그처럼 별까지의 거리도 삼각측량으로 구할 수 있다. 원리는 간단하다.

그림 4-1 ▪▪ 삼각측량의 원리

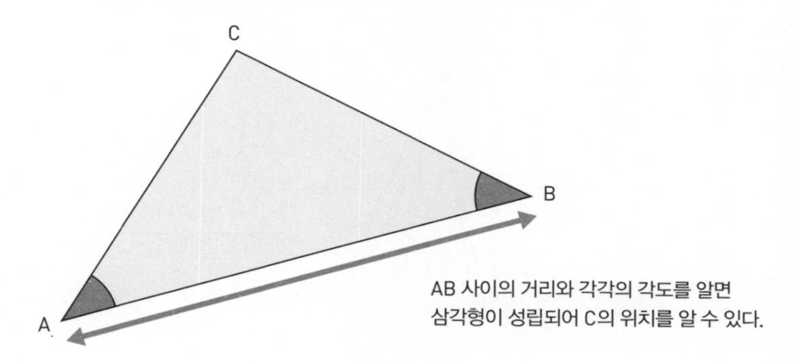

그림 4-2 ▪▪ 삼각측량

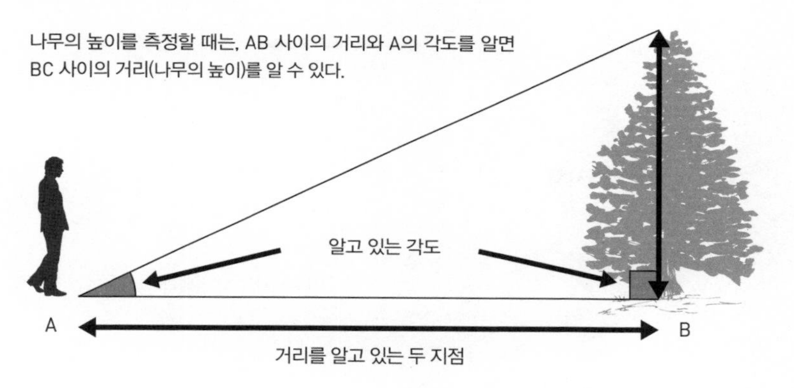

지구는 1년에 걸쳐 태양 주변을 공전한다. 따라서 반년 간격으로 별을 보는 각도를 측정하면 지구에서 태양까지의 거리를 기준으로 별이 그 몇 배의 거리에 있는지 삼각함수를 이용하여 계산할 수 있다.

다시 말하면 지구에서 그 별까지의 거리는 삼각형의 빗변에 해당하므로 삼각형의 밑각과 밑변의 길이를 알면 계산할 수 있다.

그림 4-3 ∷ 삼각측량을 이용한 별까지의 거리 측정

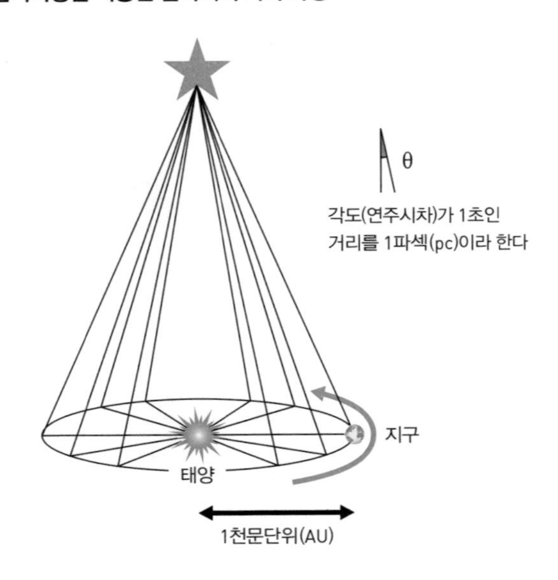

그림 4-4 ∷ 연주시차

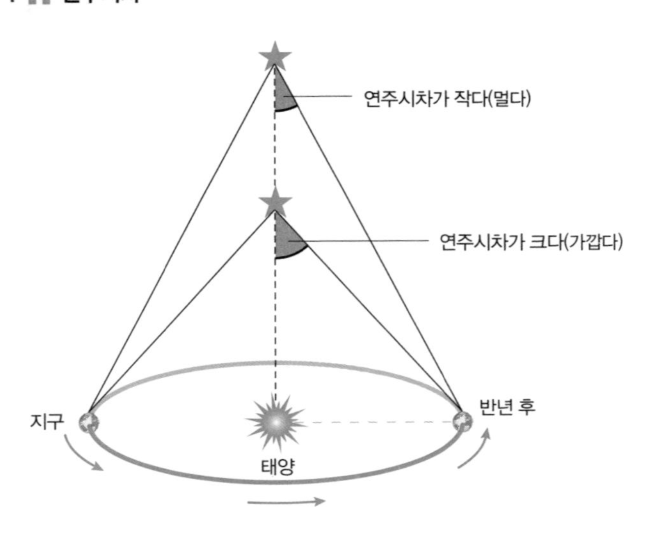

연주시차는 반년 동안 어떤 별이 천구상에서 움직이는 위치 각도의 절반이다. 태양에서 지구까지의 거리를 한 변으로 하여 삼각측량의 원리를 이용해 별의 위치를 측정한다.

가장 오래된 수학 지식

삼각측량의 원리는 고대 이집트에서 피라미드를 설계할 때 사용했던 역사가 가장 오래된 수학 지식이다. 이는 현재에도 지구상의 측정뿐만 아니라 천문 관측 분야에서도 활용되고 있다.

프톨레마이오스 시대 이후 천문학자들은 삼각측량을 이용해 별의 거리를 측정해왔다. 고대 이집트에서는 1022개의 별들을 연주시차 1/6도까지 측정해 놀랍도록 정확한 표를 만들었다.

우주론에서 중요한 거리 단위는 파섹(pc)이다. 이는 지구와 태양을 연결하는 선을 밑변으로 하여 윗각(연주시차)이 1초(1/3600도)가 되는 거리이며 약 3.26광년에 해당한다.

계속해서 개정되는 별들의 목록

우주 삼각측량의 최신 성과는 1989년 유럽우주기구(ESA)가 쏘아 올린 히파르코스위성이 만든 별의 목록일 것이다. 히파르코스위성에는 두 대의 망원경이 있는데 이들은 우주에서 별의 삼각측량을 진행하고 있었다. 100만 개가 넘는 별의 거리를 측정하는데 그 정확도는 프톨레마이오스 시대와 비교하면 1만 5000배 이상이다. 특히 11만 8000개의 별에 대해서는 앞의 경우보다 20배 정확하며, 각도로는 1/1000초에 달하는 정확도이다.

그러나 이렇게 높은 정확도에도 불구하고 최근 히파르코스위성이 측정한 지구에서 플레이아데스성단까지의 거리가 이상하다는 이야기가 나오고 있다.

히파르코스위성은 플레이아데스성단까지의 거리를 약 400광년으로 추정했지만, 지금까지의 천문 관측으로는 440광년 정도일 것으로 생각되기 때문이다. 큰 차이가 없는 것으로 생각할 수도 있겠지만 10퍼센트의 오차라는 것은 아주 큰 차이이다. 결과적으로 히파르코스위성의 정밀 측정에 문제가 있다는 것이 판명된 셈이다.

그러면 무엇이 문제였을까?

사실 지나치게 정밀한 측정을 하고 있었기 때문에, 히파르코스위성은 '어둡고 약한' 별만을 관측하는 오류를 범하고 말았다. 플레이아데스성단처럼 별들이 집단을 이루고 그 가운데 부분이 옮고 밝으면 초점이 흐려져버리는 것이다. 쉽게 말하면 작은 것만 보고 있었기 때문에 큰 오차를 발견하지 못한 것이다.

물론 그것은 망원경이나 히파르코스위성의 책임이 아니다. 그것을 분석해서 거리를 계산해내는 천문학자가 알아채지 못한 데 그 책임이 있는 것이다. 현재 세계에서 가장 정밀한 별의 목록은 개정 작업이 진행되고 있다(대부분은 정확하니 안심하시기를!!)

출처 : 『사이언스』 2004년 11월 19일호 특집 기사 「계산의 기초」

초신성이 알려주는 우주의 비밀

4-2

우주의 거리를 측정하는 것은 복잡한 기술이다. 여기서는 최신 우주론의 쟁점과 밀접한 관련이 있는 거리 관측에 대해서 소개하겠다. 그것은 초신성 폭발을 관측하는 방법이다.

초신성은 우주의 등대

지구에서 너무 멀리 떨어진 별까지의 거리를 측정하는 데는 삼각측량을 사용할 수 없다. 삼각형의 예각이 1/1000초보다 작아지면 히파르코스위성에 탑재된 망원경의 해상도로도 그 각도를 정확히 알 수 없기 때문이다. 결국 아주 멀다는 것은 알 수 있지만 그 별이 얼마나 먼 곳에 있는지는 계산할 수 없는 것이다.

초신성 폭발의 밝기는 이론적으로 그 폭발의 구조로 추측할 수 있다. 멀리서 보면 원래 밝기보다도 어둡게 보이는데, 어두운 정도에 따라 지구에서 초신성까지의 거리를 추측할 수 있는 것이다.(전구의 밝기는 소비 전력(와트)에 비례한다. 100와트의 전구를 멀리서 보면 50와트 정도로 보이고, 더 멀어지면 10와트 정도로 보일 것이다. 결국 원래 밝

그림 4-5 ∷ 50억 광년 거리에 있는 세 개의 초신성

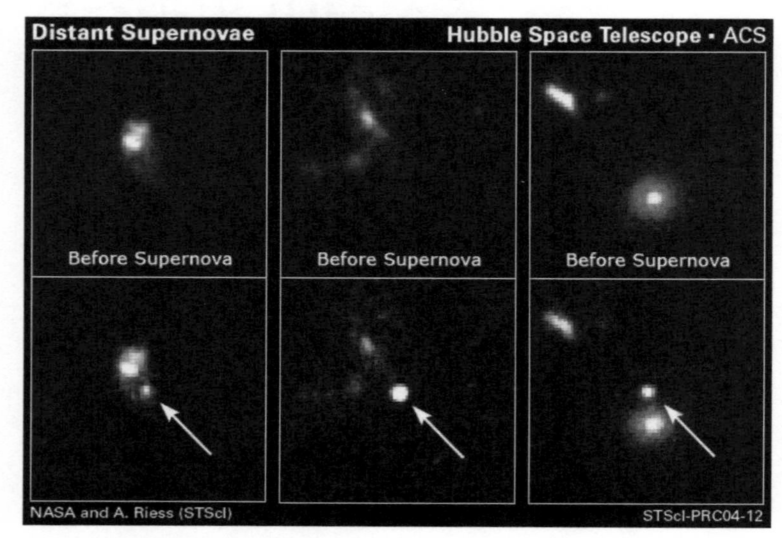

위쪽이 폭발 전, 아래쪽이 폭발 후 영상

사진 제공 : NASA and A. Riess(STScI)

기 대비 겉보기 밝기로 그 전구에서 얼마나 떨어져 있는지를 계산할 수 있다.)

허블우주망원경으로는 지금으로부터 약 50억 년 전에 일어난 초신성 폭발을 관측할 수 있다.

초신성 폭발과 구급차의 사이렌

초신성 폭발을 조사하면 우주의 거리를 측정할 수 있을 뿐만 아니라 우주가 얼마나 빨리 멀어지고 있는지(얼마나 빨리 팽창하고 있는

지)도 알 수 있다.

왜 그럴까?

빛은 파동이기 때문에 광원이 되는 초신성이 멀어지면(파장이 늘어져서) 빨갛게 보이고 가까워지면(파장이 줄어들어) 파랗게 보인다. 초신성의 본래 색깔은 알 수 있기 때문에 우리는 그 색이 어떻게 보이는지를 지구에서 관측함으로써 초신성이 우리에게서 멀어지는 속도를 계산할 수 있는 것이다. (소리의 파동을 예로 들어보자. 구급차가 가까워질 때는 소리가 높게 들리고 멀어지면 소리가 낮게 들린다. 따라서 소리의 원래 높이를 알고 있으면 사이렌 소리가 줄어드는 정도로 구급차의 속도를 알 수 있는 것이다.)

초신성 폭발이란?

대체 초신성이란 무엇인가?

초신성 : 별이 수명을 다해 폭발한 것이다. 태양보다 수억 배에서 100억 배 정도 밝기 때문에 갑자기 별이 생긴 것처럼 보여 이를 초신성 또는 초신성 폭발이라고 한다.

초신성 폭발에는 크게 두 가지 형태가 있다.

I형 : 쌍성계가 폭발하는 것
II형 : 대질량의(무거운) 별 하나가 폭발하는 것

II형은 태양 질량의 7배 이상인 별 하나가 폭발하는 것이고, I형은 다시 아래의 a, b, c 세 가지 형태로 분류된다.

●
백색왜성
지름은 태양의 1/100 정도에 불과하지만 태양과 엇비슷한 질량을 가지고 밀도도 매우 높은 별. 표면 온도가 높아 하얗게 빛난다. 시리우스 동반성이 대표적이다.

Ia형 : 한쪽이 백색왜성● 인 경우
Ib형 : 한쪽이 태양 질량의 20배 정도인 경우
Ic형 : 한쪽이 태양 질량의 30배 정도인 경우

초신성 폭발을 일으키는 메커니즘은 여러 가지이지만 기본적으로는 '핵융합 등불의 폭주'라 생각하면 된다.

핵융합은 별이 빛을 내는 원인이다. 지구에서 사용하는 전력에서 큰 부분을 차지하는 원자력발전은 이와는 반대인 핵분열을 이용하고 있다. 핵융합은 질량이 작은(가벼운) 원소들이 융합해 질량이 큰(무거운) 원소가 되는 것으로, 융합 전보다 융합 후의 총질량이 작아져 그 차이만큼의 질량이 에너지로 변환 · 방출된다.

핵융합 : 질량이 작은(가벼운) 원소가 융합한다
핵분열 : 질량이 큰(무거운) 원소가 분열한다

그러나 핵융합이나 핵분열은 반응 전후에 총질량이 줄어들고 그 줄어든 부분이 에너지로 변환 · 방출된다는 공통점이 있다. '줄어든 질량이 에너지로 변환된다'는 이치이다.

덧붙이면 줄어든 질량을 m이라 하고 방출된 에너지를 E라 하면 이는 다음과 같은 공식으로 정리할 수 있다.

$$E = mc^2$$

이 공식에서 c는 광속으로서 30만 킬로미터이다. 이 식은 아인슈타인의 특수상대성이론에서 도출된다.

우주론에서 자주 등장하는 것은 Ia 초신성 폭발이다. 쌍성의 한쪽이 백색왜성이고 다른 한쪽 별에서 그 별로 대량의 가스가 쏟아진다. 마침내 백색왜성은 지나치게 무거워져 수축함으로써 중심 온도가 상승하여 탄소의 핵융합을 시작한다. 그 반응이 폭주하여 폭발하는 것으로 생각된다.

그 원래 밝기와 색을 알고 있기 때문에 Ia형의 초신성 폭발의 밝기가 어느 정도 어둡고 색깔이 본래의 색에서 어느 정도 어긋나는지를 관측하면 거리와 후퇴속도를 알 수 있다.

그림 4-6 :: 다양한 별의 운명

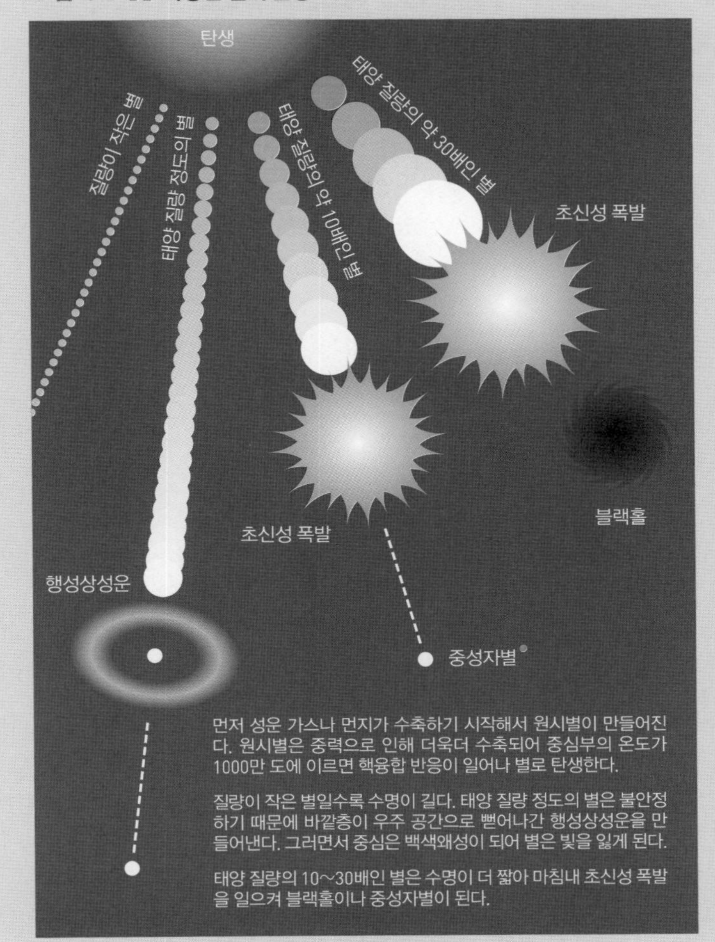

중성자별
대부분이 중성자로 이루어진 초고밀도 별. 지름은 10킬로미터 정도 된다. 질량은 태양의 1~2배 정도이지만, 밀도는 1세제곱센티미터당 10억 톤이나 된다. 1967년에 발견된 펄서(전자기파나 엑스선이 주기적으로 관측되는 천체)는 중성자별이다.

최첨단 기술이 집약된 스바루망원경의 모든 것

요즘은 망원경의 거대화가 시대적 흐름이다. 우주의 비밀을 밝히기 위해 세계의 여러 기관들이 거대 망원경을 만들어내고 있다. 여기서는 왕성한 활약을 하고 있는 일본 스바루망원경의 모습과 성능에 대해 알아본다.

일본의 스바루망원경은 지름 8.2미터의 거대한 광학·적외선망원경으로서 하와이의 마우나케아 산 정상에 있다. 그 망원경은 반사경의 크기가 큰 것은 물론이고 사람 머리카락의 5000분의 1이라는 놀랍도록 낮은 오차를 컴퓨터로 제어한다. 최신 기술을 구사한 첨단 기술 망원경이라고 할 수 있다.

'스바루'는 플레이아데스성단의 일본식 이름이기도 하지만 원래는 '모이다'라는 뜻에서 유래했다고 한다.

주반사경은 두께가 20센티미터밖에 되지 않지만 지름은 8.2미터나 된다. 만약 그 형태를 유지한다면 자신의 무게 때문에 뒤틀리고 말 것이다. 그래서 거울 안쪽에 있는 261개의 액추에이터(로봇 손가락)를 컴퓨터로 제어해 반사경의 형태를 유지한다.

돔은 원통형인데 유체 모델을 이용한 실험을 바탕으로 제작되었

그림 4-7 ∷ 스바루망원경

나스미스식 초점(적외선)

주요 장치는 야광제거분광장치인 OHS(OH-airglow Suppressor)이다. 밤에 지상에서 관측하는 데 방해가 되는 상층 대기의 OH 야광 휘선을 제거하고 대기 바깥에 가까운 상태로 관측하기 위한 장치이다. 어둡고 먼 은하를 관측하는 데 제격이다.

카세그레인식 초점(가시광선)

최대 시야 지름이 6분각이다. 다음의 다섯 개 장치로 이루어져 있다. 가시광선으로 감도 높은 관측을 할 수 있는 기본 장치인 미광천체분광촬영장치(FOCAS), 파장 10마이크로미터와 20마이크로미터의 중적외선으로 관측하는 중적외선냉각촬영장치(COMICS), 대기의 요동 효과를 보정하는 파면보정광학장치(AO System), 근적외선분광촬영장치(IRCS), 어두운 천체를 목표로 삼아 관측하는 코로나그래프촬영장치(CIAO).

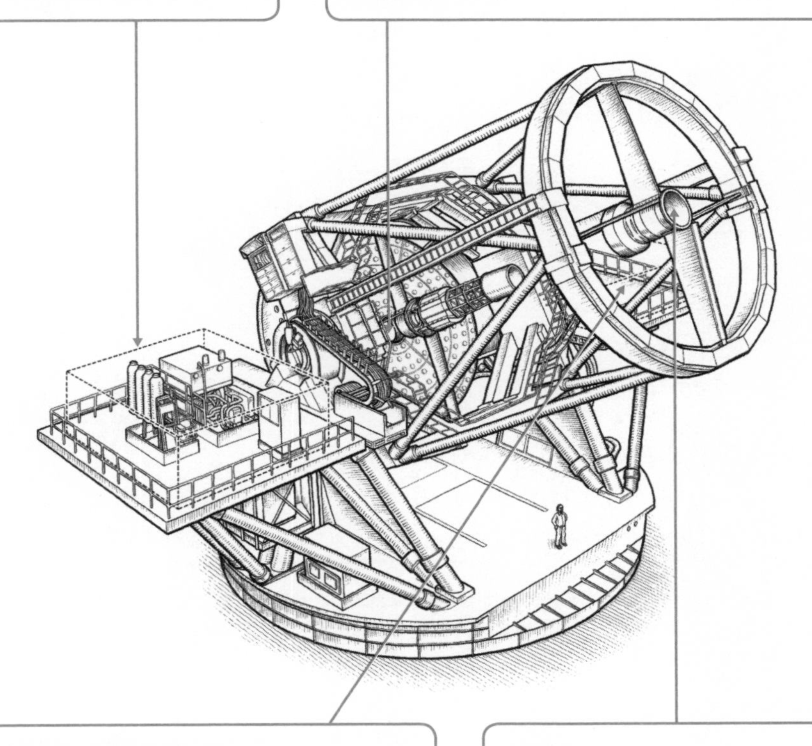

나스미스식 초점(가시광선)

주요 장치인 고분산분광기 HDS(High Dispersion Spectrograph)는 가시광선에서 10만분의 1이라는 파장 차이를 식별할 수 있는 엄청난 장치이다. 빛을 10만 색 이상으로 세분할 수 있는 장치로서 장치 자체가 매우 크며 그 무게도 6톤에 이른다. 별의 원소 조성을 조사하고 은하 간의 가스 조성, 물리 상태를 알아내는 데 이용한다.

주초점

달 지름과 같은 30분각을 한 번에 촬영할 수 있는 굉장히 넓은 시야를 갖춘 주초점 카메라를 탑재하고 있다. 4096×2048화소의 큰 CCD(빛을 전기신호로 바꾸는 소자) 열 개를 빈틈없이 나열하는 방법으로 전체 8000만 화소의 초거대 디지털카메라로 기능한다.

표 4-1 스바루망원경의 주요 제원

■ 주사반경

유효 구경	8.2m
두께	20cm
무게	22.8t
재질	ULE 글라스(초저열팽창글라스)
연마 정도	평균 오차 0.014마이크로미터
초점 거리	15m

■ 망원경 본체

형식	경위대식 반사망원경
초점(4군데)	주초점(F비 2.0 보정광학계 포함)
	카세그레인식 초점(F비 12.2)
	두 개의 쿠드식(나스미스식) 초점(F비 12.6)
높이	22.2m
최대 폭	27.2m
무게	전체 회전 부분 555t
최대 구동 속도	0.5도각/초
천체 추적 오차	0.1초각 이하
관측 가능 앙각 범위	10~89.5도
종합 별 형태 분해능	0.2 초각(광학보정 없음, 2.15마이크로미터)

사람이 스바루망원경 돔 내에 들어가면 체온에 의해 내부 기류가 요동하여 관측에 악영향을 미친다. 따라서 연구자들은 돔 옆의 관측제어실에서 망원경을 제어한다.

※자료는 http://www.subarutelescope.org에서 발췌.

다. '난류'를 극소화하기 위해 선택한 것으로 세계 여러 망원경 가운데서도 특이한 형태를 하고 있다.

스바루망원경에는 네 개의 초점이 있다. 관측 장치를 자동으로 교환할 수 있을 뿐만 아니라 드라이아이스의 기체를 불어 넣어 반사경을 청소하는 장비도 갖추고 있다.

스바루망원경은 지금까지 많은 연구 성과를 올렸다. 특히 128억 광년 거리에 있는 은하를 발견한 것은 우주론의 역사에서 결코 놓칠 수 없는 성과이다. 앞으로도 더 많은 활약이 기대된다.

스바루망원경 VS 허블우주망원경

세세한 성능 차이는 무시하고 '눈의 크기'만 비교하면 두 망원경은 거의 비슷하다. 스바루망원경이 약간 설비가 좋다고 말할 수 있다. 하지만 관측 목적에 따라 달라지기 때문에 단순 비교는 불가능하다.

백문이 불여일견이다. 스바루망원경과 허블우주망원경의 영상을 비교해 보자.

그림 4-8 ∷ 스바루망원경과 허블우주망원경의 영상 비교

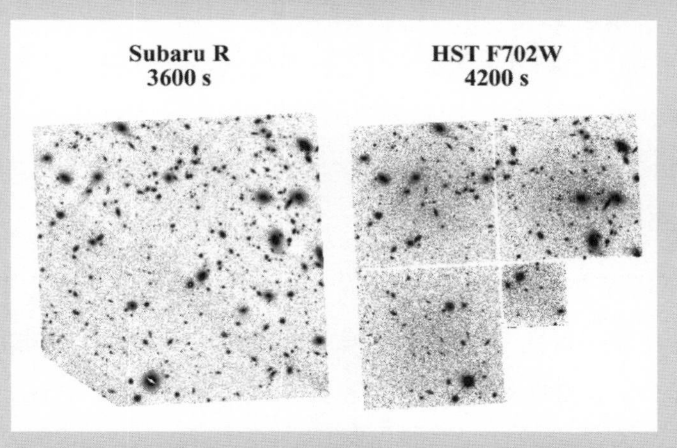

노출 시간이 거의 같은 영상을 비교했다. 왼쪽이 스바루망원경, 오른쪽이 허블우주망원경의 영상이다.

사진 제공 : 일본 국립천문대

수많은 업적을 남긴 허블우주망원경

2000년 전후에 이르러 우주의 모습이 알려진 데는 미국항공우주국(NASA)의 허블우주망원경이 기여한 바가 크다. 우주 공간에서 우리에게 많은 영상을 보내준 허블우주망원경을 소개한다.

허블우주망원경은 1990년 스페이스셔틀 디스커버리호를 이용해 지구 저궤도(569km)에 띄운 우주망원경이다. 지상의 망원경과 비교할 때 대기의 요동이나 기상 등에 영향을 받지 않고 고해상도(고분해능)로 관측할 수 있다. 지금까지 별의 탄생이나 죽음, 은하 진화의 비밀을 밝혀내고 블랙홀의 실재를 증명하는 등 수많은 업적을 남겼다.

허블우주망원경이라는 이름은 당시 성운이라고 생각했던 천체가 먼 은하라는 것을 밝혀낸 에드윈 허블의 이름을 기려 지었다. 허블은 또 앞서 언급했지만 은하의 거리와 후퇴속도의 관계를 나타내는 '허블의 법칙'으로도 유명하다.

허블우주망원경의 크기는 시내버스 정도로 주반사경의 지름은 2.4미터이다. 1990년에 쏘아 올린 후 주반사경의 연마에 결함이

그림 4-9 ▪▪ 허블우주망원경

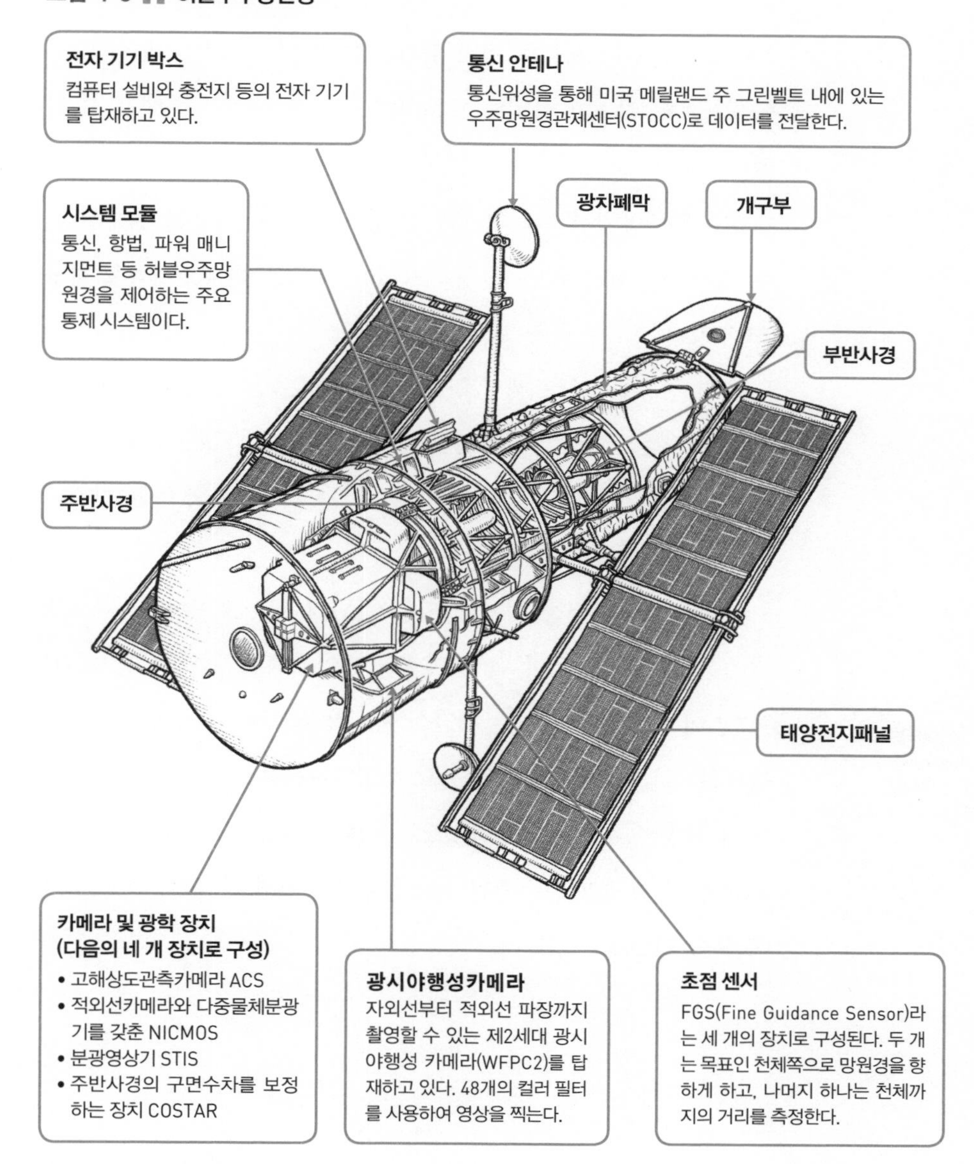

■ 허블우주망원경의 주요 제원
길이 : 13.1m, 무게 : 11톤, 이동 속도 : 시속 약 2만 8000km, 감도 : 자외선에서 적외선까지(115나노미터~500나노미터), 전지 : 니켈수소전지 6개, 메모리 용량 : 1.5GB

있었기 때문에 영상의 초점이 맞지 않는 큰 소동을 겪었다. 그 후 1993년 스페이스셔틀로 정기 점검을 하며 광시야행성카메라와 고속광도계를 보정한 장비로 교체하여 무사히 관측을 진행할 수 있었다.

허블우주망원경은 거의 1년 반 동안에 걸쳐 지구를 일주한다. 두 대의 태양전지패널로 구동되며 소비 전력은 대략 100와트 전구 28개분이다.

특히 중요한 것은 해상도(또는 각도분해능)인데 각도 면에서는 7만 2000분의 1도까지 분별할 수 있다. 지상에 있는 팔로마산망원경의 10배, 인간 시력의 1000배나 되는 고해상도의 눈을 가지고 있는 것이다.

허블우주망원경을 지구로 회수한 뒤에 새롭게 활약할 차세대 기종은 2014년에 쏘아 올릴 예정인 제임스웨브우주망원경(JWST)이다. 이름의 유래가 되는 제임스 에드윈 웨브•는 NASA 제2대 국장으로 인류를 달에 보낸 아폴로계획(1969~1972)의 주인공이다.

이 신형 우주망원경의 해상도는 허블우주망원경의 약 5배나 되는데 은하 탄생의 수수께끼나 암흑물질의 정체를 밝히는 데 큰 기여를 할 것으로 예상된다.

•
제임스 에드윈 웨브 (James Edwin Webb, 1906~1922)
미국항공우주국 제2대 국장(1961~1968). 수성 탐사와 아폴로계획 등을 담당했다. 2014년에 쏘아 올릴 차세대 우주망원경(NGST)에 그의 이름을 붙였다.

그림 4-10 ∷ 허블우주망원경의 시력

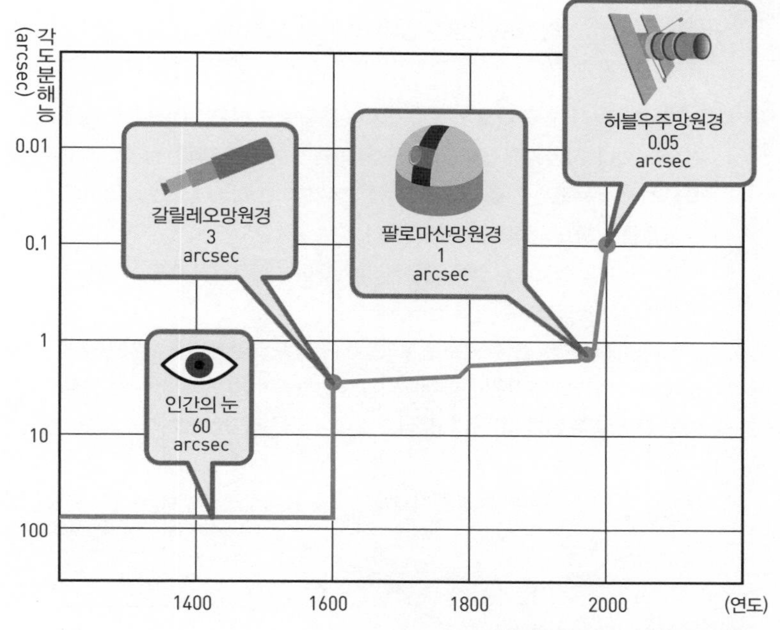

허블우주망원경이 포착한 오로라

캐나다에서 유학을 하고 있을 때 필자는 혼자 차를 타고 북쪽으로 여행을 간 일이 있다. 자연에 둘러싸인 혼자만의 여행……. 3일째 되는 날 밤, 차 뒷좌석의 침낭 속에 누운 필자는 문득 차창으로 보이는 하늘에 이변이 일어나고 있음을 느끼고 차 밖으로 뛰어나왔다.

새까만 북쪽 하늘에서 벨벳 같은 빛의 커튼이 변화무쌍하게 모습을 바꾸면서 빛나고 있었다.

북극권에서 자주 볼 수 있는 오로라는 지구에 도달한 태양풍이 지구자기장에 의해 압축될 때 생긴 고에너지입자가 전리층에 쏟아져 나타나는 현상이다. 결국 북쪽 겨울 하늘을 아름답게 수놓는 것은 태양인 셈이다.

그림 4-11 ∷ 오로라 발생 메커니즘

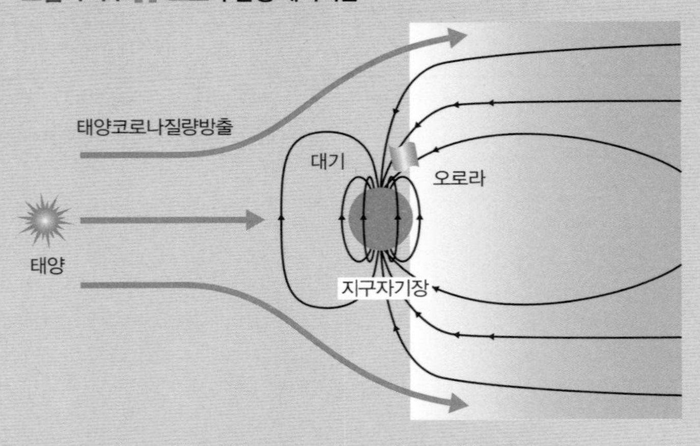

태양풍이라 했지만 정확하게 말하면 태양코로나질량방출(CME)이라 한다. 그 정체는 태양 표면의 폭발로 태양에서 날아온 하전입자(전하를 띤 입자)이다. 그것이 우주에 흐르는 파동이 되어 날아가 지구 대기의 원자와 부딪혀 '흔들리는 것'이다. 흔들린 원자에서 나온 빛을 보고 필자는 '이 얼마나 아름다운가!'라고 소리친 것이다.

그림 4-12 ▪▪ 태양코로나질량방출

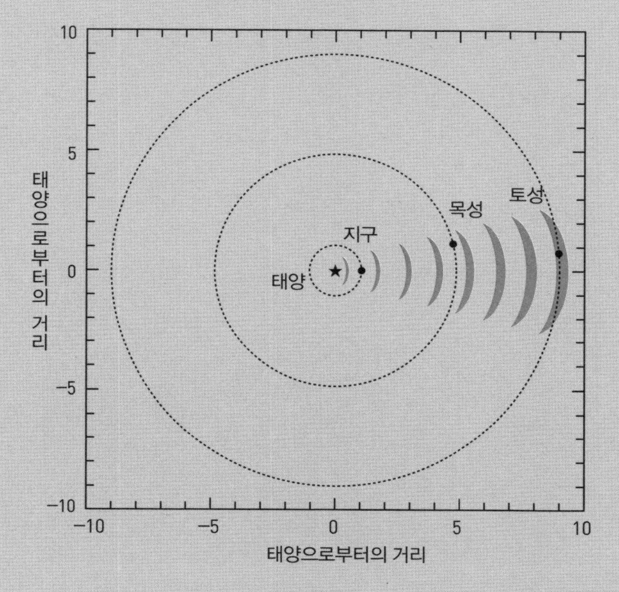

(『네이처』 2004년 11월 4일호, pp.78~81 fig.2를 참조하여 작성)

2000년 11월 1일에서 10일 사이에 발생한 태양코로나질량방출은 약 이틀 후에 지구에 도달해 오로라를 보여주었다. 그 후 태양계 밖으로 조용히 여행을 계속해 11월 18일에서 24일 사이에는 목성에 부딪쳐 오로라를 만들었다. 이는 목성 주위를 돌고 있던 NASA의 갈릴레오위성과 토성을 향하고 있던 카시니 · 호이겐스위성이 관측했다.

그 후 태양풍은 12월 7일과 8일에 토성에 이르러 또 한 번의 아름다운 오로라를 발생시켰다. 이 오로라는 허블우주망원경이 관측했다.

물론 우리는 지구 이외의 행성 표면에서 오로라가 어떻게 보일지 알 수 없지만, 가까운 미래에 인류의 우주여행이 실현되면 '태양계 오로라 수학여행'이 기획될지도 모르겠다.

출처 : 『네이처』 2004년 11월 4일호, Prange 등의 공동 논문

그림 4-13 :: 토성의 오로라(1998년 관측)

사진 제공 : J. Trauger(JPL) and NASA

그림 4-14 :: 목성의 오로라(2000년 관측)

사진 제공 : NASA and J. Clarke(University of Michigan)

화성에서 찾은 생명의 흔적

4-5

인류는 달까지밖에 못 가봤다. 다음의 우주탐사 목표는 화성이 될 것이라 생각한다. 왜냐하면 화성은 지구와 이웃한 행성일 뿐 아니라 지구와 비슷한 성질을 띠고 있어 미래에 인류가 지구에서 이주할 수도 있기 때문이다.

화성에 생명체가 존재했을까?

근래 과학계의 톱뉴스는 역시 NASA의 화성 탐사로 '물'의 흔적을 발견한 것이리라. 유감스럽게도 당시 화성에서 생명의 흔적을 찾지는 못했지만, 적어도 오랜 옛날 화성에 물이 존재했다는 것은 거의 정설이라고 해도 좋을 것이다. 물이 존재했다면 생명이 꽃피었을 가능성도 높다. 화성에 생명체가 있었는지 없었는지는 앞으로의 탐사에서 밝혀질 것이다.

그림 4-15 ∷ 화성의 고대 강 흔적

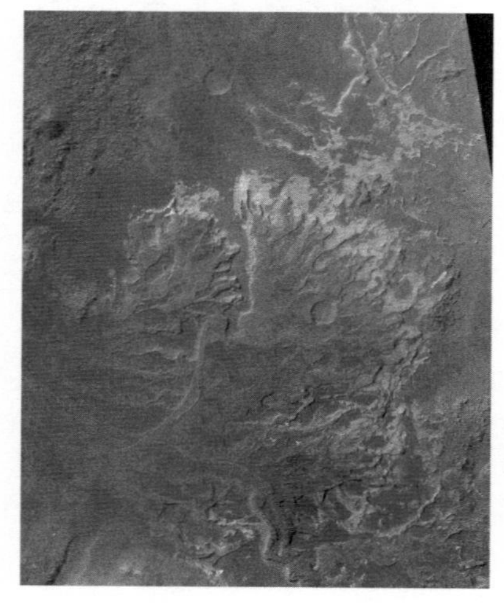

1997년 12월 화성의 주요 선회궤도로 진입한 마스글로벌서베이어가 촬영한 영상. 물이 흐른 흔적과 같은 것이 보이는데 이는 고대 화성에 물이 흘렀을 가능성을 시사한다.

사진 제공 : NASA/JPL/Malin Space Science Systems

그림 4-16 ∷ 물의 흔적이 발견된 암석 '과달루페'

오퍼튜니티의 탐사를 통해 암석조직에서 농축된 유황을 발견했다. 또한 산성 호수나 온천 같은 곳에서나 볼 수 있는 철백반석의 존재도 확인했다(2004년 3월 발견).

사진 제공 : NASA/JPL/US Geological Survey

화성 무인탐사로봇의 구조

여기서는 화성 탐사선으로 대활약을 한 화성 무인탐사로봇의 구조를 소개한다. 오퍼튜니티와 스피릿은 쌍둥이 로봇이다. 여기에는 재미있는 발상이 담겨 있다. 그것은 '인간의 눈으로 화성을 탐사한다'는 것이다. 미래에는 유인탐사를 하리라는 것을 염두에 둔 것인지 아니면 인간의 눈높이에 맞춘 카메라로 촬영한 영상으로 '생생한' 현장감을 연출하고 싶었던 것인지 그 이유는 잘 모르겠지만, 아무튼 로봇에는 거의 인간의 눈에 가까운 카메라가 탑재되어 있다.

화성 탐사로봇이라고 하면 첨단 기술을 동원한 전력을 많이 소비하는 부품을 사용할 것으로 여겨지지만 뜻밖에도 그 소비 전력은 겨우 가정용 전구와 같은 약 100와트에 불과하다. 전력은 태양전지패널로 충당한다. 또 내장된 칩은 가정용 컴퓨터에 탑재된 '파워 PC와 동급' 정도밖에 되지 않는다는 것도 놀랄 만한 일이다.

화성 탐사에 사용하는 관측 기기 등에는 첨단 기술을 사용하지만 기반이 되는 부품에는 에너지 절약과 신뢰성이 요구되는 것이다.

그림 4-17 ▪▪ 화성 무인탐사로봇

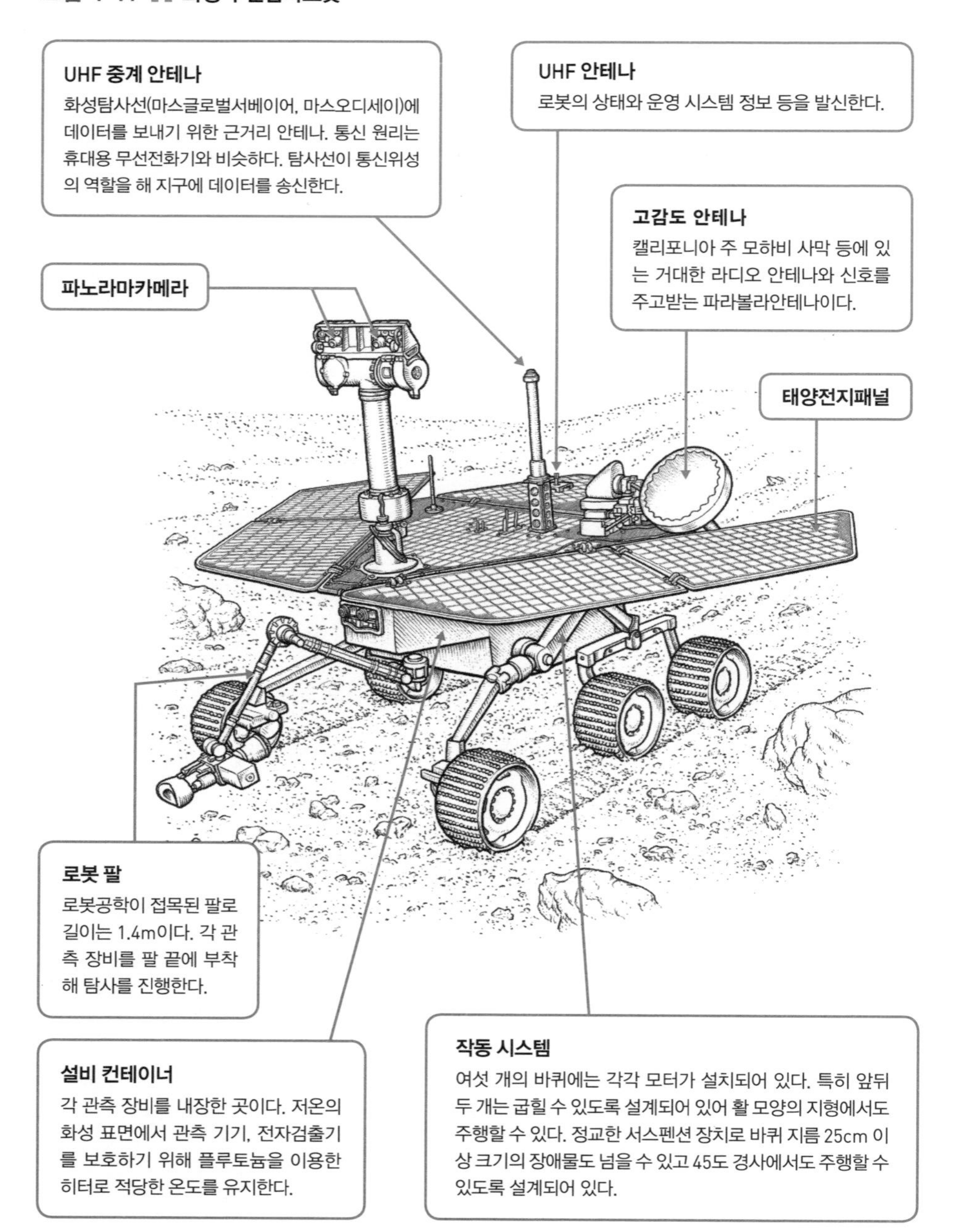

■ **로봇의 주요 제원**

크기	길이 1.6m, 높이 1.5m, 폭 2.3m
무게	185kg(로봇 본체)
탑재 메모리	메인 메모리 128MB 플래시 메모리 256MB
관측 장치	소형 열복사분광기 알파입자 · X선분광기 현미경카메라 암석연마장치(이를 총칭하여 아테나과학패키지라 한다)
최고 주행 속도	5cm/s
주요 목표	과거 화성 표층에 물이 존재했는지 여부와 암석의 광물 조성, 그리고 착륙 지점의 지질학적 형성 메커니즘 등을 조사하는 일이다.

두 대의 로봇은 델타 II라는 로켓에 탑재된 채 2003년 여름에 발사된 후 2004년 1월 화성에 도착했다. 당시 관측 기간은 90일로 예정했으나 그 기간을 훨씬 넘긴 2005년 1월 4일에 1주년을 맞았다. 주행거리도 오퍼튜니티가 2킬로미터, 스피릿이 4킬로미터에 달했다.

4-6 우주의 얼룩, 그 의미는?

지금까지 천체망원경, 우주망원경, 행성탐사선의 관측 성과를 살펴보았는데 사실 최근 우주론은 그러한 관측 데이터에 뒤처지는 부분이 많다. 우주배경복사의 '얼룩'을 처음으로 포착한 탐사위성 코브(COBE)는 관측 부문에서 선구적 역할을 했다고 할 수 있다.

우주배경복사를 '본다'

1989년에 NASA가 발사한 우주배경탐사위성 COBE는 펜지어스와 윌슨이 관측한 7.35센티미터보다도 짧은 파장으로 우주배경복사를 정밀하게 측정했다.

그 결과는 아래의 두 가지로 정리할 수 있다.

(1) 우주배경복사는 '균일'하고 '등방'이다

(2) 그러나 자세히 보면 10만분의 1 정도의 작은 '얼룩'이 있다

그림 4-18 ▪▪ COBE가 관측한 파장

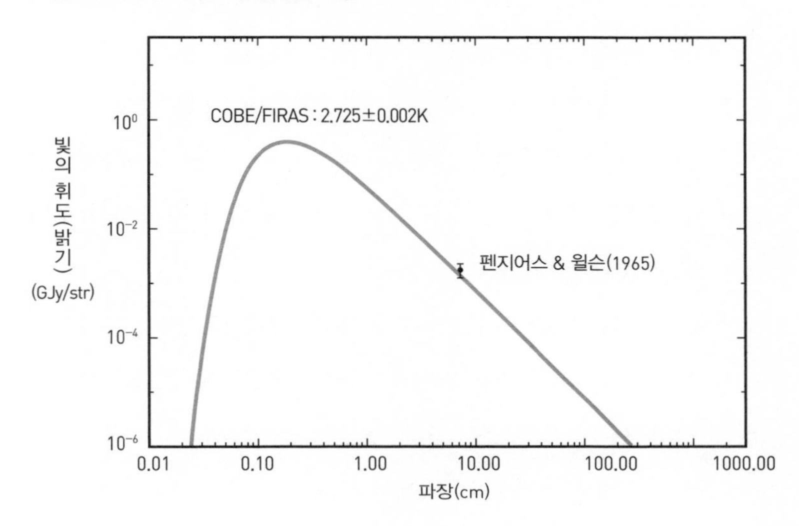

그림 4-19 ▪▪ COBE의 관측 영상

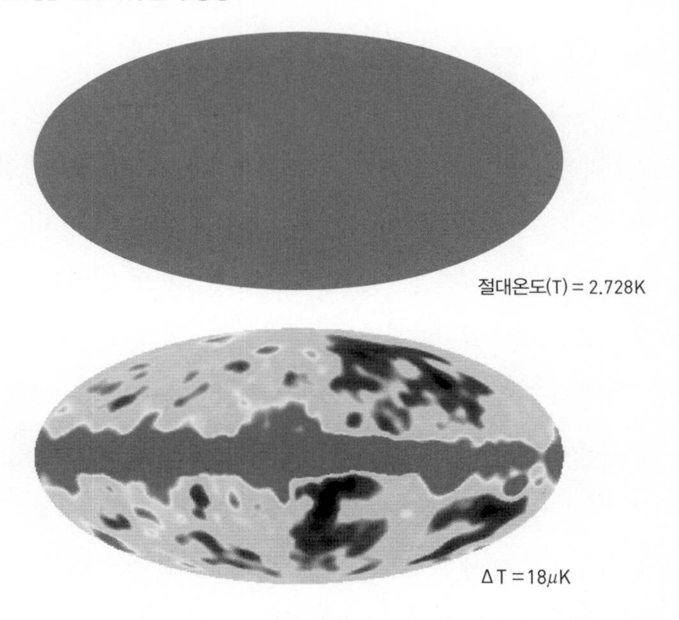

영상 제공 : NASA

COBE가 포착한 '얼룩'의 정체

이것은 관측에서 제1근삿값과 제2근삿값의 아주 작은 차이를 비교 보정하는 과정에서 얻은 결과이다. 비유하자면, 무대 위에 선 스타의 얼굴은 곱고 아름답지만 대기실로 들어가 가까이서 보면 전혀 다른 것과 같은 이치다.

어쨌든 제1근삿값에 따르면 우주의 나이가 겨우 38만 년이었을 당시 우주는 어디든 모두 같았고 어떤 방향으로도 모두 같았다. 바꿔 말하면 '거대한 구조는 없었다'(그림 4–19 위쪽).

그러나 자세히 보면 아주 미세한 '얼룩'이 있음을 알 수 있다(그림 4–19 아래쪽). '우주의 용광로'가 지금은 차가워져서 우주배경복사의 온도가 2.725K(섭씨 약 –270도)이지만 그 온도에도 35μK(마이크로켈빈) 정도의 오차가 있다.

이는 양자론에서 **'양자 요동'**이라고 한다. 양자론에는 불확정성 원리라는 것이 있다. 무언가를 정확히 측정하려 해도 자연계에는 일종의 한계가 있어서 오차가 생겨버린다는 것이다. 위의 경우는 초기 우주의 시공간에 요동이 있었고 COBE가 그것을 우주의 '얼룩'으로 포착한 것이다.

우주의 이 미세한 얼룩은 은하나 은하단의 '씨앗'이라고 여겨진다. 눈이 내리기 위해서는 대기 중에 먼지와 같은 '씨앗'이 필요하다. 이것이 없으면 눈의 결정이 생기지 못한다. 이와 마찬가지로 은하가 성장하는 데도 씨앗이 필요하다. 즉 우주는 크게 보면 균일하고 균등하지만 자세히 들여다보면 은하의 씨앗이 되는 미세한

그림 4-20 ∷ 우주배경탐사위성 COBE(Cosmic Background Explorer)

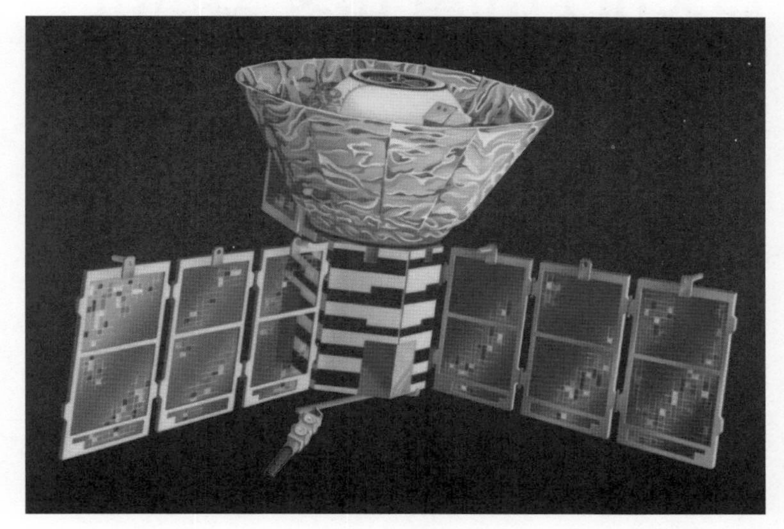

자료 제공 : NASA

얼룩이 있었던 것이다.

COBE는 현대 우주론을 단숨에 정밀과학의 영역으로 발전시켰다.

4-7

우주의 나이를 맞춘 장본인, WMAP

COBE가 포착한 우주배경복사의 '얼룩'을 더 높은 해상도로 관측하려는 시도가 진행되었다. 다음에 소개하는 WMAP은 바로 137억 년이라는 우주의 나이를 맞춘 장본인이다.

초기 우주의 모습을 보여준 증거 영상

2001년 6월 30일에 발사된 윌킨슨마이크로파비등방성탐사선(Wilkinson Microwave Anisotropy Probe)은 영어의 머리글자를 따 **WMAP**이라고 한다. 펜지어스와 윌슨이 관측한 것이나 COBE가 관측한 것이 가장 오래된 우주의 영상이라면, WMAP 영상은 그 해상도를 비약적으로 향상시킨 것이라 할 수 있다. 펜지어스와 윌슨의 관측 영상은 초점이 잘 맞지 않은 사진의 단편이었으며, COBE의 영상은 해상도가 6000화소에 머물렀다. 이에 비해 WMAP 영상의 해상도는 실제 화소수로 무려 300만 화소나 된다.

우주의 가장 오래된 모습을 담은 영상의 해상도가 높아지면 어떤 장점이 있을까?

그림 4-21 ∷ WMAP

지상에서 약 150만 킬로미터 떨어진 지구 주위의 공전궤도를 돌면서 우주배경복사를 관측하는 위성이다. 발사할 당시의 이름은 MAP이었지만 2002년 9월에 유명을 달리한 우주론 학자 데이비드 윌킨슨 박사에게 경의를 표하는 뜻으로 앞에 W가 붙여졌다.

자료 제공 : NASA/WMAP Science Team

초점이 맞지 않은 증거 영상보다도 선명하게 찍은 증거 영상이 더 쓸모가 있다는 것은 두말할 필요도 없는 일이다. 우주 탐정들(천문학자와 우주물리학자 등)은 300만 화소의 증거 영상으로부터 수많은 놀라운 사실들을 읽어냈다. 주요 성과를 나열해본다.

(1) 우주는 평탄하다

(2) 우주의 나이는 약 137억 년이다

(3) 우주 에너지 중 4퍼센트가 물질이고 23퍼센트가 암흑물질이며 73퍼센트가 암흑에너지이다

(4) 인플레이션우주론은 옳았다

그야말로 300만 화소의 위력이 아닐 수 없다.

그림 4-22 :: COBE와 WMAP의 영상 비교

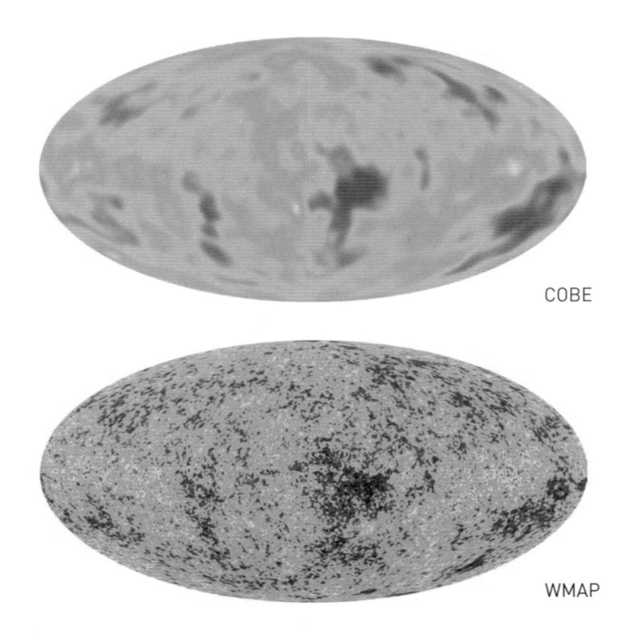

영상 제공 : NASA/WMAP Science Team

우주도 음악을 연주한다? 4-8

여기까지 읽어도 WMAP이 우주론 발전에 공헌한
'위대함'을 실감하지 못했을 수도 있다.
이 장에서는 WMAP의 성과를 알기 쉽게 설명한다.

먼저 악기 음색의 원리부터

플루트나 클라리넷 같은 악기를 떠올리기 바란다. 학교에서 부는 피리도 관계없다. 손가락으로 구멍을 전부 막았을 때 나는 소리를 떠올려보자. 이 소리는 물리학적으로 음파에 해당한다. 그런데 피리나 플루트나 클라리넷의 음색은 왜 저마다 다른 것일까? 같은 진동수라면 같은 소리가 나야 하지 않을까?

사실 악기의 소리는 기본이 되는 진동수 외에도 '배음'이라고 하는 높은 진동수의 소리가 섞여서 정해진다. 예를 들면 어떤 악기로 '도' 소리를 내면 동시에 그 2배, 3배 진동수의 소리도(약하기는 하지만) 섞여 난다. 그 섞인 형태(파경)가 악기에 따라 다르기 때문에 음색이 달라지는 것이다.

그림 4-23 :: 음색과 배음의 관계

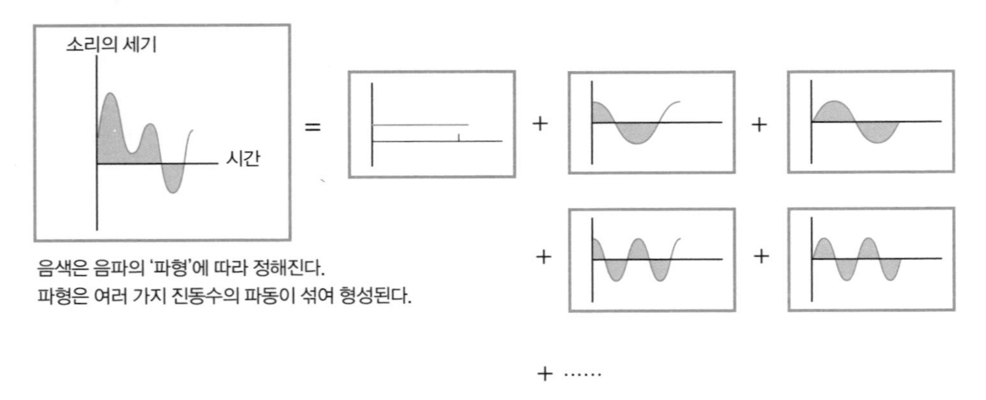

음색은 음파의 '파형'에 따라 정해진다.
파형은 여러 가지 진동수의 파동이 섞여 형성된다.

우주 초기의 밀도 요동은 인플레이션을 통해 시작되었다

다시 우주에 관한 이야기로 돌아오자.

WMAP이 촬영한 우주 탄생 후 38만 년 무렵의 우주배경복사에서는 10만분의 1 수준의 온도 요동•이 관측되었다. 이 요동의 기원은 우주 초기에 있었던 플라스마•• 밀도의 요동이다.

고온 상태에서 원자는 원자핵(양성자와 중성자)과 전자로 흩어져 버린다. 그러면 광자는 전자와 부딪쳐 산란한다. 뜨거운 우주에서 광자와 전자와 양성자는 뿔뿔이 흩어져 '기체'처럼 활동하는데 이것이 플라스마이다.

우주 초기에 있던 플라스마 밀도 분포에서는, 밀도가 높으면 온도도 높고 밀도가 낮으면 온도도 낮다. 따라서 밀도 운동이 곧 온도 요동인 것이다.

•
요동
물리량이 평균값을 중심으로 변동하는 것. 거시적으로는 일정해도 미시적으로는 평균값에 약간 어긋나 있다.

••
플라스마
원자가 고온에서 양전하와 음전하로 분리되어 자유로이 운동하며 전체적으로는 전기적 중성인 상태이다.

그림 4-24 ▪▪ 우주배경복사의 음색

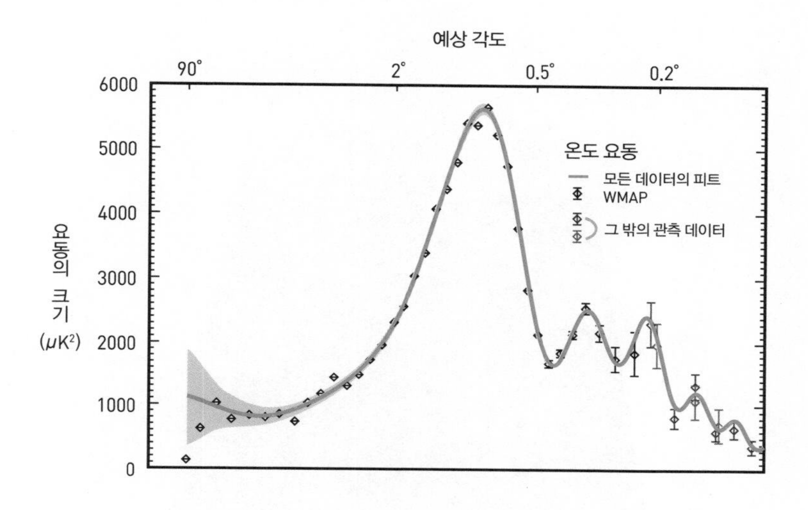

악기의 경우 음색을 분석하면 그 재질이나 형상 등을 알 수 있다. 마찬가지로 우주배경복사의 음색을 분석하면 우주를 이루고 있는 물질이나 에너지 또는 인플레이션의 발생 유무를 알 수 있는 것이다.

그러나 음색으로 우주의 재질인 물질과 에너지의 조성을 알 수 있다고는 하지만, 우주 초기에 인플레이션이 일어난 것은 어떻게 알 수 있는 것일까?

예컨대 음파에는 위상이라는 성질이 있다. 이것은 소리의 맨처음 '시작점'과 같은 것으로서, 소리의 시작점이 제대로 갖춰져 있으면 '위상이 갖추어져 있다'고 하고, 시작점이 갖춰져 있지 않으면 '위상이 어긋나 있다'고 한다. 우주배경복사의 밀도 요동은 위상이 갖춰져 있다고 할 수 있다. 더 비유적으로 설명하면 우주가 연주

그림 4-25 ∷ 인플레이션우주론

하는 '음악'은 제대로 된 악기들로 연주하는 하모니와 같은 것이다.

이는 우주의 밀도 요동이 맨 처음 시작점을 갖추고 시작된 것을 뜻한다. 인플레이션이라는 대대적인 이벤트를 통해서…….

우주는 도대체 어떤 모양일까?

4-9

WMAP이 관측한 온도 요동으로 우주가 평탄하다는 사실을 어떻게 알 수 있을까? 우리가 살고 있는 우주의 모양이 구형인지 말안장형●인지 평탄형인지는 우주론을 배우는 사람에게 매우 중요하다. 따라서 좀 더 자세히 설명하기로 한다.

우주의 모양과 온도 요동의 미묘한 관계

● **말안장형**
우주 모양 중 말안장 모양의 우주를 나타내는 용어이다.

NASA에서 공개하고 있는 인터넷 사이트에는 다음과 같은 영상이 실려 있다.

그림 4-26 :: 우주의 기하학

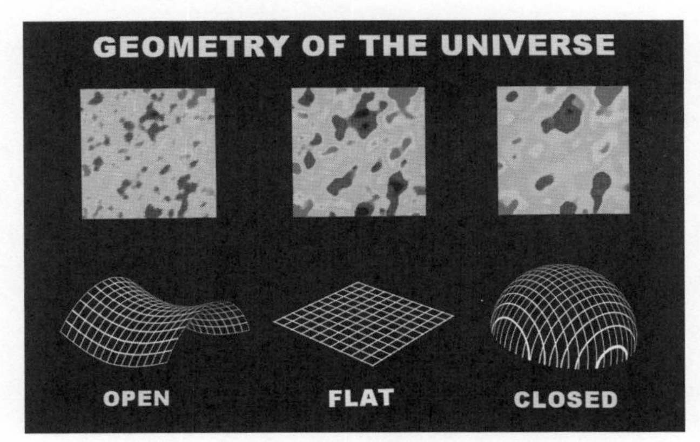

자료 제공 : NASA

어찌되었든 우주가 구형이라면 온도 요동(얼룩)이 크게 보이고 말안장형이라면 작게 보이며 평탄형이라면 그대로 보인다.

그림 4-27 :: 우주의 모양과 온도 요동

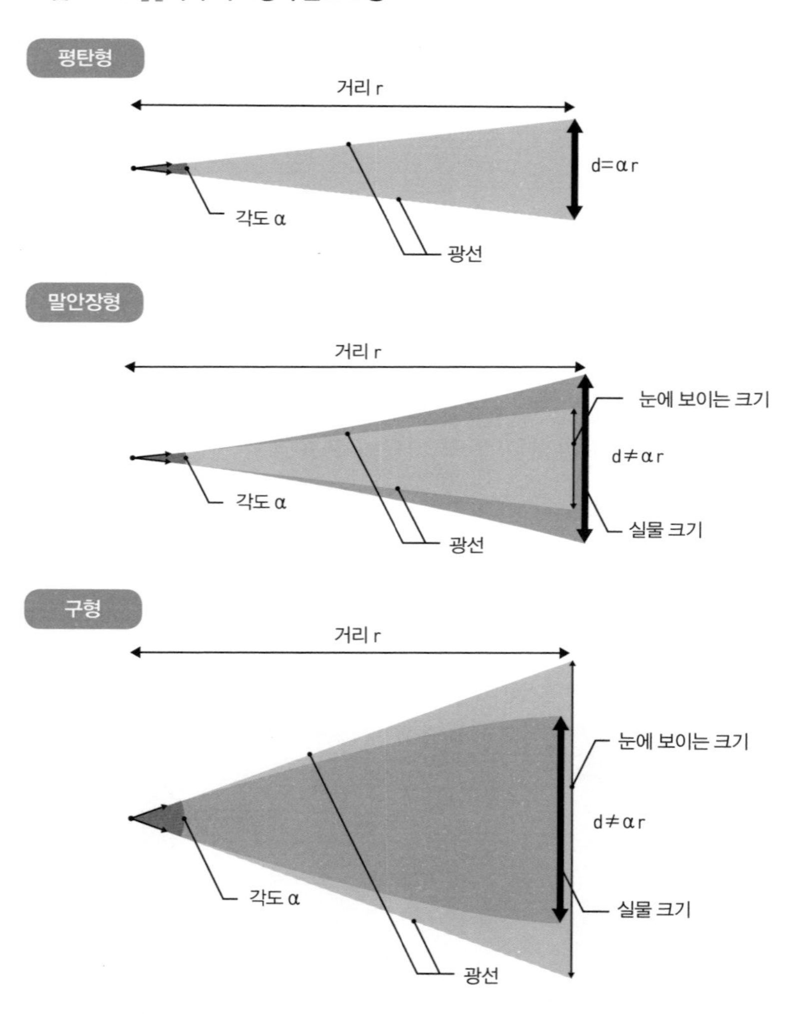

George F. R. Ellis and Ruth M. Williams Flat and Curved Space-times (Oxford University Press)를 참고로 작성

물리학자는 우주 초기에 있었던 플라스마를 통해 전달되는 '음파'와 같은 성질을 분석해서 우주배경복사 온도 요동의 원래 크기를 계산해냈다. 그 결과에 따르면 요동의 크기는 대략 1도 각도가 된다.

우주가 구형으로 굽어 있다면, 우주배경복사는 137억 광년 너머에서 전해오는 도중에 굽어져 WMAP에서는 요동이 원래 크기보다도 크게 보일 것이다. 반대로 우주가 말안장형처럼 굽어 있다면 요동은 원래 크기보다도 작게 보일 것이다. 그런데 WMAP이 실제 관측한 우주배경복사 요동의 크기는 약 1도로서 평탄우주설을 강하게 지지하고 있다.

기구로 우주를 관측하는 부메랑계획

WMAP만이 우주의 비밀을 밝혀낸 것은 아니다. '부메랑계획●'은 기구에 망원경을 매달아 남극 상공 약 37킬로미터 고도까지 올려 거기서 우주배경복사를 관측하는 것이다. 이 고도에서는 대기의 영향을 거의 받지 않기 때문에 그 관측 정밀도는 WMAP 수준에 육박한다. 초신성 폭발의 관측이나 WMAP, 부메랑계획 등의 종합적인 천체 관측으로 우주의 수수께끼가 밝혀지고 있다.

● **부메랑계획**
BOOMERANG은 'Balloon Observations of Millimetric Extragalactic Radiation and Geophysics'의 약자. 은하계 밖에 그 기원을 둔 밀리미터파 복사의 관측과 지구물리학의 기구 관측을 의미한다.

그림 4-28 ∷ 부메랑계획으로 알게 된 우주배경복사의 정밀 분포

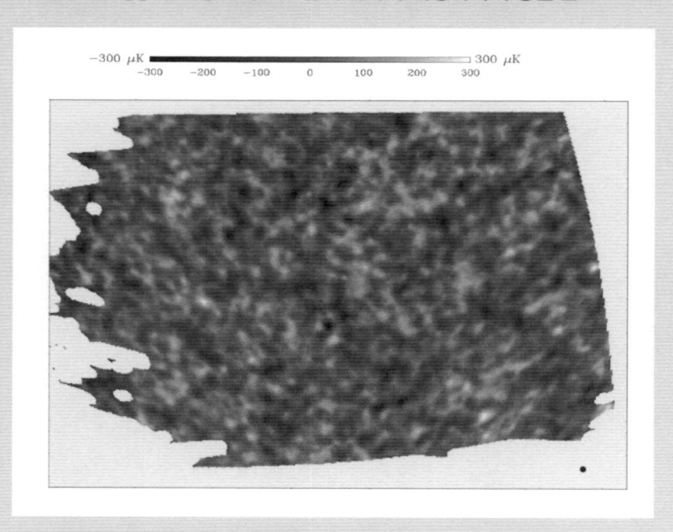

이 영상은 전체 하늘의 약 3퍼센트에 해당한다. 남극 하늘 약 1800제곱도의 영역이다(2000년 4월 발표).

영상 제공 : BOOMERANG Project

인류의 거대한 프로젝트, 대우주 지도

근래 우주론은 눈부시게 발전하고 있다. 이론 전개는 물론이고 정밀 관측으로 우주론은 눈 깜짝할 사이에 '실증과학'의 영역으로 들어섰다. 특히 '수리우주론'은 놀라울 정도로 진보했다. 일본, 미국, 독일의 국제 공동 관측 계획으로 진행되고 있는 SDSS는 그 집대성으로서 큰 기대를 모으고 있다.

우주 대규모 구조의 '씨앗'

WMAP에서 시작된 정밀 관측으로 우주 초기의 밀도 요동이 정확하게 밝혀졌다. 이는 수리우주론의 출발점이기도 하다.

우주 대규모 구조 시뮬레이션
이 시뮬레이션은 시카고 대학의 안드레이 크라프초프와 뉴멕시코 주립대학의 아나톨리 클리핀이 진행한 것이다(영상화는 크라프초프가 진행).

그림 4-29 우주 대규모 구조 시뮬레이션

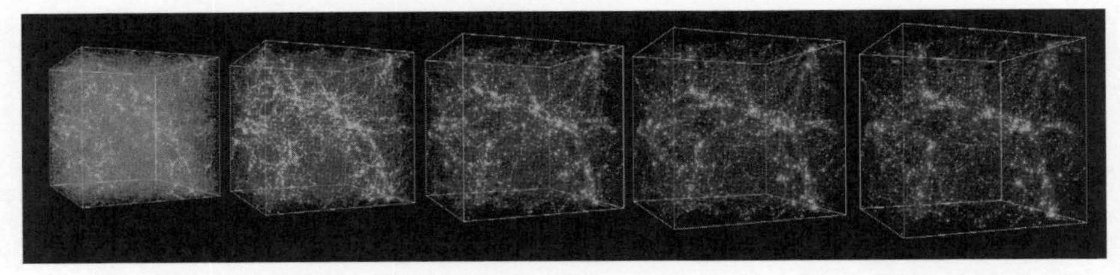

점은 은하라고 생각하기 바란다. 왼쪽이 초기 우주이고 가장 오른쪽이 현재의 우주이다. 우주배경복사의 요동이 '씨앗'이 되어 구조가 만들어져 왔다.

영상 제공: Andrey Kravtsov

밀도가 높은 부분은 중력이 강해져 밀도가 한층 더 높아진다. 이렇게 해서 초기 우주의 밀도 요동은 우주 구조의 '씨앗'이 되는데 이 씨앗이 자라 서서히 우주 대규모 구조가 만들어지는 것이다.

SDSS계획

수리우주론의 출발점이 WMAP라면 그 종착점은 슬로언디지털스카이서베이(SDSS)계획이다. 홈페이지(http://skyserver.sdss.org)에서 SDSS의 개요를 인용한다.

"이 탐사는 전 하늘의 4분의 1 정도 크기로 상세한 '우주 지도'를 만들어 1억 개가 넘는 천체의 위치와 밝기를 밝히려는 것이다. 그리고 근거리 은하 100만 개의 거리를 측정하는 것으로 지금까지 알아낸 부피보다도 100배나 큰 부피로 '우주의 3차원 지도'를 얻을 수 있다. 또 SDSS는 10만 개의 준성까지 그 거리를 조사한다. (중략) 탐사를 완성하기 위해 SDSS 공동 연구 그룹은 뉴멕시코 주의 아파치포인트천문대에 구경 2.5미터의 전용 망원경을 건설했다. 이 망원경은 시야가 넓은데(3도), 그 넓은 시야를 2048×2048화소의 CCD 소자 30개를 나열해 촬영하고 있다."

SDSS망원경은 구경은 작지만 놀라울 만큼 넓은 시야를 자랑한다. 보통의 대구경 망원경은 시야가 0.1도 정도인 데 비해 이 망원경은 시야가 그 30배인 3도나 된다. 이는 보름달 30개분에 해당하는 시야이다.

그림 4-30 ▪▪ SDSS망원경

사진 제공 : Fermilab's Visual Media Services

5년에 걸친 '우주 지도 작성 계획'은 과거 대항해시대에 유럽인들이 세계지도를 작성한 것과 비슷하다. 그 작업을 이제 인류가 우주를 대상으로 진행하고 있는 것이다.

그림 4-29의 계산 시뮬레이션으로 재현한 우주 대규모 구조와 그림 4-31의 SDSS의 관측으로 작성한 실제 '우주 지도'를 비교해 보기 바란다.

이것이 SDSS계획으로 그린 최신 우주 지도이다. 지도에는 22억 광년 거리에 있는 약 1만 9000개 은하의 거리와 위치가 표시되어 있다. 이 계획이 완성되면 지도상에 나타나는 은하의 개수는 100만 개가 될 것이다.

그림 4-31 ▪▪ SDSS 계획으로 작성한 우주 지도

우리는 부채 중심부에 서서 위아래를 관측하고 있다. 중심의 오른쪽에서 왼쪽으로 호를 그리는 진한 '선'이 그레이트월이라는 대규모 구조로 그 거리는 10억 광년이나 된다. 이것은 보이는 우주의 10분의 1 크기에 해당한다.

영상 제공 : Astrophysical Research Consortium(ARC) and the Sloan Digital Sky Survey(SDSS) Collaboration

푸앵카레의 12면체

과학 전문 잡지 『네이처』 2003년 10월 9일호 표지에 이색적인 그림이 실렸다. '이것이 우주의 모양일까?'라는 제목의 이 그림은 12면체가 여러 개 겹쳐진 모습이다(그림 4-33).

WMAP의 관측 결과는 우주가 평탄하다는 것을 강하게 시사하고 있지만 마음에 걸리는 데이터가 있다. 다시 한 번 '우주배경복사 음색'의 그래프를 보기 바란다. 각도로 보아 약 1도 부분에 있는 피크가 '기본 진동'이고 그 오른쪽에 보이는 몇 가지 낮은 피크가 '배음'이다. 여기서 문제가 되는 것은 가장 왼쪽 끝이다. 관측 데이터가 이론값(실선)에서 벗어나 있는 것이 보이는가?

그림 4-32 ∷ 우주배경복사의 음색

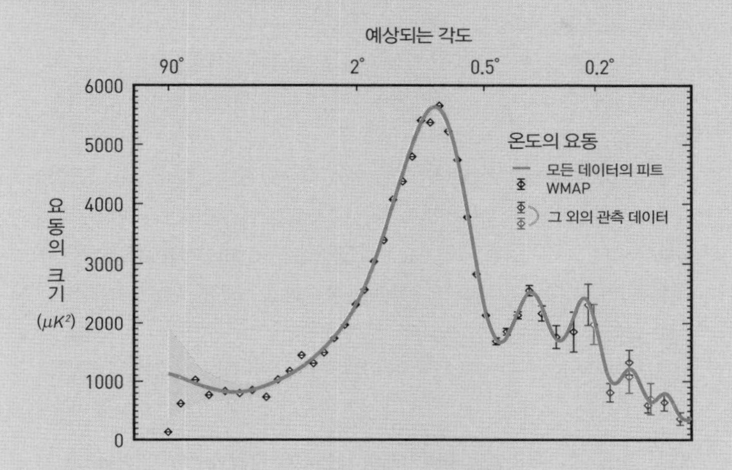

이론값은 우주가 평탄하고 무한하게 크며 우주상수가 존재한다는 가정 아래에서 계산한 것이다. 전체적으로는 매우 잘 들어맞지만 큰 각도의 요동 부분, 다시 말해 왼쪽 끝 부분이 미묘하게도 어긋나 있다.

이것은 우주가 완전히 평탄한 경우의 평균 밀도와 비교했을 때 아주 적은 차이이다. 그러나 이는 우주가 약간 더 무겁고(구형으로) 크기가 유한하여 큰 규모의 '음파'는 존재하지 않는 것으로 해석할 수 있다. 결국 데이터에 표시된 점이 이론값과 맞지 않는 것은 이론이 잘못되었다는 뜻이다.

실제로 WMAP의 2005년 3월 데이터는 완전히 평탄한 우주의 밀도를 1이라고 했을 때 우주의 평균 밀도 Ω_0를 아래와 같이 예상한다.

$$\Omega_0 = 1.02 \pm 0.02$$

오차를 감안한다면 우주는 완전히 평탄하다는 가설이 유력하지만, 프랑스 파리천문대의 장 피에르 뤼미네 연구팀은 아래의 공식과 같이 1보다도 약간 '무거운' 우주를 예측하고 있다.

$$\Omega_0 = 1.013$$

그들의 연구에 따르면 우주는 무한한 것이 아니라 유한하며 그 모양은 '푸앵카레의 12면체'와 같다고 한다.

그러나 우주 끝까지 간다고 해서 우주가 끝나는 것은 아니다. 푸앵카레 12면체의 가장자리에 도달하면 빛도 물질도 다른 면에서 되돌아와버리기 때문이다.

이것을 시각화하는 가장 간단한 방법은 2차원의 원통 모양 우주를 떠올리는 것이다. 원통이 무한대로 길면 그것은 2차원적으로 평탄한 무한히 큰 우주가 된다. 그러나 그 원통이 미묘하게 굽어 있어서 어느 한계에 이르러 원래의 자리로 되돌아와버린다면? 우리는 유한한 크기의 도넛과 같은 우주에 살고 있는 것이다!

하지만 뤼미네 연구팀이 주장하는 우주는 2차원이 아닌 4차원의 세계라

그림 4-33 우리들은 푸앵카레의 12면체에 갇혀 사는 것이 아닐까?

서 더 복잡하다. 앞에서 말한 원통 모양의 양 끝을 이어 붙여 도넛 모양을 만드는 것처럼 1120개의 12면체를 이어 붙여야 한다. 그러나 기본적인 원리는 똑같다.

도넛 모양의 우주를 빛이 몇 바퀴 도는 것이 가능한 것처럼 뤼미네 연구팀이 제시한 우주에서도 빛이 몇 번씩 반복하여 저쪽에서 이쪽으로 오갈 수 있다.

우주가 평탄하고 무한한지 아니면 아주 조금이지만 굽어 있는 12면체인지는 앞으로의 관측을 통해 밝혀질 것이다. 만일 우주가 유한한 12면체라면 누군가가 우주를 인공적으로 만들어낸 것 같아서 무서운 기분마저 든다…….

출처 : 『네이처』 2003년 10월 9일호

제5장

인류가 생각해온 우주의 모습들

최신 천문 관측의 성과를 소개했으니
이제부터는 우주론의 역사를 살펴보기로 하자.
프톨레마이오스에서 시작하여 뉴턴까지
인류는 우주가 어떻게 생겼다고 생각해왔을까.

5-1 프톨레마이오스가 실수한 부분

한마디로 말하면 프톨레마이오스의 천동설은 복잡하다.
지구를 우주의 중심에 두기 때문에 행성의 운동을 기술하기 위해서는
큰 이심원과 작은 주전원이라는 두 개의 원으로 구성된 구조가 필요하다.

프톨레마이오스의 우주 체계

고대 그리스 천문학자 프톨레마이오스의 우주론은 지구를 우주의 중심에 둔 천동설로 유명하다. 현대에 와서는 코페르니쿠스가 주장한 지동설이 올바른 것으로 판명됐다. 그러나 소박한 의문이 생긴다.

소박한 의문 : 지동설과 천동설은 바라보는 '관점'을 바꾼 것일 뿐 관측상으로는 옳고 그름을 가리기 어렵지 않을까?

그림 5-1 ▪▪ 클라우디오스 프톨레마이오스(Klaudios Ptolemaios, ?~?)

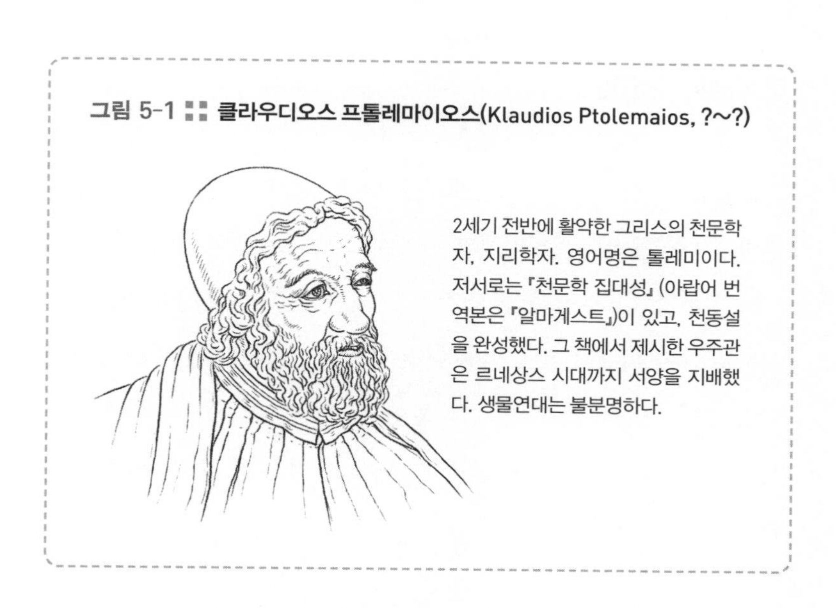

2세기 전반에 활약한 그리스의 천문학자, 지리학자. 영어명은 톨레미이다. 저서로는 『천문학 집대성』(아랍어 번역본은 『알마게스트』)이 있고, 천동설을 완성했다. 그 책에서 제시한 우주관은 르네상스 시대까지 서양을 지배했다. 생몰연대는 불분명하다.

그림 5-2 ▪▪ 프톨레마이오스의 우주 체계

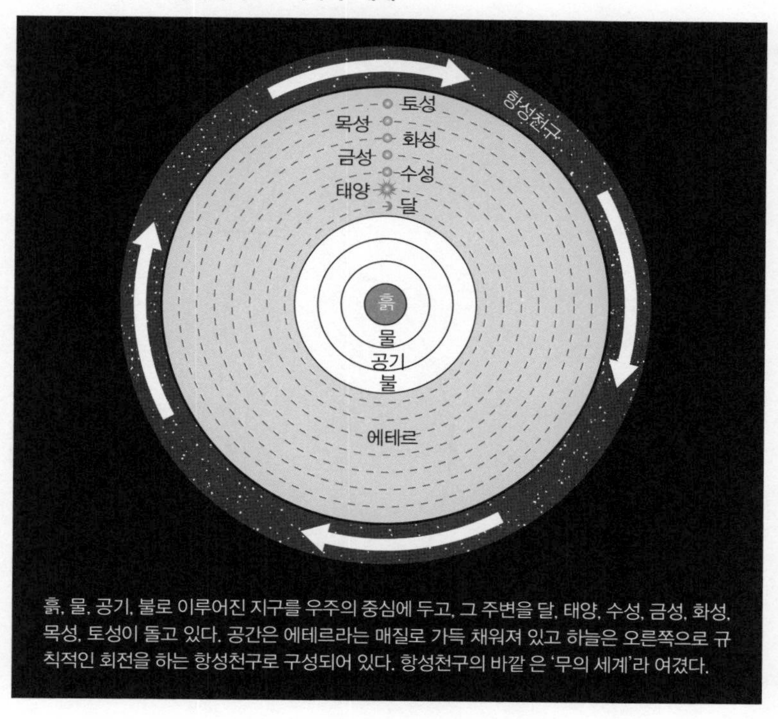

흙, 물, 공기, 불로 이루어진 지구를 우주의 중심에 두고, 그 주변을 달, 태양, 수성, 금성, 화성, 목성, 토성이 돌고 있다. 공간은 에테르라는 매질로 가득 채워져 있고 하늘은 오른쪽으로 규칙적인 회전을 하는 항성천구로 구성되어 있다. 항성천구의 바깥 은 '무의 세계'라 여겼다.

이심원과 주전원

프톨레마이오스의 우주론에서는 지구가 우주의 중심에 있고 그 주변을 태양을 비롯한 천체가 공전하고 있다고 생각한다. 그러나 이야기는 좀 더 복잡하다. 각각의 천체는 큰 이심원을 따라 움직이는 주전원 위에서 움직인다. 이것은 놀이공원에 있는 커피 컵 모양의 놀이 기구와 비슷하다. 그 놀이 기구처럼 행성은 지구 주변에서 큰 원(이심원)을 그리고 그 원주 위에 중심을 둔 작은 원(주전원)을 따라 운동한다.

그림 5-3 :: 이심원과 주전원 위를 움직이는 천체(천동설의 그림)

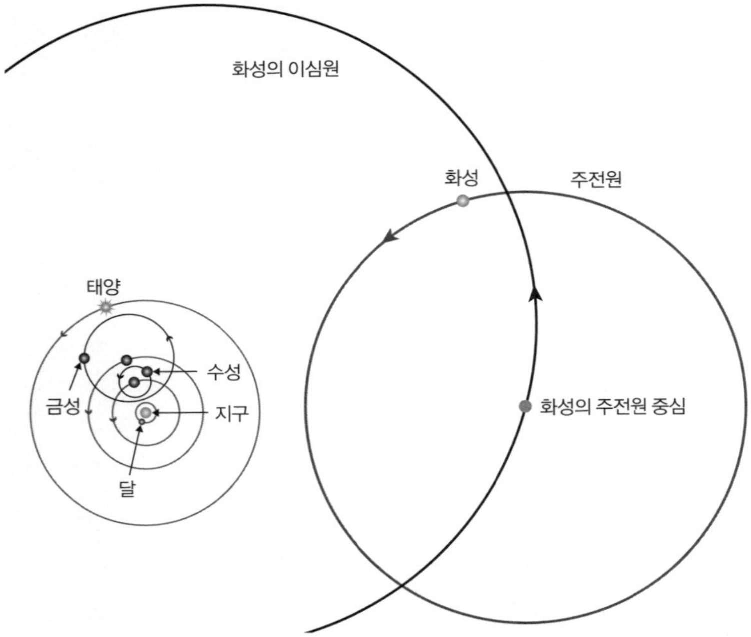

역행하는 화성의 위치

지구에서 매일 같은 시간에 화성을 보면 그 위치가 매일 달라진다. 그리고 그 위치가 늘 같은 방향으로 이동하는 것이 아니라 역행하기도 한다. 이것은 지동설의 그림으로 쉽게 이해할 수 있다.

그림 5-4 :: 지구에서 본 화성의 위치(지동설의 그림)

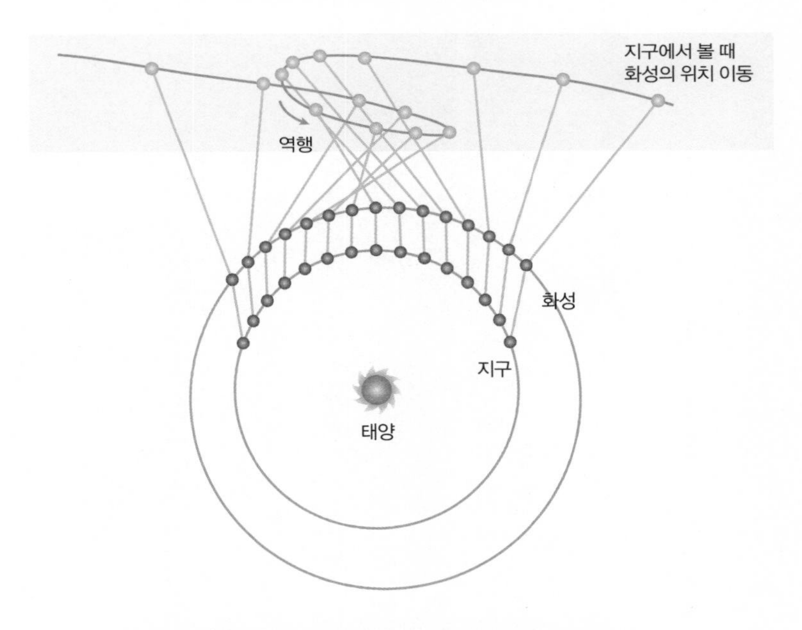

지구가 화성보다 공전하는 속도가 빠르기 때문에 약 780일을 주기로 지구는 화성을 따라잡는다.

지동설에서는 화성의 역행 현상을 간단하게 설명할 수 있지만 천동설에서는 이심원과 주전원의 복잡한 움직임을 가정하지 않으면 설명할 수 없다. 수학적으로 천동설은 지동설보다 많은 기법이 필요하므로 좋은 이론이라고 할 수 없다. 이는 한마디로 말해 '천동설이 더 복잡하다'는 것이다. 같은 현상을 설명할 때 단순한 편이 이해하기 쉽기 때문에 지동설이 천동설보다 이론적으로도 월등히 나은 셈이다.

5-2 오해받은 코페르니쿠스의 지동설

코페르니쿠스의 지동설은 프톨레마이오스의 천동설을 대체했다.
그 과학적인 이유는 코페르니쿠스의 체계가 간단하기 때문이다.

코페르니쿠스는 죽기 직전인 1543년에 『천구의 회전에 관하여』라는 책을 출판했다. 이는 유럽 최초로 지동설을 주장한 책이었다.

그러나 코페르니쿠스 이전에도 지동설을 주장한 사람이 있었다. 기원전 4세기의 그리스 철학자 필롤라오스, 기원전 3세기의 그리스 천문학자 아리스타르코스는 태양이 우주의 중심인 체계를 주장했다. 코페르니쿠스는 자신이 쓴 책의 초판에 이 두 사람의 가설을 소개했지만 최종판에서는 삭제했다.

또 14세기의 시리아 천문학자인 이븐 알샤티르(1304~1375)가 코페르니쿠스와 거의 같은 체계를 세우는 데 이르렀다는 사실도 알려져 있다. 이것이 코페르니쿠스적 발상의 직접적인 기원이었을 수도 있다.

하지만 현대적인 관점에서 본다면 코페르니쿠스의 지동설에도 결점이 있다. 첫째, 천상계는 완전하다는 당시의 사상에서 벗어나지 못하고 행성의 궤도는 완전한 원일 것이며 그 운동은 등속운동일 것이라고 한 것이다. 실제로는 원이 아니라 타원이며 운동 속도가 아니라 '면적속도'가 일정하다. 둘째, 당시로서는 어쩔 수 없었던 것이지만 우주의 크기를 지금보다 아주 작게 생각했던 것이다.

코페르니쿠스의 『천구의 회전에 관하여』가 출판된 경위는 매우 흥미롭다.

독일의 신학자이자 출판인이었던 안드레아스 오시안더(Andreas Osiander, 1498~1552)는 코페르니쿠스의 허락도 받지 않고 『천구의 회전에 관하여』 책머리에 '독자에게 보내는 편지'를 수록하여 출판

그림 5-5 ⁝⁝ 코페르니쿠스의 우주 체계는 현대 우주론의 기초가 되었다

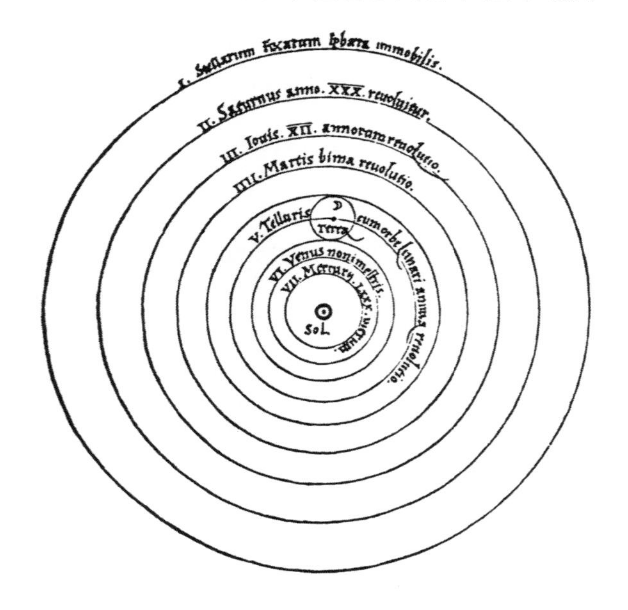

그림 5-6 ∷ 니콜라우스 코페르니쿠스(Nicolaus Copernicus, 1473~1543)

폴란드의 성직자이자 천문학자. 지동설을 주장하여 근대 천문학의 새로운 장을 열었다.

하였다. 그 내용은 "이 책에 들어 있는 가설이 진실이라는 주장을 할 생각은 추호도 없다. 또 아무리 발버둥을 쳐도 천문학은 천상계의 현상이 일어나는 원인을 밝혀낼 수 없다"는 것이었다. 이는 그가 교단으로부터 박해를 받을까 두려워 저지른 일이었다.

나중에 1609년에 이르러 독일의 천문학자 요하네스 케플러(1571~1630)가 자신의 책에 오시안더의 악행을 폭로했고 세상은 그때서야 비로소 코페르니쿠스의 진의를 알게 되었다.

현재는 혁명적인 발상의 전환을 일러 '코페르니쿠스적 전환'이라고 말하지만 코페르니쿠스의 혁명성은 살아 있을 때는 물론 죽은 뒤에도 긴 세월 동안 오해를 받았다.

천동설과 지동설의 절충안이 있었다?

고대부터 중세에 걸쳐 수많은 사람들은 다양한 우주 체계를 생각해냈다.
여기서는 지동설과 천동설을 절충한 희귀한 우주 체계를 소개한다.
이는 케플러의 스승이었던 튀코 브라헤가 생각해낸 것이다.

튀코 브라헤는 16세기의 전설적인 천문학자이다. 덴마크의 국왕 프레데리크 2세의 총애를 받은 그는 천체 관측 데이터를 수없이 많이 모았다.

튀코가 죽은 뒤 그가 모은 데이터를 중심으로 케플러는 행성 운동에 관한 세 가지 법칙을 발표하기도 했다. 이것은 훗날 뉴턴의 만유인력 법칙으로 이어졌다.

당시 유럽에서는 그리스도교의 영향으로 지구가 우주의 중심이라는 생각이 지배적이었다. 그러나 튀코가 모은 데이터는 '태양이 우주의 중심'이라고 생각하는 편이 훨씬 이해하기가 쉬웠다. 그래서 튀코는 현대적으로 말하자면 종교와 과학 사이에서 묘한 절충안을 생각해냈다.

그 내용은 대략 이렇다. 지구는 우주의 중심에 있지만 다른 행성은 태양을 중심으로 돌고 있다는 것이다.

그림 5-7 ∷ 튀코의 우주 체계

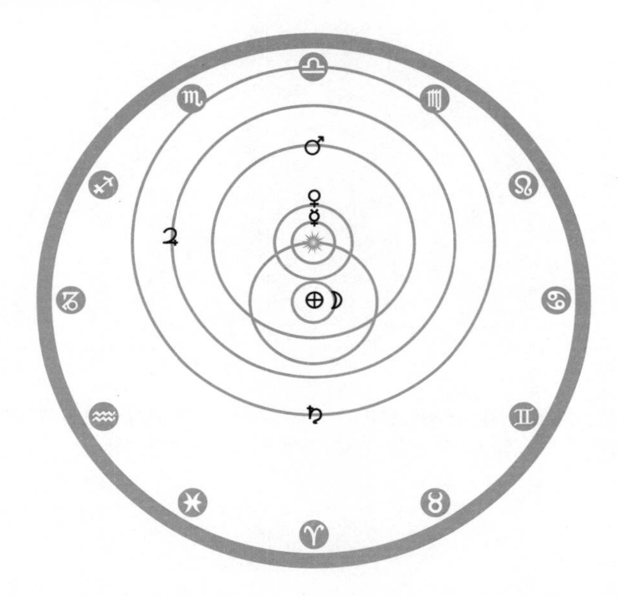

튀코는 그리스도교적 세계관을 유지하기 위해 지구가 우주의 중심에 있다고 보는 한편 과학 데이터와도 들어맞도록 하기 위해 지구 이외의 행성은 태양을 중심으로 돌고 있다고 보았다. ⊕가 지구이다. 태양 주위에는 수성, 금성, 화성, 목성, 토성이 순서대로 있다. 그 바깥에는 12별자리(황도 12궁)가 있다.

그림 5-8 ⁝⁝ **튀코 브라헤**(Tycho Brahe, 1546~1601)

덴마크의 천문학자. 망원경이 발명되기 이전의 천문학계에 가장 큰 공헌을 한 과학자로 인정받고 있다. 그가 수집한 자료는 모두 맨눈으로 관측한 것이다.

튀코별의 짝별을 발견하다

튀코가 그 이름을 남긴 것은 그의 우주 체계 덕분이라기보다 '튀코별'로 알려진 초신성 폭발을 관측한 덕분이었다. 튀코는 1572년 11월 11일 카시오페이아를 관측하면서 더 밝게 빛나는 '새로운 별'을 발견했다.

그러나 그것은 새롭게 탄생한 별이 아니라 별이 일생을 마감하는 순간의 폭발이었다. 그래서 튀코별은 현재 맨눈으로는 볼 수 없다. 그러나 지구에서 1만 광년 떨어진 저쪽에 그 잔해가 남아 있어 전파망원경이나 엑스선망원경을 통해서는 볼 수 있다.

그렇다면 튀코별은 왜 초신성 폭발을 일으켜 일생을 마감한 것일까?

그림 5-9 :: 튀코별의 잔해

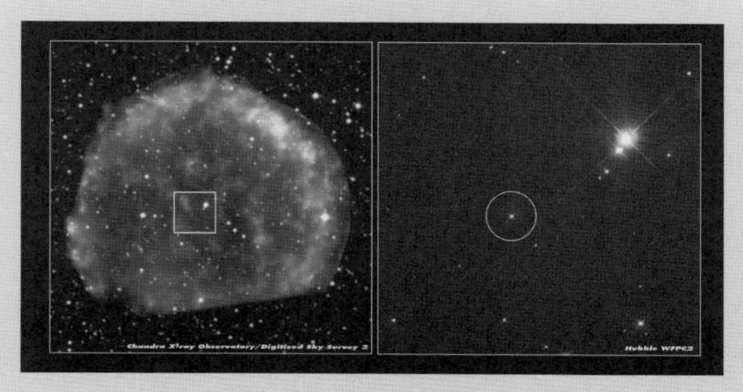

(왼쪽) 초신성 폭발로 생긴 거품 구조를 찬드라엑스선관측위성이 촬영한 영상. 폭발 당시의 충격파가 주위에 퍼진 것을 지금도 볼 수 있다.

(오른쪽) 허블우주망원경이 촬영한 영상. 주위에 있는 별보다 세 배나 빠른 속도로 이동하고 있음을 보여준다.

사진 제공 : NASA, ESA, CXO and P. Ruiz-Lapuente

최근 그 비밀이 밝혀졌다. 튀코별 근처에는 짝이 되는 별(쌍성)이 있었다. 튀코별이 더 크고 무거워서 그 짝별이 지닌 물질을 빨아들여(유입) 지나치게 질량이 커졌다(무거워졌다). 결국 튀코별은 자신의 무게를 견디지 못하고 폭발해버린 것이다.

최근에 발견된 그 짝별은 태양과 같은 크기의 별이라고 한다. 화려하게 불꽃을 쏘아 올린 주인공이었지만 아직 이름이 없다. 현재는 튀코별이 폭발할 때 발생한 폭풍에 날아가 엄청난 속도로 우주를 떠돌고 있다.

출처 : 『네이처』 2004년 10월 28일호, P. Ruiz-Lapuente 등의 공동 논문

케플러가 밝혀낸 천체의 하모니

요하네스 케플러는 뉴턴역학의 길을 열었다는 점에서 과학적 업적이 크다.
케플러는 그 유명한 세 가지 법칙 외에도
우주에 대한 많은 아이디어를 가지고 있었다.

케플러의 법칙

튀코의 제자 케플러는 훌륭한 천문학자였지만 시력이 나빠 직접 관측하는 데는 어려움이 많았다. 튀코가 오늘날 말하는 '관측가'라면 '케플러'는 이론가였다고 할 수 있다.

케플러는 스승인 튀코가 남긴 엄청난 양의 데이터를 연구해 행성 운동에 관한 세 가지 법칙을 발견하였다.

제1법칙 : 행성은 태양을 초점으로 한 타원궤도를 그린다(타원궤도의 법칙)

제2법칙 : 행성의 공전면적속도는 일정하다(면적속도 일정의 법칙)

제3법칙 : 행성의 공전주기와 타원의 크기는 관련이 있다(조화의 법칙)

그림 5-10 ∷ 제1법칙의 그림

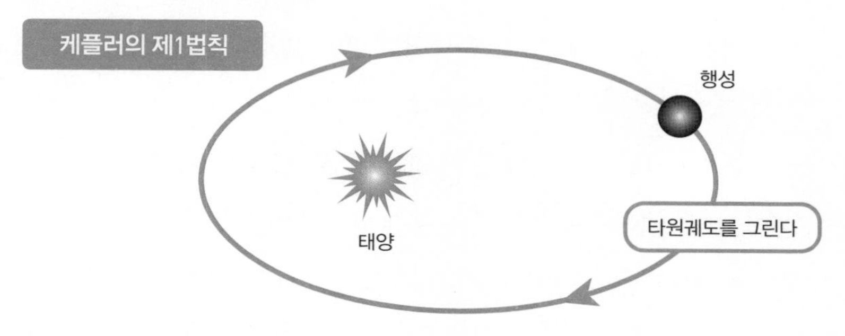

그림 5-11 ∷ 제2법칙의 그림

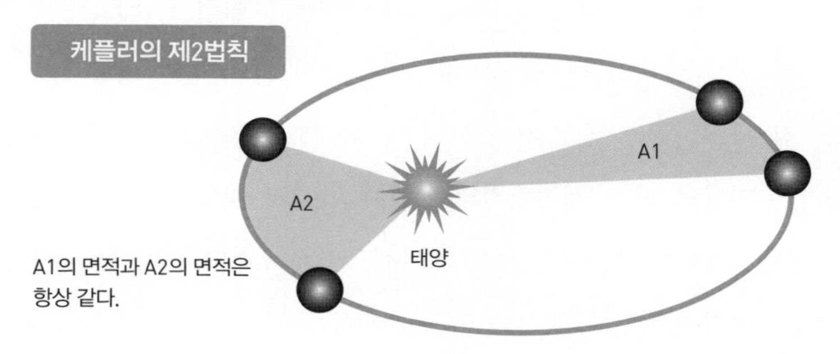

그림 5-12 ∷ 제3법칙의 그림

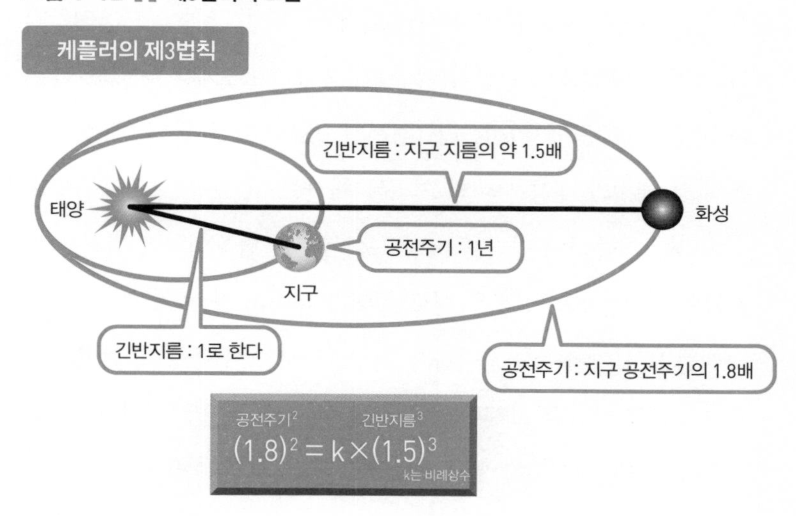

행성이 완전한 원이 아니라 타원궤도로 공전한다는 사실을 알아낸 케플러의 업적은 실로 대단한 것이었다. 그 전까지 우주는 '천상계'라고 불려 지상계와는 달리 완전한 세계라 여겨졌다. 그래서 천체의 궤도도 완전한 원일 것이라 믿었다. 그러나 케플러는 스승이 남긴 데이터를 면밀하게 분석해 행성의 궤도는 타원이라는 결론에 이른 것이다. 이것은 당시로서는 획기적인 진보였다.

'면적속도'란 1초 동안에 행성이 움직인 거리를 밑변으로 해 태양을 정점으로 그릴 수 있는 삼각형의 면적을 말하는데, 케플러는 이것이 항상 일정하다고 주장했다. 다시 말하면 행성이 태양에서 멀어질 때는 정점까지의 거리가 멀기 때문에 밑변은 짧고, 행성이 태양에 가까울 때는 정점까지의 거리가 가깝기 때문에 밑변이 길어진다. 바꿔 말하면 행성은 태양 가까이에서는 빨리 움직이고 태양에서 멀리 떨어진 곳에서는 천천히 움직인다는 것이다.

행성의 공전주기는 행성이 태양 주위를 일주하는 데 걸리는 시간인데 지구의 공전주기는 365일이다. 구체적으로는 그 공전주기의 제곱이 타원궤도 긴반지름(태양을 한 초점으로 하는 행성궤도의 긴반지름)의 세제곱에 비례한다. 행성의 공전주기를 알면 제3법칙을 통해 그 행성과 태양 사이의 거리를 계산할 수 있다.

이러한 케플러의 법칙을 바탕으로 뉴턴이 만유인력의 법칙을 발견했으니 케플러의 업적은 실로 위대한 것이라 할 수 있다.

케플러 시대에는 천문학자가 점성술사로도 활동했다. 케플러도 자신의 후원자였던 보헤미아 출신의 독일 명장 알브레히트 폰 발렌슈타인(1583~1634)이 언제 죽는지 점성술로 알아맞혔다는 일화

그림 5-13 ▪▪ 요하네스 케플러(Johannes Kepler, 1571~1630)

독일이 낳은 근대 천문학의 선구자. 케플러의 법칙이 완성 과 동시에 편찬된 천체표 『루돌프표』는 원양 항해에 사용하는 항해력의 기초가 되었다. 사생활 면에서는 행복하지 못했다고 전해진다. 밀린 임금을 청구하러 가던 도중에 쓰러져 죽었다는 일화도 있다.

가 전해진다. 또 어머니가 마녀로 의심을 받아 재판을 받게 되었을 때 필사적으로 변호했다는 이야기도 있다.

천문학에서 위대한 업적을 세운 것과는 달리 사생활에서는 고생이 끊이지 않았던 것 같다.

반드시 틀렸다고만은 할 수 없는 '천체의 하모니' 사상

케플러에 대해 생각할 때는 '천체의 하모니'라는 사상을 잊어서는 안 된다. 케플러는 태양계의 '수·금·지·화·목·토'라는 여섯 개의 행성궤도 틈에 다섯 종류의 정다면체(4, 6, 8, 12, 20면체)가 묻혀 있다고 주장했다.

당시에는 행성이 여섯 개뿐이라고 여겼다. 각 행성 사이의 틈의 수가 고전 기하학의 정다면체 개수인 다섯 개와 일치했기 때문에 신이 아름다운 기하학적 발상으로 우주를 만들어냈다고 생각한 것이다.

실제로도 케플러는 천체가 음악을 연주한다고 믿고 있었다고 한다. 회전속도에 따라 천체가 다양한 높이의 소리를 내 우주 전체가 마치 오케스트라처럼 천상의 음악을 연주한다는 것이다.

그림 5-14 ⠶ 케플러와 우주의 기하학

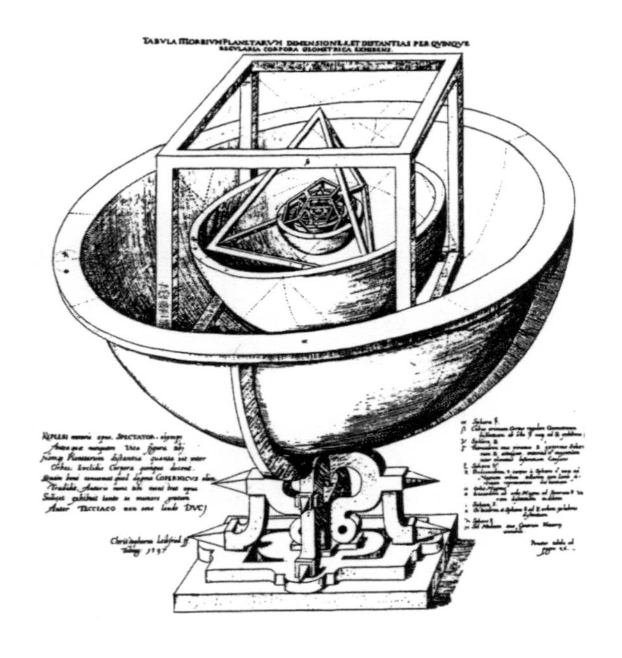

오늘날의 관점에서 보면 행성의 수도 틀리고 우주가 음악을 연주한다는 생각도 우습게 들리지만 이 이야기가 반드시 틀린 것만은 아니다. 앞에서도 소개했지만 최근에는 우주의 모양이 12면체라는 가설이 등장해 권위 있는 전문지에도 실리고 있기 때문이다.

그리고 현대 우주론에서 가정하고 있는 퀸테센스라는 물질은 '제5원소'라는 뜻인데, 이는 고대 그리스인이 다섯 개의 다면체와 우주를 이루는 다섯 가지 원소를 대응시킨 것에서 유래한 것이다. 또한 현대 물리학에서 말하는 네 가지 힘 다음인 '다섯 번째 힘'이라는 의미도 있다.

5-5 뉴턴의 중력이론에도 한계는 있다

우주론은 우주의 역학이다. 현대 우주론은 아인슈타인의 일반상대성이론을 기초로 전개되고 있지만, 그 길을 연 것은 뉴턴의 중력이론이다.

만유인력의 법칙

뉴턴은 케플러의 법칙을 연구해 좀 더 일반적인 법칙을 도출해 냈다. 그것이 만유인력의 법칙이다. 케플러의 법칙은 행성에 관한 것이지만 뉴턴의 법칙은 행성뿐만 아니라 우주의 모든 물체에 적용할 수 있다.

뉴턴의 중력이론은 '질량 m과 M을 가진 두 물체가 거리 r만큼 떨어져 있을 때, 그 사이에는 m과 M에 비례하고 거리 r의 제곱에 반비례하는 인력이 작용한다'는 것이다.

그림 5-15 ▪▪ 뉴턴역학

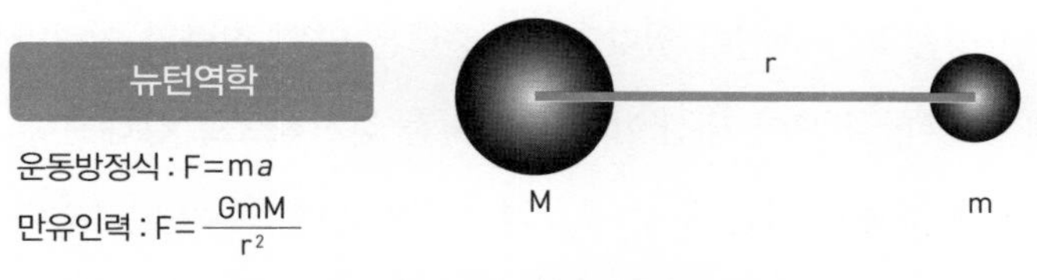

F : 힘　　 *a* : 가속도　　 G : 만유인력상수(또는 중력상수)

만유인력은 매우 약하다. 예를 들어 두 전자 사이에 작용하는 전자기력과 만유인력을 비교하면 전자기력이 1000000000000 00000000000000000000000배 강하다는 것을 알 수 있다(거의 10^{36}배).

그림 5-16 ▪▪ 아이작 뉴턴(Isaac Newton, 1642~1727)

영국의 물리학자, 천문학자, 수학자. 알 만한 사람은 다 아는 과학계의 거장이다. 만유인력의 법칙, 빛의 스펙트럼, 미적분의 3대 발견으로 유명하다. 또 화학과 연금술 등 광범위한 분야를 연구했다. 1687년에 출판된 『자연철학의 수학적 원리(프린키피아)』로 역학 체계를 정리해 근대 과학의 기초를 닦았다.

그러나 전자기력에는 양극과 음극이 있어서 인력과 척력이 모두 작용하여 상쇄되는 측면이 있다. 반면 중력은 양의 질량과 인력만 있기 때문에 '티끌 모아 태산'이라는 말처럼 점진적으로 강해진다. 그래서 천체 운동과 같은 우주 규모의 현상을 다룰 때는 만유인력의 효과가 눈에 띄는 것이다.(덧붙이면 뉴턴이 사과나무에서 사과가 떨어지는 것을 보고 만유인력을 알아냈다는 일화는 과학적으로 근거가 없다.)

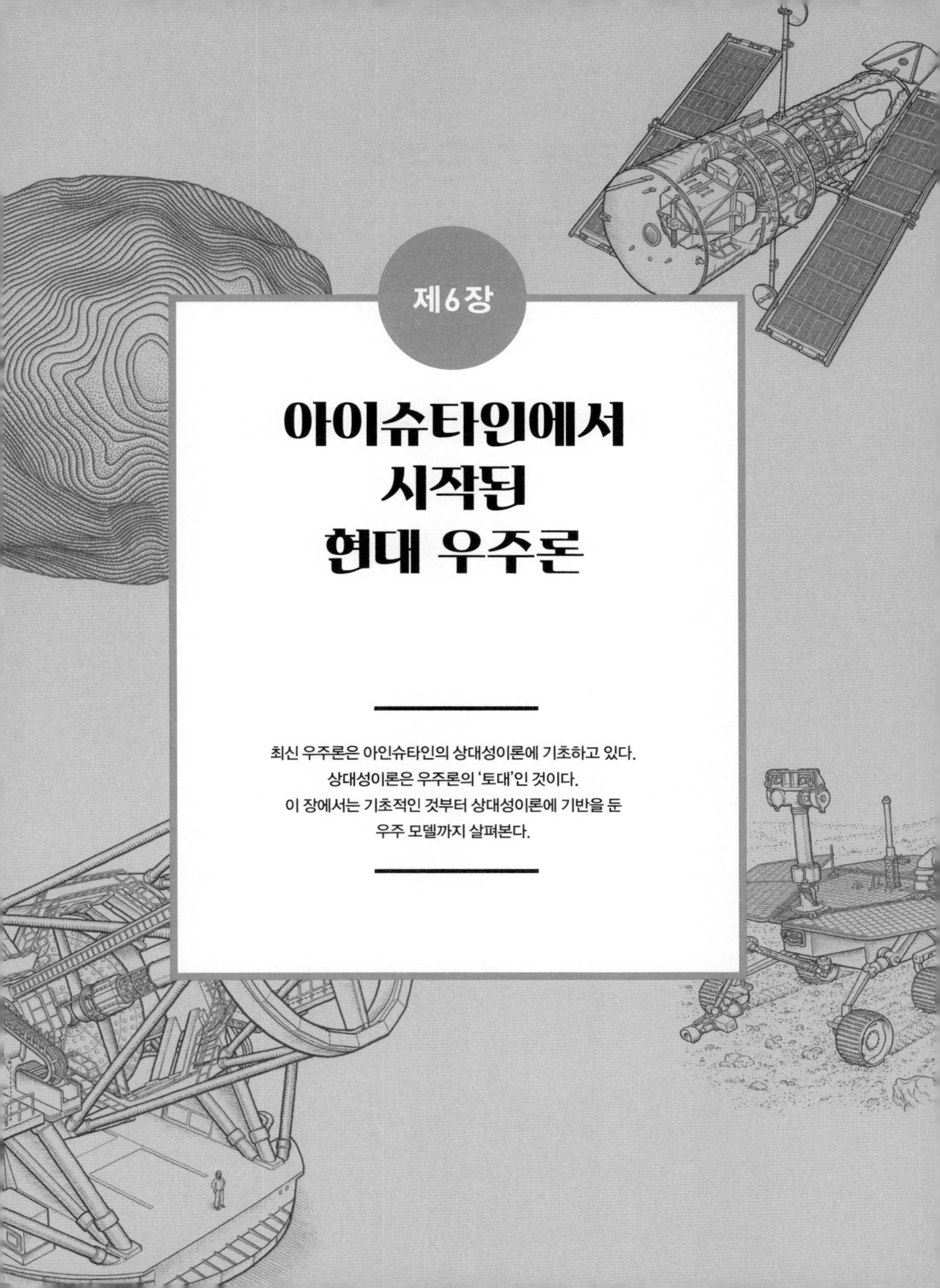

제6장

아이슈타인에서 시작된 현대 우주론

최신 우주론은 아인슈타인의 상대성이론에 기초하고 있다.
상대성이론은 우주론의 '토대'인 것이다.
이 장에서는 기초적인 것부터 상대성이론에 기반을 둔
우주 모델까지 살펴본다.

에테르를 찾으려는 마이컬슨과 몰리의 노력

빛이 매질 없이도 공간을 이동할 수 있다는 사실을 알아내기까지는 많은 시간이 걸렸다. 마이컬슨이 실시한 첫 실험에서는 에테르의 존재 여부가 확정되지 않았다. 그 후 마이컬슨과 몰리가 공동으로 실시한 두 번째 실험에서 에테르가 존재하지 않는다는 것이 처음으로 확인되었다.

마이컬슨과 몰리의 실험

아인슈타인이 1905년에 상대성이론을 발표하고 그것이 받아들여지기 전까지, 사람들은 우주 공간이 에테르라는 눈에 보이지 않는 물질로 채워져 있을 것이라 믿었다.

왜냐하면 공간 속에서 전자기파가 이동한다는 사실을 알고 있었고, 그러한 파동을 전하기 위해서는 매질이 필요할 것이라 생각했기 때문이다. 지진파가 지각을 매질로, 해일이 바닷물을 매질로, 음파가 공기를 매질로 이동하는 것처럼 말이다.

그림 6-1 ▪▪ 초창기에 생각했던 에테르의 바람

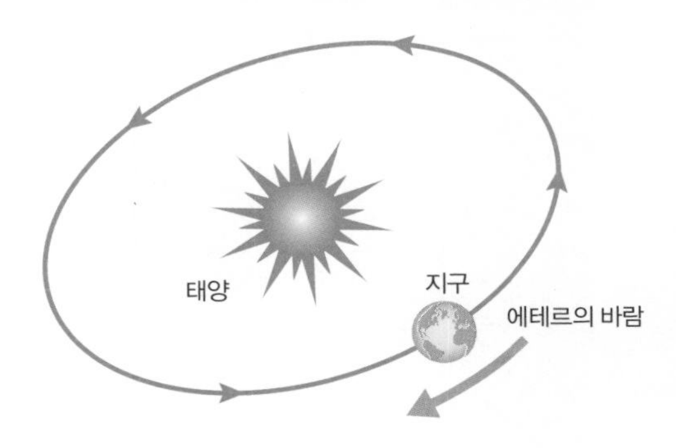

공간이 에테르로 채워진 상태(에테르의 바다)라면 지구의 공전 방향과는 반대로 '에테르의 바람'이 불 것이라 가정했다.

하지만 1887년 앨버트 에이브러햄 마이컬슨*과 에드워드 윌리엄스 몰리**가 실시한 '에테르 검출 실험'은 실패했다. 에테르가 검출되지 않았기 때문이다. 아이러니하게도 마이컬슨과 몰리는 그 공적을 인정받아 1907년 노벨 물리학상을 수상하였다.

마이컬슨과 몰리의 실험 장치는 다음과 같았다.

* **에이브러햄 마이컬슨 (Albert Abraham Michelson, 1852~1931)** 폴란드 태생의 미국 물리학자. 에테르에 대한 지구의 상대운동을 응용하여 에테르 검출 실험을 했다. 몰리와 함께 공동으로 실험한 결과, 에테르는 존재하지 않는다는 사실을 확인했다.

** **에드워드 윌리엄스 몰리 (Edward Williams Morley, 1838~1923)** 미국의 화학자, 물리학자. 마이컬슨과 공동으로 에테르 검출 실험을 했다. 화학 분야에서는 대기 중의 산소 함유량과 열에 의한 기체 팽창을 연구했다.

그림 6-2 ▪▪ 마이컬슨과 몰리의 실험 장치

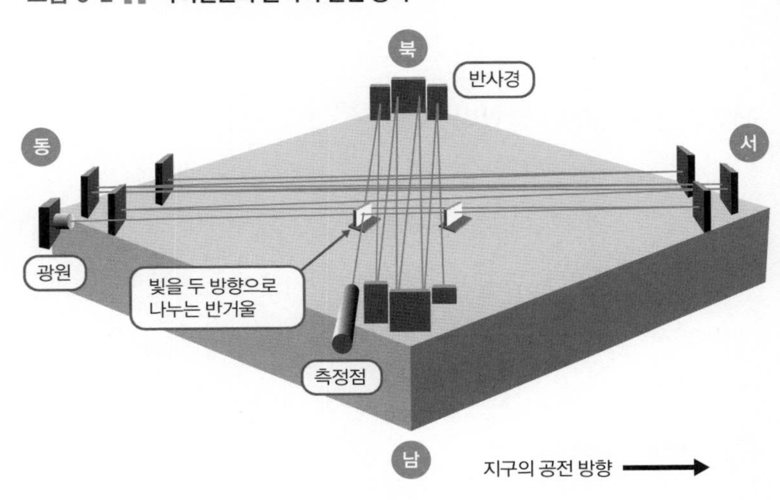

그림 6-3 :: 빛의 경로를 나타낸 그림

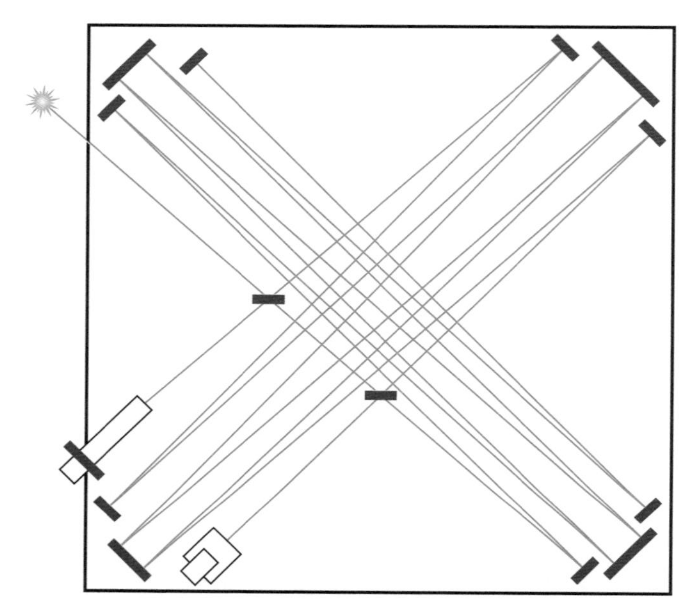

지구는 초속 약 30킬로미터로 태양 주위를 공전하고 있다. 따라서 공전 방향에 수직인 남 · 북 방향의 빛과 공전 방향과 같은 방향으로 나아가는 동 · 서 방향의 빛은 에테르 바람의 영향으로 그 진행 속도가 미묘하게 다르리라 생각했다. 그러나 몇 번이나 실험을 반복해보아도 빛의 속도는 언제나 동일했다.

에테르는 존재하지 않았다

마이컬슨과 몰리의 실험 장치에서는 모서리에 거울이 붙어 있어서 빛을 반사시킨다. 받침대 가운데는 반거울이 있어서 빛을 절반만 투과시키고 나머지 절반은 반사한다. 광원에서 발사되는 빛은 몇 번이나 반사되는 과정을 거치므로 빛의 간섭효과•를 통해 그 속도를 확인할 수 있다.

• 간섭효과
동일한 진동수를 지닌 둘 이상의 파동이 중첩될 때, 그 진폭이 보강되거나 상쇄되는 현상.

만약 에테르가 존재한다면 그것은 지구 공전에 영향을 받을 것이다. 따라서 에테르를 매질로 하여 전해지는 빛은 지구상에서 동·서 방향으로 전파될 때와 남·북 방향으로 전파될 때 그 속도에 차이가 생길 것이 틀림없다. 그렇다면 받침대를 회전시켜 실험해볼 때 빛의 속도도 분명히 달라질 것이다.

좀 어려울지도 모르겠다.

이것은 수영 선수가 강의 흐름을 따라 수영할 때와 강을 가로질러 수영할 때 그 속도에 차이가 생기는 것과 같은 이치이다.

마이컬슨과 몰리는 빛의 속도 차이를 검출하지 못했다. 이는 앞서 이야기한 강을 예로 든다면 강의 흐름을 따라 수영할 때나 강을 가로질러 수영할 때나 같은 거리를 같은 속도로 헤엄쳤다는 뜻이 된다. 이러한 일은 처음부터 물이 흐르지 않았을 때만 가능하다. 결국 에테르는 존재하지 않았던 것이다. 그리고 빛은 어떤 방향으로든 일정한 속도로 이동한다는 사실도 알아냈다.

6-2 시간과 공간에 대한 기묘한 이론, 상대성이론

상대성이론은 현대 우주론의 기초이다. 그렇다면 그 '상대성'이란 대체 무엇일까? 여기서는 간단한 예로 그 의미를 생각해본다.

상대성원리란?

아인슈타인은 상대성이론을 마이컬슨과 몰리의 실험을 토대로 생각해낸 것이 아니라 이론적 고찰을 통해 생각해냈다. 그러나 지금 생각해보면 광속도가 일정하다는 마이컬슨과 몰리의 실험 결과는 상대성이론을 떠받치는 두 기둥 중 하나인 것을 알 수 있다.

(1) 광속도불변의 원리

(2) 상대성원리

이 가운데 상대성원리는 아인슈타인 이전부터 이미 알려져 있었다. 그 이전의 상대성이론을 지금은 갈릴레오의 상대성원리라 부르고 있다.

예를 들어 개 엘비스와 고양이 마이클이 같은 척도(자)를 가지고 물체의 위치를 측정한다고 해보자. 엘비스가 가지고 있는 자의 눈금을 x, 마이클이 가지고 있는 자의 눈금을 x′라고 쓴다. 둘 다 정지한 상태로 나란히 서서 각자의 자로 물체의 위치를 측정하면 같은 결과가 나올 것이다. 이제 마이클이 엘비스에게서 속도 v로 멀어진다고 가정하자.

개 엘비스의 전방 x미터 지점에서 살인 사건이 일어났다. 그 장소는 고양이 마이클의 자로 측정하면 x′미터 지점이 된다. 이때 x와 x′의 관계는 다음과 같다.

$$x - x' = vt$$

그림 6-4 ▪▪ 엘비스와 마이클의 입장에서 본 상대성원리

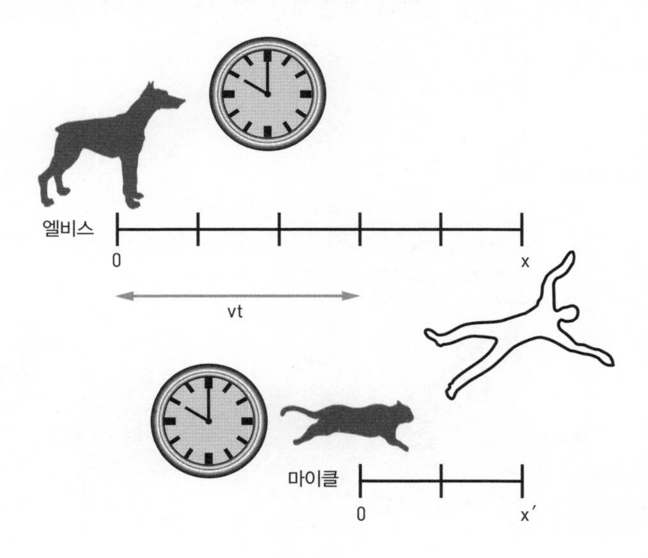

엘비스와 마이클의 위치는 (마이클의 속도 v)×(시간 t)의 거리만큼 떨어져 있는 것이다.

이 두 좌표 x와 x′의 관계가 갈릴레오의 상대성원리이다. 둘 중 어느 좌표계로 측정해도 살인 사건이 일어난 장소는 같다. '상대성'이라는 것은 '엘비스의 좌표계와 마이클의 좌표계 중 어느 한쪽만이 절대적으로 옳다고 할 수 없다'는 의미이다. 엘비스와 마이클의 입장은 '상대적'인 것이다.

또 다른 예를 들어보자. 움직이는 배의 돛대 위에서 돌을 떨어뜨리면 돌은 그대로 갑판 위로 떨어진다. 따라서 지상의 탑 위에서 돌을 떨어뜨릴 때와 같은 방정식을 사용할 수 있다. 배는 움직이고 있음에도 같은 물리 방정식으로 운동을 기술할 수 있는 것이다. '움직이고 있다'는 것은 상대적인 것으로 배가 지면에서 움직이고 있다고 해도 되고, 반대로 지면이 배에서 움직이고 있다고 해도 되는 것이다. 배에 고정된 좌표계와 지면에 고정된 좌표계는 '상대적'인 것이다.

그림 6-5 :: 갈릴레오의 상대성원리

돌은 포물선을
그리며 떨어졌어.
아니, 그럴 리 없어.
돌은 수직으로 떨어졌어.
← 배의 방향
일정한 속도로 달리는 배

광속도불변의 원리

갈릴레오의 상대성원리는 속도 v가 작을 때만 성립한다. 따라서 우리의 일반 상식은 갈릴레오의 상대성원리와 일치한다. 그러나 속도 v가 광속 c에 가까워지면 어떻게 될까? 그러면 갈릴레오의 상대성원리는 실험 결과와 더 이상 일치하지 않는다.

이런 상상을 해보자. '광속으로 날아가는 우주선을 타고 빛을 쫓아가면 어떻게 될까?'

갈릴레오의 상대성원리에 따르면 광속 c로 비행할 경우 빛과 동일한 속도로 움직이기 때문에 우주선에 대하여 그 빛의 상대속도는 0이 될 것이다. 그러나 마이컬슨과 몰리의 실험으로 에테르는 존재하지 않고 광속은 항상 일정하다는 것이 증명되었기 때문에 이러한 갈릴레오의 상대성원리는 더 이상 맞지 않는다. 실제로 물체가 그 어떤 속도로 움직일지라도 물체에 대한 빛의 상대속도는 광속 c로 일정하다.

사실 갈릴레오의 상대성 공식은 다음 두 가지 내용으로 되어 있다.

(1) 시간일정의 원리

(2) 상대성원리

$$t' = t$$

시간이 일정하다는 것은 움직이든지 멈춰 있든지 개 엘비스의 시간 t와 고양이 마이클의 시간 t′는 같은 시간 속에 있다는 것을 뜻한다.

그림 6-6 ∷ 광속도불변의 원리

(1)

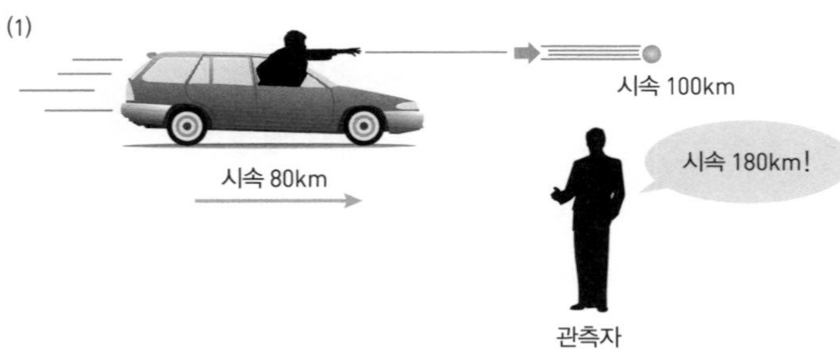

시속 80km로 달리는 자동차에서 시속 100km로 던진 공은 '속도의 합성 법칙'에 따라 차 밖의 관측자에게는 시속 180km로 보인다.

(2)

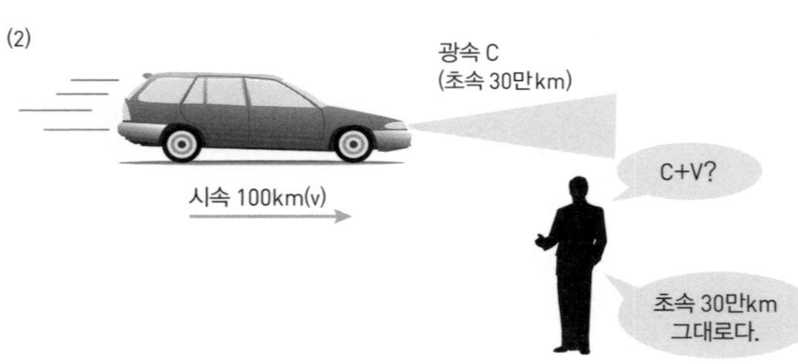

자동차의 전조등을 켜고 시속 100km로 달릴 경우, 위 법칙을 따른다면
(2) C + V
(3) C − V
가 될 것이지만 광속도는 30만km 그대로이다.

(3)

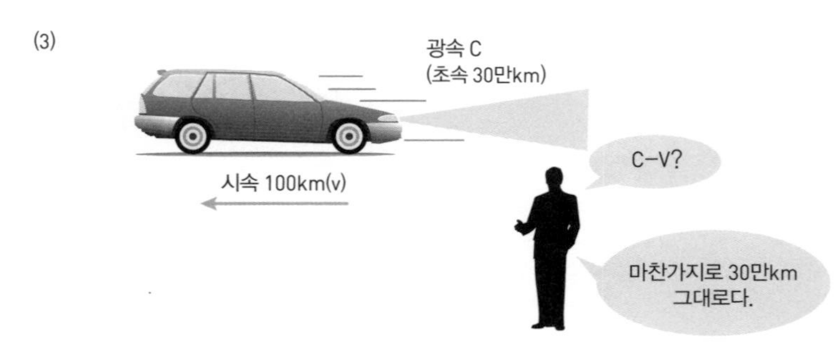

시간은 느려진다

한편 1905년에 아인슈타인은 특수상대성이론이라는 획기적인 이론을 발표했다. 그 이론에 따르면 우주에 흐르는 시간의 기준은 유일한 것이 아니고 수없이 많다.

예를 들어 개 엘비스와 고양이 마이클이 각각 다른 로켓을 타고 우주여행을 한다고 하자. 그들이 탄 두 대의 로켓은 모두 일정한 속도로 비행하면서 가속되지는 않는다. 이 때 두 로켓의 속도 차이가 0이면 엘비스와 마이클이 차고 있는 시계가 가리키는 시각은 같을 것이다. 그러나 만약 조금이라도 비행 속도에 차이가 있다면 마이클과 엘비스가 차고 있는 시계는 같은 시각을 가리키지 못할 것이다.

또한 두 로켓의 속도에 차이가 있어서 그 거리가 점점 멀어지는 경우도 생각해보자. 그때 엘비스가 (망원경으로) 마이클의 로켓을 볼 때는 마이클의 시계가 자신의 시계보다 느리게 가는 것으로 보인다. 거꾸로 마이클이 (망원경으로) 엘비스의 로켓을 볼 때는 엘비스의 시계가 자신의 시계보다 느리게 가는 것으로 보인다.

특수상대성이론에서는 각 관측자가 자신을 기준으로 세계를 관측한다. 그래서 항상 다른 사람의 시계는 느리게 가는 것으로 보인다.

뉴턴역학의 관점으로는 이러한 결과를 받아들이기 어렵다. 왜냐하면 시간의 기준이 하나밖에 없으므로 그 기준이 절대적이기 때문이다. 만약 엘비스의 시계보다 마이클의 시계가 느리게 갔다고 가정하면 엘비스의 시계는 마이클의 시계보다 더 빠르게 가지 않으면 모순이 생기는 것이다.

그러나 아인슈타인의 특수상대성이론의 관점에서는 엘비스는 엘비스 나름의 시간 기준이 있고, 마이클은 마이클 나름의 시간 기준이 있어 서로 상대의 시계가 느리게 간다고 해도 모순이 되지 않는다. 상대적인 기준은 수없이 많이 존재할 수 있기 때문이다.

공간도 줄어든다

시간뿐 아니라 공간 개념에도 상대적인 기준이 수없이 많다. 엘비스는 마이클의 키가 줄어들었다고 주장하고 마이클은 엘비스의 키가 줄어들었다고 주장한다('로렌츠·피츠제럴드의 수축').

시간의 흐름이 느려지거나 공간의 크기가 줄어든다는 것은 몹시 기묘한 이야기처럼 들리겠지만 그 사실은 실험을 통해 옳다는 것이 입증되었다. 대체 이것을 어떻게 이해해야 할까?

고양이 마이클이 역 승강장에 있고 개 엘비스가 속도 v로 달리는 전동차를 타고 있다고 하자. 엘비스가 전철 안 높이 1미터 위치에서 바닥을 향해 손전등을 비췄다. 이 빛은 엘비스가 보면 반듯하게 1미터 아래쪽을 향하고 있을 뿐이다. 그러나 마이클이 보면 높이 1미터, 밑변 vt(t는 시간)의 삼각형 빗변(그림 6-7에서 점선)을 향하는 것처럼 보인다. 마이클은 광속도를 x÷t, 엘비스는 x′÷t′로 계산한다.

그림 6-7 ∷ 전동차의 사고실험

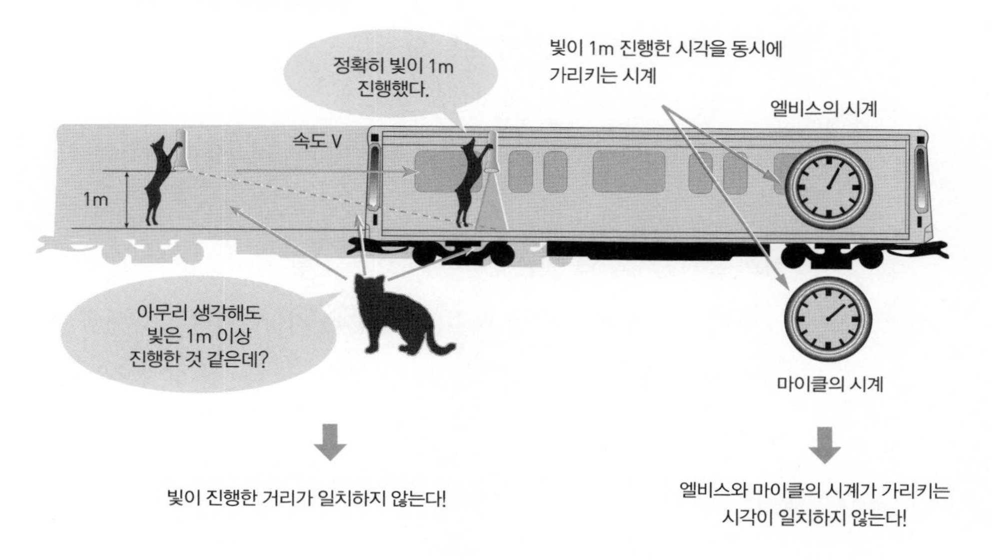

결국 엘비스와 마이클에게 빛의 진행 거리는 다르다. 이 모순을 피하려면 엘비스와 마이클이 있는 곳의 시간의 흐름이 다르다고 생각할 수밖에 없다.

이렇듯 그 어떠한 운동상태에 있는 관측자가 보더라도 빛의 속도가 일정하려면 공간의 크기와 시간의 흐름이 변하지 않으면 안 된다는 것을 알 수 있다.

시간이 느려지거나 물건의 크기가 줄어드는 이유

상대성이론에서의 '시간의 느려짐'이나 '로렌츠·피츠제럴드의 수축'을 다시 한 번 설명하면, 이 두 현상은 '상대성원리'와 '광속도불변의 원리'로 인해 발생하는 것이다.

개 엘비스와 고양이 마이클의 전동차 사고실험의 예에서 보듯이, 전동차 속에서 엘비스가 비춘 빛은 1미터 거리를 수직으로 진행한다. 그렇지만 승강장에 서 있는 마이클이 볼 때 이 빛은 전동차의 움직임에 따라 빗금(점선) 방향으로 진행하는 것처럼 보인다.

마이클과 엘비스 둘 중 누가 이 현상을 기술하더라도 상대성원리에 따라 어느 한쪽이 옳다고 할 수 없는 것이다. 둘의 입장은 상대적인 것이니까.

직각삼각형에서 높이보다 빗변이 길다는 것은 두말할 것도 없다. 그러나 광속은 개 엘비스에게도 고양이 마이클에게도 같지 않으면 안 된다. 즉 엘비스에게는 '광속=거리÷시간'이고 마이클에게는 '광속=거리′÷시간′'이다.

따라서 상대성이론에서 시간이 늘어나거나 공간이 줄어드는 것은 광속은 일정불변한 것이므로 공간과 시간의 척도가 바뀌어야 한다는 데 기인한다.

그림 6-8 ∷ 특수상대성이론에서는 상대의 크기가 줄어들어 보인다.

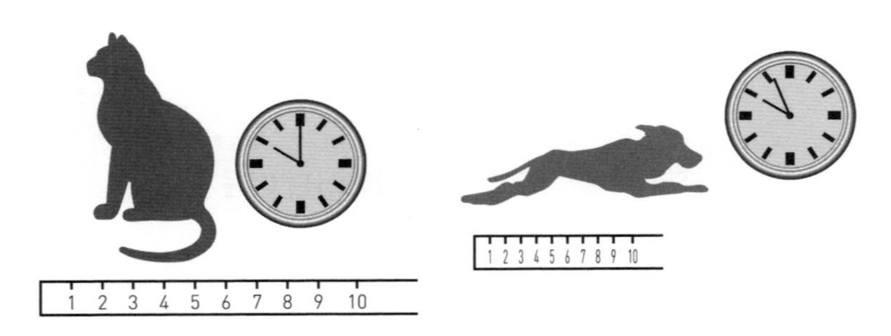

그림 6-9 :: 특수상대성이론에서는 상대의 시계가 느리게 가는 것처럼 보인다.

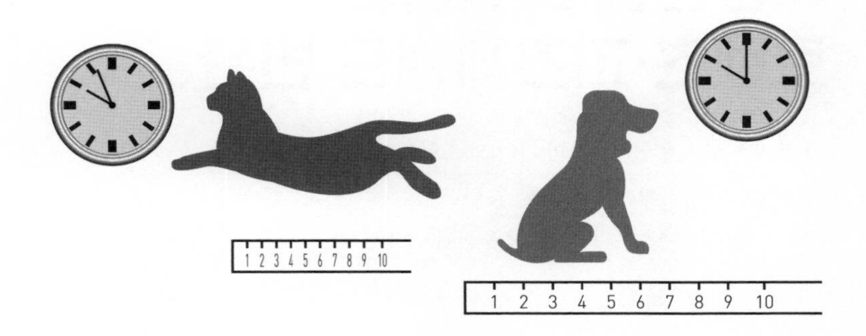

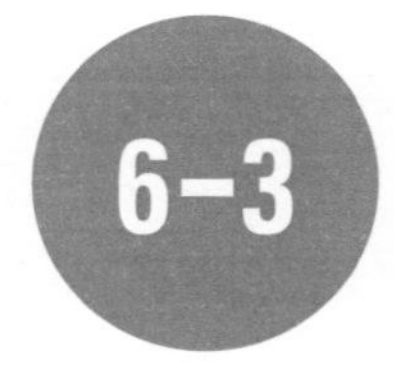

6-3 시공간을 바꿔놓는 로렌츠·피츠제럴드 변환

개 엘비스의 세계관(시공간의 기준)과 고양이 마이클의 세계관은 하나의 수식에 의해 서로 변환될 수 있다. 그 수식은 발견한 사람의 이름을 따서 '로렌츠 · 피츠제럴드의 변환'이라 한다.

로렌츠·피츠제럴드의 변환은 시공간을 변환한다

상대성이론은 각국의 사람이 자기 나라의 언어로 말하는 것과 같은 이치이다. "이것은 개다"라고 엘비스가 한국어로 말하는 것과 "This is a dog"라고 마이클이 영어로 말하는 내용은 모순되지 않는다. 번역을 하면 서로가 말하는 것을 이해할 수 있기 때문이다. 로렌츠·피츠제럴드의 변환은 바로 이러한 우주의 변환 규칙과 같은 것이다.

로렌츠 · 피츠제럴드의 변환이란?

상대성이론에서 사용하는 시공간의 좌표변환이다. 광속에 가까운 속도로 움직이는 두 물체의 운동을 기술할 때 좌표계 사이의 관계식으로 이용한다. 네덜란드의 이론물리학자 헨드리크 안톤 로렌츠가 처음 고안했는데, 그 후 아인슈타인이 광속도불변의 원리와 상대성원리를 기초로 재발견했다.

'여러 시간'이라는 개념은 사실 광속도불변의 원리와 상대성원리를 결합하면 자동적으로 도출된다.

여기서는 로렌츠·피츠제럴드의 변환을 실감하기 위해 임의로 수치를 넣어서 '모순이 아니다'는 것을 확인해보려 한다.

상대성이론에서는 광속 c를 기준으로 삼기 때문에 c=1이라는 특수한 단위계를 사용할 때가 많다. c는 30만km/s이므로 c를 1이라고 하면 30만km는 1s가 된다. 이는 '30만 킬로미터'의 거리를 '빛이 1초에 나아가는 거리'로 표현한 것이다. 우주론에 나오는 '1광년'도 이와 같이 빛이 1년 동안에 나아가는 거리를 표현한 것이다.

로렌츠 · 피츠제럴드의 변환 공식

$$t' = \frac{t - vx}{\sqrt{1-v^2}}$$

$$x' = \frac{x - vt}{\sqrt{1-v^2}}$$

로렌츠·피츠제럴드의 변환 공식은 어려워 보이지만 실은 그렇지 않다. 앞에 나온

$$x - x' = vt$$

라는 식을 약간 바꾸고, 그 다음에

$$\sqrt{1-v^2}$$

이라는 인자로 나누면 된다. 또 시간 변환식은 공간 변환식에서 t와 x를 바꾸기만 하면 된다(공간 변환식과 시간 변환식은 같은 모습을 하고 있다).

엘비스와 마이클이 목격한 살인 현장은!?

고양이 마이클의 눈앞에서($x'=0$) 개 마이클의 시계가 $t'=3$을 가리켰을 때 살인 사건이 일어났다고 하자. 마이클은 엘비스에 대하여 속도 $v=0.8$(광속의 80%)로 움직이고 있다. 엘비스는 같은 살인 사건이 $x=4$, $t=5$에서 일어났다고 생각한다. 이를 좌표축으로 나타내면 아래와 같다.

이 수치는 로렌츠·피츠제럴드의 변환식에 넣어도 모순되지 않는다.

그림 6-10 엘비스와 마이클의 살인 사건 좌표

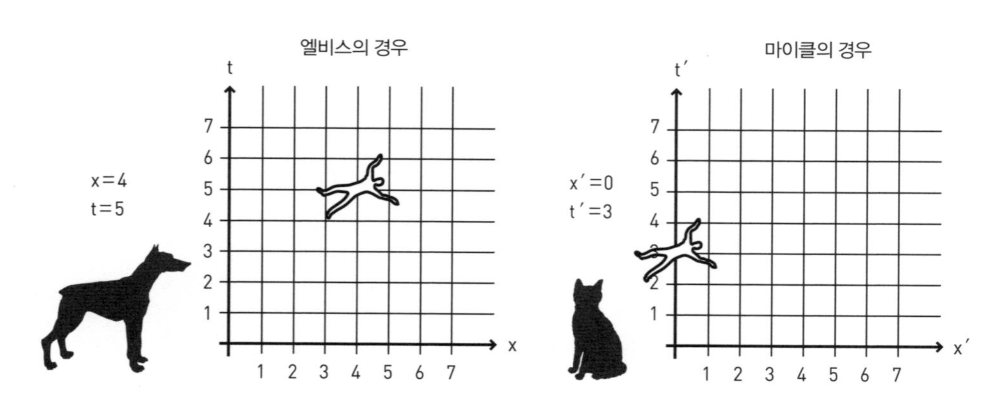

수치를 대입해보기 바란다. 등호 오른쪽에 엘비스의 수치를 넣으면 등호 왼쪽에서 마이클의 수치가 나온다. 이는 엘비스의 수치를 마이클의 수치로 단순히 변환하는 것처럼 보인다.

그러나 상대성이론은 아주 정교하게 만들어져 있어서 변환식을 t와 x에 대한 식으로 풀면 다음과 같다.

$$t = \frac{t' + vx'}{\sqrt{1 - v^2}}$$
$$x = \frac{x' + vt'}{\sqrt{1 - v^2}}$$

이것은 엘비스와 마이클의 입장(좌표계에 대시(′)의 유무에 따라 입장이 바뀐다)을 바꾼 것으로서 속도 v의 부호를 반대로 한 것이다. 엘비스가 볼 때 마이클이 속도 v로 멀어지고 있는 상황은 마이클이 볼 때 엘비스가 속도 −v로 멀어지는 상황인 것이다.

생각을 조금 바꿔서 좌표계로 나타내면 이렇게 된다.

그림 6-11 ▪▪ 로렌츠 · 피츠제럴드의 변환을 하면……

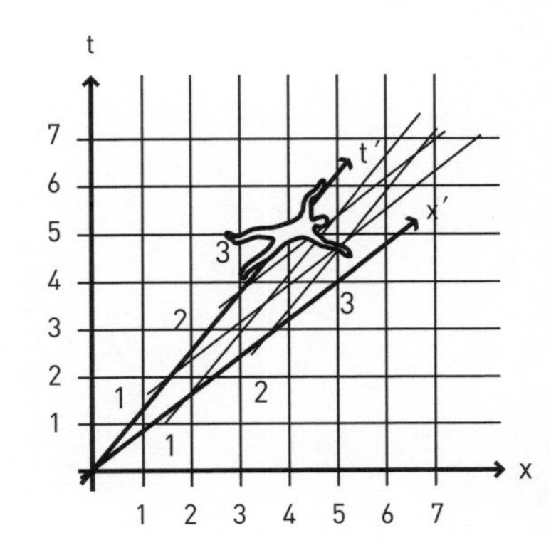

(x, t) = (4, 5)
(x′, t′) = (0, 3)의
좌표에서 살인 사건이 일어난 점은 일치한다.

간단히 설명하면 그림 6-10에서 마이클 좌표의 세로축 t′와 가로축 x′를 안쪽으로 기울여서 엘비스의 좌표축에 포갠 것이 그림 6-11이다.

같은 방법으로 엘비스의 좌표축을 (부채를 펴듯이) 바깥쪽으로 펴서 곧게 뻗은 마이클의 좌표에 포갤 수도 있다.

중요한 것은 살인 사건이 일어난 점이므로 그 점이 일치하도록 한다면, 좌표계의 어느 쪽을 펴거나 기울이더라도 상관없다. 결국 엘비스의 입장과 마이클의 입장은 완전히 '상대적'인 것이므로 어느 쪽이 절대적으로 옳다고 말할 수는 없는 것이다.

마법의 수식, $E=mc^2$의 의미 6-4

아인슈타인은 "질량과 에너지는 같은 것이다"고 주장했다.
그 예를 볼 수 있는 것에 원자력(핵분열)과 핵융합이 있다.
세계를 바꾼 아인슈타인 공식의 의미를 생각해보자.

마법의 수식이 나타나다

세계에서 가장 유명한 물리학 공식은 무엇일까?

이 물음에는 뉴턴의 $F=ma$라고 대답하는 사람들과 아인슈타인의 $E=mc^2$이라고 말하는 사람들로 갈릴 것이다. 일단 뉴턴의 공식은 접어두고 아인슈타인의 공식이 뜻하는 바가 무엇인지 생각해보자.

$E=mc^2$을 해석하면 다음과 같이 풀이할 수 있다.

에너지는 질량에 광속도의 제곱값을 곱한 것과 같다

광속 c는 초속 30만 킬로미터라는 값을 가지는 상수이므로 공식의 의미를 생각할 때는 무시해도 좋다. 그렇다면 이 수식이 지닌 의미는 '에너지와 질량은 같은 것이다'라는 것이다.

정말 그럴까?

이 공식은 1905년에 발표한, 아인슈타인이 두 번째로 쓴 논문인 「특수상대성이론」에 등장한다. 그 40년 후에 원자폭탄이라는 형태로 인류에 비극을 가져오지만, 현대 사회에서는 원자력발전의 원리가 되고 있다. 원자폭탄이나 원자력발전은 원자핵 분열을 이용한다는 공통점이 있다. 다시 말하면 핵분열 전후에 총질량이 줄어드는데 그 줄어든 질량만큼이 에너지로 방출된다. 질량이 에너지로 변환되는 것이다.

예를 들면 1그램의 우라늄235로 석유 2000리터에 상당하는 에너지를 생산할 수 있다. 요컨대 원자력 에너지는 석유의 200만 배나 되는 위력을 지니고 있다.

아인슈타인은 1915년에 일반상대성이론도 발표했다. 이에 따르면 질량이나 에너지가 있는 곳에서는 그 주위 공간이 일그러진다고 한다. 질량이나 에너지라는 물리학의 기본 개념에 일대 변화를 몰고 온 아인슈타인의 영향은 실로 엄청난 것이었다.

핵분열

우라늄235는 원자핵을 이루는 양성자와 중성자의 개수가 235개이다. 거기에 중성자가 충돌하면 불안정한 우라늄236이 된다.

그림 6-12 ∷ 핵분열

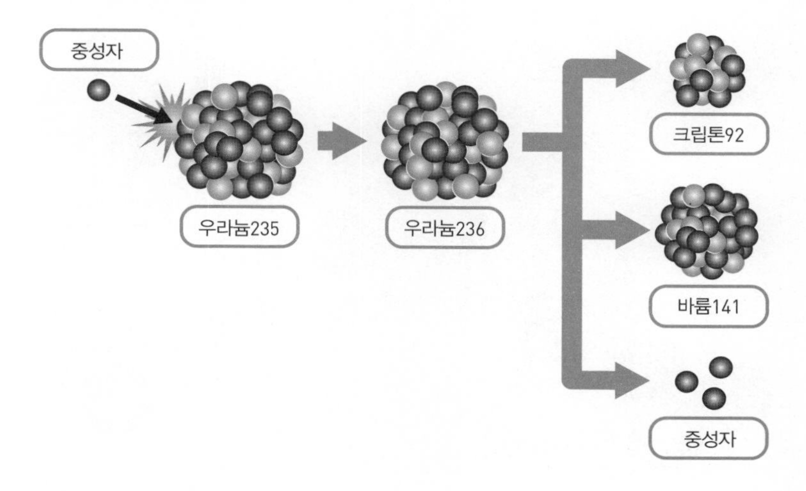

불안정하다는 것은 '방사성물질'이라는 뜻이다. 우라늄236은 크립톤92와 바륨141 그리고 세 개의 중성자로 붕괴된다. 이 방사성붕괴 전후에 질량이 줄어 그만큼이 에너지로 방출된다. 이때 발생하는 에너지를 원자력발전으로 이용하고 있다.

핵융합

질량이 에너지로 변환되는 또 하나의 예는 핵융합이다. 핵융합은 질량이 작은(가벼운) 원소가 '융합'하는 과정에서 총질량이 줄어 그 줄어든 만큼이 에너지로 방출되는 현상이다. 별 내부에서는 핵융합이 일어나는데 이는 물리학적으로 '별이 불타고 있다'는 것을 뜻한다.

그림 6-13 ∷ 핵융합

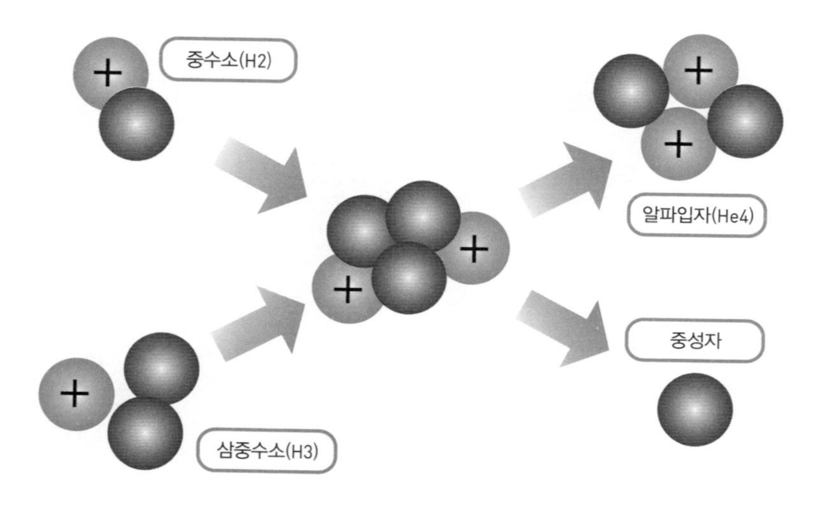

수소 원자핵은 양성자 1개로 되어 있다. 거기에 중성자 1개나 2개가 붙은 것을 수소의 동위원소라 한다. 예를 들어 수소의 동위원소인 중수소(듀테륨)와 삼중수소(트리튬)를 충돌시켜 융합하면 알파입자라고 하는 헬륨의 원자핵과 중성자가 생기는데, 이러한 반응 전후에 총질량이 줄어 그만큼이 에너지로 방출된다.

현재 여러 나라에서 인공적으로 핵융합로를 만들어 에너지를 만들어내는 연구를 공동으로 진행하고 있지만 실용화하려면 아직 시간이 더 필요할 것으로 생각된다.

좀 더 보편적인 일반상대성이론

6-5

아인슈타인의 상대성이론에는 두 종류가 있다. 특수상대성이론과 일반상대성이론이 그것이다. 그 이름대로 전자는 '적용 범위가 특수한' 것이고, 후자는 '적용 범위가 더 일반적인' 것이다.

질량·에너지의 등가원리

두 물체가 가속운동을 하면서 가까워지거나 멀어질 때는 특수상대성이론을 적용할 수 없고 일반상대성이론을 적용해 계산해야 한다. 가속도라는 것을 자동차 운전을 예로 설명해보자. 액셀러레이터를 밟았을 때(가속도는 자동차 진행 방향으로 작용)는 차 안의 사람이 뒤로 쏠린다. 브레이크를 밟았을 때(가속도는 진행 방향과 반대 방향으로 작용)는 차 안의 사람이 앞으로 쏠린다. 이때의 쏠림이 관성력(가속도에 비례해 반대 방향으로 작용하는 가상력)이다. 그리고 같은 속도라도 커브를 돌 때는 차 안의 사람이 원심력을 느끼게 된다. 그것도 관성력(차 밖의 사람이 볼 때 커브 구심점으로 작용하는 구심력과는 크기가 같고 방향이 반대인 가상력)의 일종이다. 또 엘리베이터를 예로 들어보자. 위로 가속될 때는 그 가속도에 비례하여 아래로 관성력이 작용한다. 이 관성력이 기존 몸무게(아래 방향으로 작용)에 가해져 무게는 무거워진다. 아래로 가속될 때는 그 가속도에 비례해 관성력이 위로 작용한다. 마찬가지로 이 관성력이 기존 몸무게에 가해져 무게는 가벼워진다. 이처럼 가속도에는 속도가 변하는 경우(액셀러레이터나 브레이크 등의 작용)와 속도의 방향이 변하는 경우(커브 주행이나 원운동 등)가 있다.

아인슈타인은 재미있는 사실을 발전하였다. 그것은 등가원리라는 것인데, 말하자면 '관성력(가속도 효과)과 만유인력(중력)의 효과는 구별할 수 없다'는 것이다.

아인슈타인의 등가원리 : 가속도로 생기는 효과(관성력)와 만유인력(중력)은 구별할 수 없다

예를 들어 당신이 로켓을 타고 우주여행을 하고 있다고 하자. 가속도계는 간단히 말하면 용수철의 원리를 이용한 것으로, 용수철이 늘어나고 줄어들고 함으로써 가속도가 붙는다는 것을 우리에게 알려준다. 그러나 가속도계가 가속되고 있음을 표시하더라도 그 로켓이 추진력으로 가속된 것이 아니라 실은 당신이 타고 있는 로켓이 어느 별의 중력마당(중력이 작용하는 공간)에 접어든 것일 수도 있다. 즉 중력이 강해져 가속도계 안에 들어 있는 용수철이 늘어났을 수도 있는 것이다. 결국 물리학적인 측정기로는 힘의 원인이 가속도인지 중력인지 구별할 수 없는 셈이다.

그림 6-14 ∷ 가속도의 효과와 중력의 효과는 구별해낼 수 없다

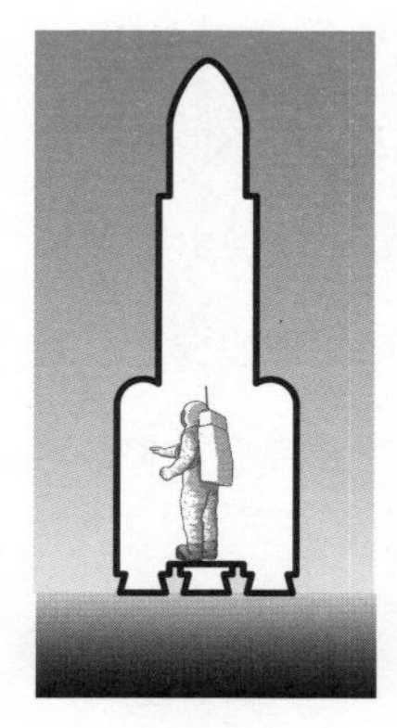

지구상에서 정지
||
일정 크기의 중력이 작용

우주 공간에서 등속도운동
||
무중력

우주 공간에서 가속도운동
||
가속한 효과인지 중력의 효과인지
구별할 수 없다

그래서 가속도까지도 적용 범위에 포함할 수 있는 일반상대성이론을 때에 따라서는 '아인슈타인의 중력마당이론'이라고도 한다.

가속도운동을 하는 사람은 나이를 먹지 않는다

뉴턴의 중력이론과 아인슈타인의 중력마당이론의 큰 차이점은 시간과 공간의 개념에 있다.

뉴턴의 이론에서는 우주에 존재하는 시간이 오직 하나뿐이다. 내 시계와 당신의 시계, 우주 끝에 있는 시계는 모두 같은 시각을 가리키고 있는 것이다.

그러나 아인슈타인의 이론에서는 우주에 존재하는 시간이 매우 다양하다. 예를 들어 당신이 로켓을 타고 우주여행을 떠났다면 로켓 안의 시간과 지구상의 시간은 다르게 움직이고 있는 것이다.

가속도(등가원리에 따라 **중력의 효과**라 해도 좋다)가 있으면 시계는 느려지는 것이다. 공상과학영화로 잘 알려진 **쌍둥이패러독스**(또는 우라시마효과*)라는 현상이 있다. 이는 쌍둥이 형이 로켓을 타고 우

그림 6-15 :: 상대성이론으로 보정되는 GPS 위성

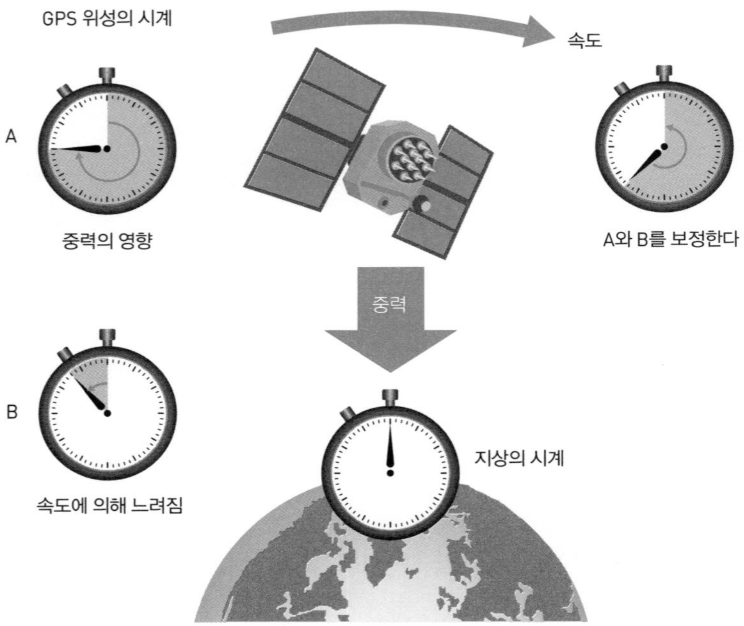

고도 2만 킬로미터상에서 일주하고 있는 GPS 위성의 시계는……

A : 중력(중력가속도)이 약하기 때문에 아주 조금이기는 하지만 하루에 45마이크로초씩 빨라진다.
B : 속도에 따른 쌍둥이패러독스의 효과로 하루에 약 7마이크로초씩 느려진다.

A와 B의 차이로 지상에서는 10미터 이상의 거리 오차가 생기므로 상대성이론에 입각한 보정을 하지 않으면 안 된다.

주에 나갔다가 귀환했을 때 지구에 남은 동생보다 형이 훨씬 '젊다'는 기묘한 현상을 일컫는다.

이것은 현대인의 생활 가까이에 있는 GPS**로도 실증되었다. GPS 위성의 시계는 지구 시계와 다르게 가기 때문에 항상 '지구 시간'에 맞춰 움직일 수 있도록 시간을 보정하지 않으면 안 된다.

구불구불 휘어진 공간

뉴턴의 이론에서와는 달리 아인슈타인의 이론에서는 공간이 고무처럼 휘어진다. 예를 들면 태양은 질량이 크므로(무거우므로) 태양이 있는 공간 그 자체는 움푹 파인다. 이때 태양 곁을 지나는 빛은 파인 공간에 영향을 받아 진로가 휜다. 이것은 마치 태양과 빛 사이에 인력이 작용하는 것처럼 보인다.

뉴턴의 이론에서는 질량이 0인 빛은 중력의 영향을 받지 않는다. 왜냐하면 뉴턴의 만유인력은 두 개의 물체 질량에 비례하기 때문이다. 그런데 아인슈타인의 중력마당이론에서는 '공간 그 자체가 파여 있다'고 한다. 그 파인 공간을 지나는 빛은 질량이 0이라고 해도 진행 경로가 휘어 결국은 태양으로 끌려가는 것이다.

•
우라시마효과
일본 민담에 우라시마 타로의 이야기가 있다. 우라시마는 어느 날 아이들에게 시달림을 당하고 있는 거북이를 도와주었다. 그러자 거북이는 그 보답으로 우라시마를 등에 태우고 용궁을 구경시켜 주었다. 그런데 우라시마가 용궁 구경을 끝내고 바깥으로 나와 보니 엄청난 세월이 흘렀다고 한다. 용궁에서는 지상에서보다 시간이 훨씬 느리게 흘러갔던 것이다. 아인슈타인의 상대성이론에 따르면, 빛의 속도에 가깝게 움직이면 시간이 천천히 흐르게 된다고 한다. 그래서 광속에 의해 시간이 느려지는 현상을 체험하는 것을 일본에서는 흔히 우라시마효과라고 말한다.

•
GPS
(Global Positioning System)
인공위성을 이용한 전 지역 위치 측정 시스템. 미국 국방성이 비행기나 미사일을 유도하기 위해 개발했다. 자신의 위치를 알리는 시스템으로서 비행기, 배, 자동차 등에 이용되고 있다.

그림 6-16 ∷ 중력이 공간을 휜다

일식 때 보이는 별의 위치

만약 태양이 없다면 공간이 파이는 일도 없기 때문에 별에서 오는 빛은 반듯하게 진행할 것이다. 그러면 별은 지금보다 더 '선명하게' 보일 것이다.

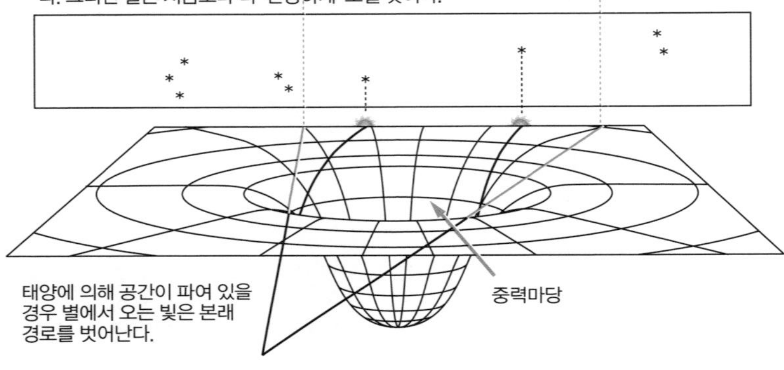

출처 : Charles W. Misner, Kip S. Thorn, John Archibald Wheeler, Gravitation (W. H. Freeman Co.)

시공간이 '이끌린다'고? 6-6

지금까지는 아인슈타인의 일반상대성이론이
뉴턴의 중력이론을 대체하게 된 경위를 설명했다.
과연 이 설명들을 입증할 수 있는 확실한 증거는 있는 것일까? 예컨대 실험으로
'뉴턴의 이론보다도 아인슈타인의 이론이 정확하다'는 것을 증명할 수 있을까?

렌제·티링의 효과란?

이 책에서는 최신 연구 성과를 시각적으로 소개함으로써 렌제·티링의 효과와 특수한 실험을 설명하기로 한다.

렌제 · 티링의 효과란 무거운 물체가 회전하면 그 주위의 시공간이 그 물체 쪽으로 이끌린다는 이론이다. 이는 아인슈타인의 일반상대성이론에서 예측한 현상이다.

이것은 또 무슨 말인가!

그러니까 아인슈타인의 이론에서 시간과 공간이라는 것은 예컨대 부드러운 고무와 같다고 했다. 그 고무 위에서 지구나 태양과

같은 질량이 큰 무거운 물체가 회전하면 주위의 고무가 당겨지는 것은 당연한 이치이다. 고무라기보다는 액체 같다고나 할까? 예컨대 우주가 액체로 가득 차 있다고 하고 그 속을 지구와 같은 물체가 회전한다면 주위의 액체가 이끌려 들어가는 것이다.

오스트리아의 물리학자 요제프 렌제와 한스 티링이 발견한 이 효과는 '시공간의 이끌림'이라고도 한다. 말 그대로 물체가 시공간을 끌어들이는 것이다.

인공위성의 흔들림으로 시공간의 이끌림을 증명한다

이를 검증하려면 지구 주변으로 인공위성을 발사하고 그 움직임이 지구 쪽으로 '얼마나 이끌리는지'를 측정하면 된다.

그림 6-17 ▪▪ 렌제 · 티링의 효과

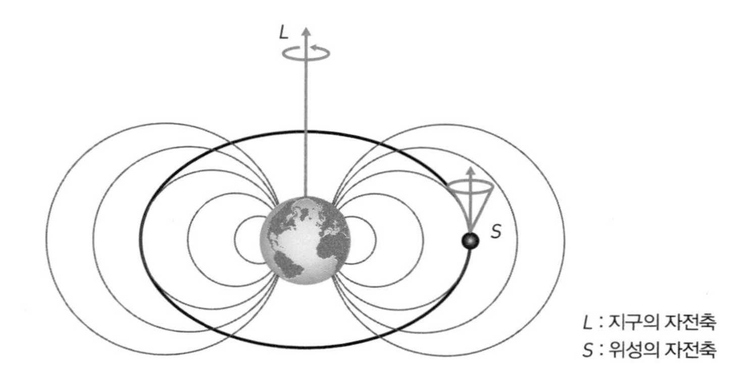

커다란 지구 주위를 도는 인공위성의 자전축은 흔들리게 된다. 이것이 '시공간의 이끌림' 또는 '렌제 · 티링의 효과'이다. 아인슈타인의 일반상대성이론을 입증할 수 있는 실험이다.

구체적인 예로 LAGEOS*와 LAGEOS2라는 위성을 발사해 진행한 실험이 있다. 이 인공위성은 자전하며, 렌제·티링의 효과가 존재한다면 그 자전축이 흔들리도록 되어 있다. 울퉁불퉁한 면 위에서 팽이가 흔들리는 것처럼 말이다.

그러나 이 흔들림은 매우 작으며 지구 중력마당의 세기에 따라 많은 영향을 받기 때문에 실험을 하거나 계산하는 일이 결코 쉽지 않다. 검증 작업의 대부분을 지구 중력마당의 세기를 계산하는 데 치중할 정도이다.

지구 중력마당의 세기로 말미암아 울퉁불퉁한 면이 생기는데,

* **LAGEOS (Laser Geodynamic Satellite, 레이저지구역학 위성)**
미국의 과학 연구용 위성이다. 대륙 이동과 판구조론, 평균 해수면과 일치하는 등 중력면(지오이드) 등을 조사하기 위해 1972년 1기, 1992년 2기를 발사했다.

그림 6-18 지구 중력마당의 세기

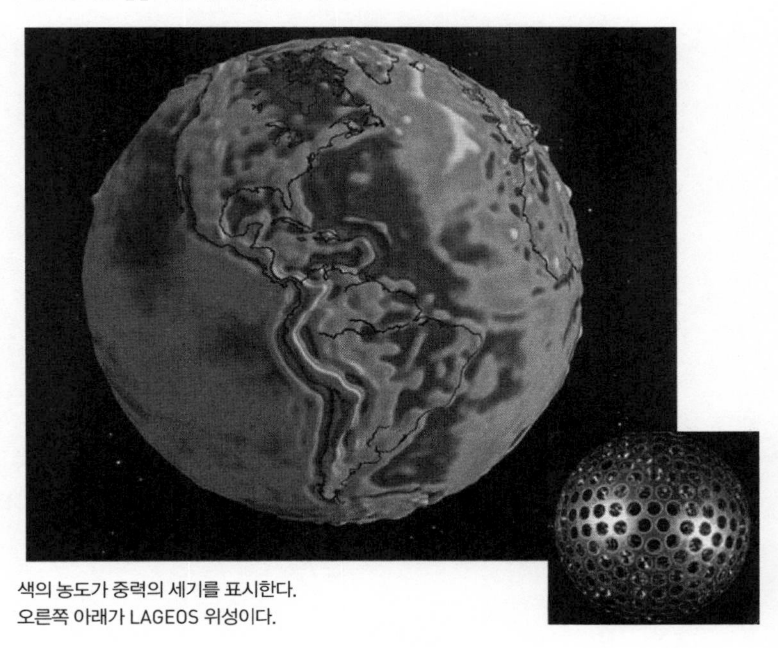

색의 농도가 중력의 세기를 표시한다.
오른쪽 아래가 LAGEOS 위성이다.

영상 제공 : NASA

그 까닭을 단적으로 말하면 '물질이 많이 모이면 중력이 강해지기' 때문이다. 지구 주위를 돌고 있는 인공위성의 입장에서 보면 높은 산 부분은 그만큼 지구의 물질이 두껍고 많기 때문에 산과 가까운 곳에서는 중력마당이 강하다. 반대로 바다 상공을 돌고 있을 때는 지구의 물질이 얇고 적기 때문에 중력도 약하다.

물론 우리가 산을 올랐다고 해서 '아, 중력이 강해졌다!'고 느낄 수 있는 것은 아니다. 중력마당의 강약으로 생기는 울퉁불퉁함이라고 해도 그 효과는 매우 작기 때문이다.

출처 : 『네이처』 2004년 10월 21일호, Ciufolini와 Pavlis의 논문

우주상수, 과연 아인슈타인은 옳았을까?

6-7

아인슈타인은 자신의 우주론 방정식에 '만유척력(반발력)'이라 할 상수의 항(우주항)을 넣었다가 나중에 철회했다. 그러나 최근 이 아인슈타인의 우주항(오늘날 우주상수에 대응)이 다시 부활하고 있다.

50억 년 전의 진실

우리는 Ia형의 초신성 폭발을 측정하여 약 50억 년 전의 우주 상태를 알 수 있다. 이에 따르면 50억 년 전의 우주에는 큰 변동이 있었다고 한다. 도대체 무슨 일이 있었던 것일까?

50억 년 전의 이변 : 우주 팽창은 감속에서 가속으로 돌아섰다

빅뱅에 의해 우주는 팽창을 시작했다. (인플레이션 등도 일어났지만) 그 후 우주의 팽창에 브레이크가 걸려 그 속도가 서서히 감속되었다. 은하 집단 사이에 중력이 작용해 우주 팽창에 제동이 걸렸던 것이다. 그러나 감속 경향이 있었다고 해도 우주는 계속 팽창하고 있었기 때문에 은하 집단들의 거리가 지나치리만큼 멀어져 중력의 영향도 점점 작아졌다.

마침내 50억 년 전 중력에 의한 제동을 뿌리치고 우주의 팽창 속도가 감속에서 가속으로 바뀌었다. 그러면 무엇이 우주 팽창을 가속으로 되돌렸을까?

우주상수가 부활한 이유

현재는 그러한 현상을 일으킨 범인이 '만유척력'이라는 우주상수설이 널리 받아들여지고 있다. 인플레이션이 일어나고 멈추기까지 우주상수는 '상수'가 아니라 시간과 함께 세기가 변하는 '변수'가 아니면 이해가 안 될 상황이었다. 그러나 초신성 폭발을 관측한 후로는 50억 년 전에 '액셀러레이터'를 밟은 범인이 극히 냉정하고 동요하지 않는 '상수'라는 사실을 인정하기 시작했다.

이것은 아인슈타인이 자신의 방정식에 도입했던 우주항일는지도 모른다. 당시(1920년 전후) 아인슈타인은 우주가 팽창하고 있다는 사실을 알지 못했다. 만약 우주에 물질만 존재한다면 우주는 중력에 의해 수축해 붕괴되고 말 것이다. 아인슈타인은 우주가 팽창도 수축도 하지 않는다고 생각하고 있었기 때문에 물질 사이의 인력과 반대 작용을 하는 상수를 자신의 방정식에 도입한 것이다. 이 상수가 물질 사이의 만유인력을 상쇄하는 만유척력이라는 것이다.

그림 6-19 :: 중력과 척력

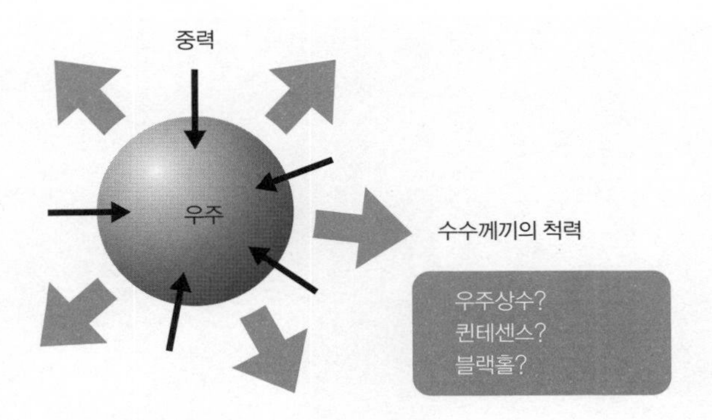

그런데 나중에 아인슈타인은 자신이 도입한 우주상수를 필요 없는 것으로 생각해 '인생 최대의 실수'라 여기며 깊이 후회했다고 한다. 그러나 천재의 생각은 아무리 엉터리라고 해도 한 조각의 진리를 담고 있다. 허블우주망원경으로 관측한 초신성 폭발은 천재가 버린 아이디어가 옳을 수도 있음을 시사하고 있다.

■ **우주상수가 들어간 아인슈타인의 방정식**

$$G_{\mu\nu} = \frac{8\pi G}{c^4} T_{\mu\nu} - \Lambda g_{\mu\nu}$$

$G_{\mu\nu}$는 우주의 곡률을 나타낸다. G는 뉴턴의 만유인력상수(또는 중력상수), c는 광속도, $T_{\mu\nu}$는 물질의 에너지 · 운동량을 나타낸다. Λ•는 '우주상수', $g_{\mu\nu}$는 우주에서 길이를 재는 '자'와 같은 물리량이다.

이것이 교과서에 실린 아인슈타인의 방정식이다. μ와 ν는 시간 t와 공간 x, y, z라는 네 개의 첨자를 취한다. 아인슈타인의 방정식

그림 6-20 :: 허블우주망원경이 관측한 초신성 폭발 1997ff

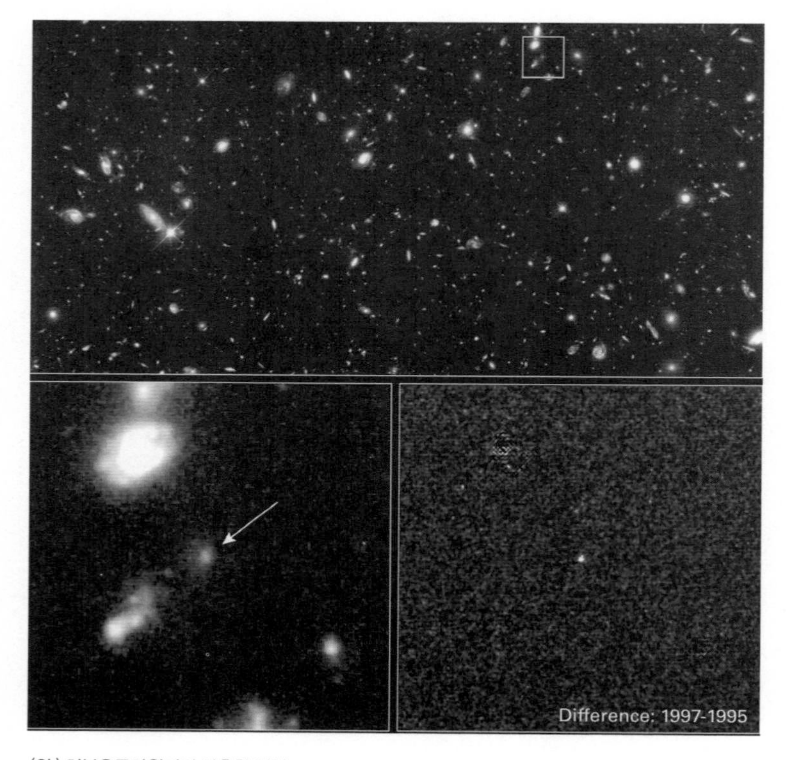

(위) 허블우주망원경이 관측한 영상.
(왼쪽 아래) 1997년에 발견된 초신성 1997ff를 확대한 영상.
(오른쪽 아래) 1997년에 촬영한 영상에서 1995년에 촬영한 영상을 뺀 것이다. 밝기에 변화가 없는 부분은 초신성의 존재를 알려준다. 이 초신성은 100억 광년 떨어진 곳에 있다.

분석을 거듭한 결과 우주가 가속 팽창한다는 사실을 알아냈다.

사진 제공: NASA and Adam Riess (STScl)

은 실제로는 많은 연립방정식으로 이루어져 있다. 이렇게 아인슈타인이 혼자 생각해낸 방정식이 우주의 움직임을 기술하고 있다.

뻥 뚫린 시공간의 구멍, 블랙홀과 웜홀

6-8

아인슈타인의 일반상대성이론으로 예측되어
실제로 그 존재가 증명된 것으로 블랙홀이 있다.
이것은 문자 그대로 우주 공간에 뻥 뚫린 시공간의 구멍이다.

블랙홀의 원리

아인슈타인의 일반상대성이론에서는 공간에 질량이나 에너지가 있으면 그 주위 공간이 구부러진다. 예를 들면 태양이 있는 곳은 공간이 약간 파여 있다. 질량이 더 커지면(무거워지면) 공간은 무거

그림 6-21 :: 블랙홀의 출현

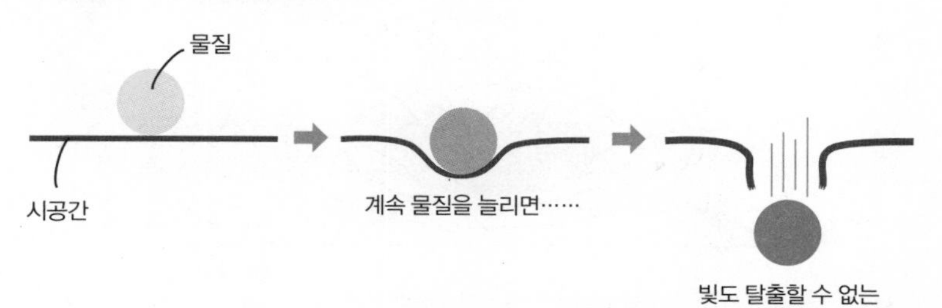

워지는 만큼 더 파인다. 그렇게 점점 더 커지면 마침내는 시공간에 구멍이 뚫린다.

무겁다고 표현했지만 정확히 말하면 물질·에너지의 밀도가 임계값보다도 커야 블랙홀이 형성된다. 예를 들어 지구를 유리구슬 정도의 크기로 압축했다고 하자. 그러면 작은 블랙홀이 된다. 또는 태양을 반지름 3킬로미터 정도의 크기까지 압축하면 블랙홀이 된다.

자연 상태에서는 태양의 수십 배에 달하는 큰 질량의 무거운 별이 다 타버려 나중에는 자신의 중력을 이기지 못하고 블랙홀이 될 것이라 예상한다. 하지만 은하의 중심부에도 그러한 '별의 잔해'와는 별도로 거대한 블랙홀이 존재할 것이라 생각한다. 이 거대 블랙홀은 태양의 10억 배에 달하는 질량을 가질 것으로 여겨진다.

그림 6-22 ∷ 블랙홀 주변

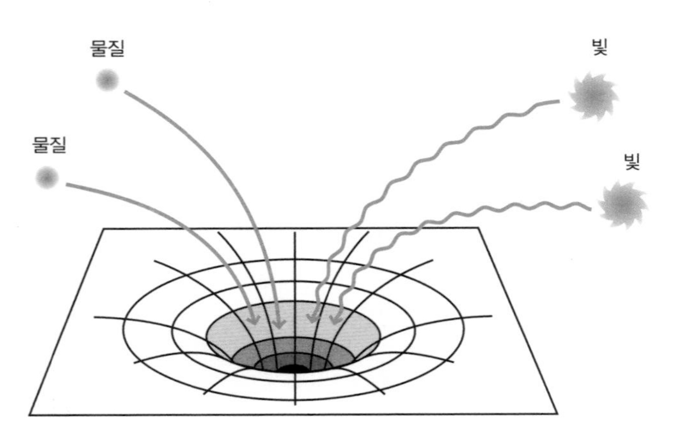

중력에 이끌려 모든 물질이 빨려 들어간다.
어마어마한 중력이 작용해 빛도 탈출하지 못한다.

'대머리정리'란?

블랙홀과 관련해 재미있는 이론을 소개한다. 그것은 '대머리정리(no-hair theorem)'라는 것이다. 예를 들어 태양보다 질량이 30배 큰 별이 다 타버려 블랙홀이 되었다고 하자. 별의 모습이었을 때는 여러 가지 원소 물질로 이루어져 있어서 산도 있고 바다도 있고 계곡도 있는 복잡한 지형과 함께 자기장도 가지고 있었을 것이다. 비유하자면 '머리털을 탐스럽게 늘어뜨린' 개성 있는 모습이었을 것이다. 그러나 그 별이 블랙홀이 되면 그 별이 지녔던 개성은 모두 사라진다.

블랙홀에는 다음 세 가지 이외의 성질은 존재하지 않는다.

(1) 질량

(2) 회전속도

(3) 전하량

별이 블랙홀이 되면서 '머리털이 없어져' 과거에 지녔던 개성이 사라졌다고 할 수 있다.

농담처럼 들릴지 모르지만 서양의 물리학자들은 유머 감각이 풍부해서인지 그 이론을 교과서에서도 '대머리정리'로 표현하고 있다. 블랙홀 주변의 공간은 오목하게 파여 있다. 우주에서 가장 빠른 속도인 광속으로도 이렇게 파인 곳에서 탈출하는 것은 불가능

그림 6-23 ▪▪ 허블우주망원경이 관측한 블랙홀을 감싸는 거대 가스 원반의 모습

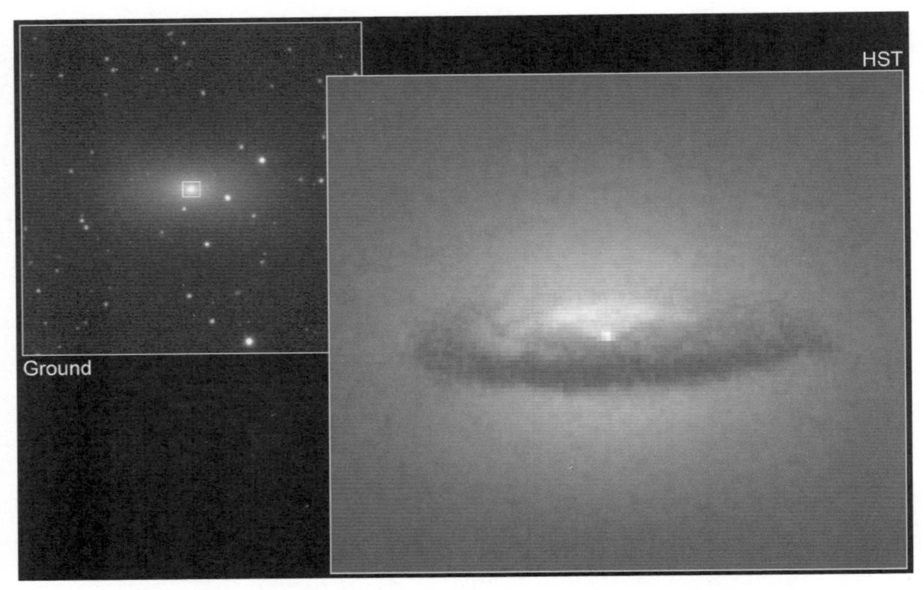

지구에서 1억 9100만 광년 거리에 있는 여우자리의 은하이다. 원반의 지름은 3700광년, 질량은 태양의 300만 배나 된다. 블랙홀 그 자체는 빛을 내지 않지만 블랙홀에 끌려 들어온 행성이 원반 중심에 밀집해 있기 때문에 빛나는 것처럼 보인다.

사진 제공 : NASA

하다. 빛이 나오지 않는다는 것은 '보이지 않는다'는 뜻이다. 그래서 '검은 구멍'이라는 뜻의 이름이 붙은 것이다.

최근에는 블랙홀에 양자론의 효과를 접목해 연구하고 있다. 그 가운데는 흥미로운 연구 결과도 있다. 블랙홀은 완전히 어둡지도 않을뿐더러 아주 적은 양이지만 외부로 복사하여 주변으로 에너지를 방출한다는 것이다. 따라서 시간이 지나면 증발할 것으로 예측한다.

웜홀을 이용해 타임머신 만들기

공상과학영화에 등장하는 웜홀은 직역하면 '벌레 먹은 구멍'이라는 뜻이다. 멀리 떨어진 블랙홀들이 '내부'로는 웜홀을 통해 서로 이어져 있다는 것이다. 정확하게는 무엇이든 빨아들이는 것은 블랙홀이라 하고 반대로 무엇이든 뱉어내는 것은 화이트홀이라 한다. 블랙홀은 입구, 웜홀은 복도, 화이트홀은 출구라 할 수 있다.

그림 6-24 ∷ 웜홀

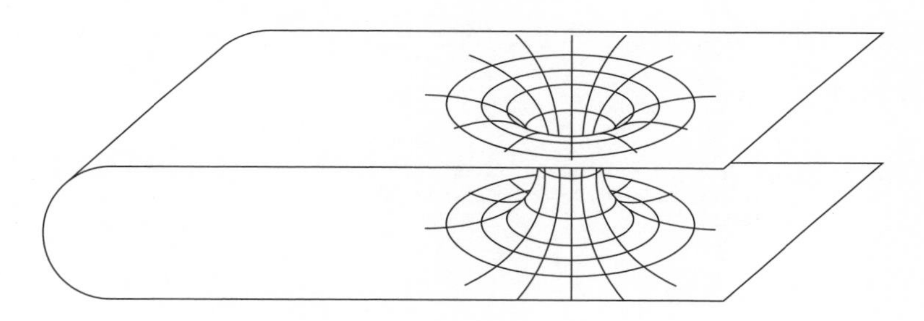

웜홀은 아직 관측되지 않았다. 하지만 미국의 물리학자 킵 S. 손*은 웜홀이 있다면 **타임머신**을 만들 수 있다고 주장한다.

웜홀을 이용해 타임머신을 만드는 일은 간단하다. 먼저 입구를 움직인 다음 원래 위치로 되돌린다. 그러면 상대성이론에 따라 웜홀 입구의 시간은 느려진다. 시간이 느려진 입구로 들어가서 출구로 나온다. 웜홀 속에서는 시간이 흐르지 않는다고 가정한다면 입구에 들어간 시간에 출구로 나오게 된다. 과거로 되돌아간 셈이

* **킵 S. 손 (Kip S. Thorne, 1940~)** 미국의 이론물리학자. 미국 캘리포니아 공과대학 교수이며 블랙홀, 웜홀, 화이트홀, 시간 여행 등에 관해 연구하고 있다.

그림 6-25 :: 웜홀을 이용하면 타임머신을 만들 수 있다?

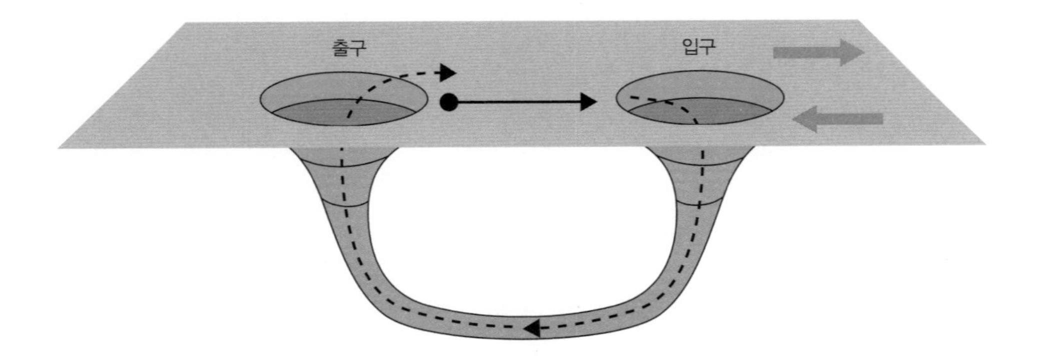

다. 어딘가 바보 같은 이야기지만 이러한 내용은 유명한 학술지에 발표되었고, 이론적으로는 실현 가능한 타임머신 제작법이라 한다.

출처 : Michael S. Morris and Kip S. Thorne, "Wormholes in Spacetime and Their Use for Interstellar Travel : A Tool for Teaching General Relativity", American Journal of Physics 56, 395–416 (1988)

아인슈타인의 틀에서 다시 본 고전 우주론

6-9

초기 우주를 제외하면 우주론은
아인슈타인의 일반상대성이론을 기반으로 구축되어 있다.
지금까지 많은 우주 모델이 제창되었는데 지금부터 그것들을 하나씩 정리해보자.
과연 '옳은' 우주 모델은 어느 것일까?

아인슈타인이 1915년에 일반상대성이론(중력마당이론)을 완성하고 1917년에 우주론 논문을 작성한 이후, 우주론은 대부분 아인슈타인이라는 천재의 '손'을 벗어나지 못했다. '휠체어 탄 뉴턴'이라는 별명을 지닌 스티븐 호킹의 출현으로 비로소 아인슈타인의 중력이론에 양자론을 접목한 우주론이 발달하기 시작했다.

그러나 이러한 아인슈타인 이후의 우주론은 초기 우주를 고찰할 때나 필요할 뿐 현재의 우주를 설명하는 데는 아인슈타인의 이론에서 파생된 고전 우주론만으로 충분하다. 여기서는 그러한 현대적인 이론이 전개되기 전인 아인슈타인의 이론적 틀 안에서 고전적인 우주론을 정리해본다.

우주 모델의 기준

1998년 초신성 폭발을 관측함으로써 우주가 가속 팽창한다는 사실이 밝혀질 때까지 대학교의 물리학과에서 배우는 표준 우주론은 프리드만• 우주라는 것이었다. 또 인플레이션우주를 비롯해 우주가 지수함수적으로 팽창하는 모델은 데시테르•• 우주라고 한다. 그 외에 우주가 정지하고 있다는 아인슈타인우주, 프리드만과 르메트르의 팽창우주 등 실로 많은 우주 모델이 존재한다. 그 분류 기준은 다음과 같다.

• **알렉산드로비치 프리드만 (Alexandrovich Friedmann, 1888~1925)** 러시아의 우주물리학자이며 수학자이다. 아인슈타인의 방정식으로부터 팽창하는 우주의 해를 구했다.

•• **빌렘 데시테르 (Willem de Sitter, 1872~1934)** 네덜란드의 물리학자이며 천문학자이다. 아인슈타인의 방정식을 통해 지수함수적으로 팽창하는 텅 빈 우주의 해를 구하고, 빛을 방출하지 않는 물질(오늘날 암흑물질)의 존재를 아인슈타인과 함께 논한 것으로도 유명하다.

(a) 공간의 곡률 경향(구형, 평탄형, 말안장형)

(b) 물질의 유무

(c) 복사의 유무

(d) 우주상수의 유무

예를 들면 표준 프리드만의 우주 모델은 (b)와 (c)를 가정하고 (a)에 제시된 3종류의 형태를 고찰한다. 초기 우주에는 물질보다도 복사(전자기파)가 더 많았기 때문에 (a)와 (c)를 중심으로 생각해야 한다. 아인슈타인은 물질에 의한 인력과 우주상수에 의한 척력을 조화시킨 정지우주를 생각했다(a와 d).

고전적인 우주 모델의 현재형

최신 관측과 들어맞는 고전적인 우주 모델에는 다음과 같은 것이 있다.

(1) 공간은 평탄하다.

(2) 물질은 눈에 보이는 바리온 물질(4%) 외에 보이지 않는 물질(23%)이 있다.

(3) 복사는 광자와 뉴트리노에 의한 것이지만 보이는 물질보다 소수점에서 세 자릿수 정도 작다.

(4) 보이지 않는 에너지로 우주상수(73%)가 있다.

이는 아인슈타인이 제창한 중력이론의 모든 요소를 포함한 것이다. 특히 (1)은 주의할 필요가 있다. 공간이 평탄하다는 것은 과연 어떤 의미를 지니는지 알아보자.

아인슈타인의 방정식의 해에서 우주의 밀도 Ω와 곡률 k, 우주의 크기 R 사이에는 다음과 같은 관계가 성립한다.

$$1-\Omega \propto -\frac{k}{R^2}$$

이 식에서는 Ω도 R도 모두 시간에 의존한다. 기호 $\propto$은 비례한다는 의미이다.

지금 현재로서는 Ω의 값이 1에 가깝고 k는 0이다. 따라서 현재

그림 6-26 ▪▪ 물질도 복사도 없는 우주의 에너지밀도 ρ=0인 우주

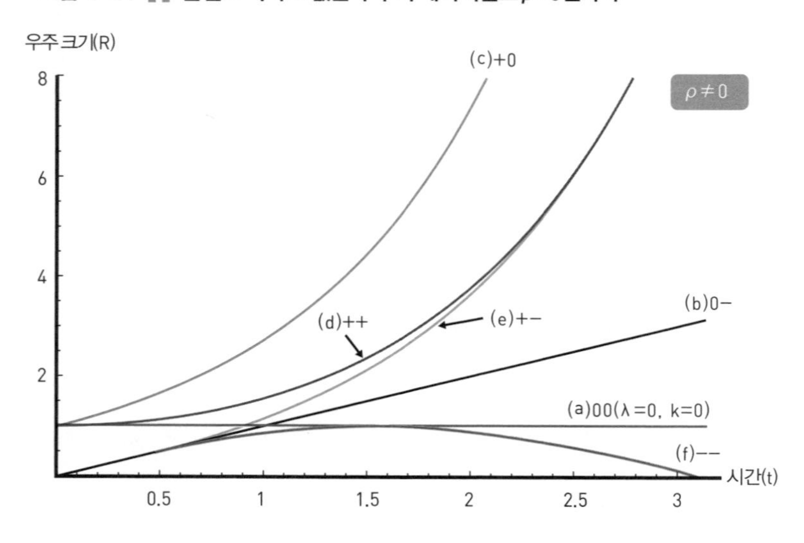

우주상수 λ와 공간의 곡률 k에 따라 결과가 달라진다.

(a)는 아무 일도 일어나지 않는다
(b)는 광속으로 팽창하는 밀른● 의 모델
(c)는 우주상수 λ에 의해 우주가 지수함수적으로 팽창하는 데시테르의 모델
(d) (e)는 데시테르의 모델로 k가 0이 아닌 변이형
(f)는 삼각함수와 같은 진동을 하는 모델

● **에드워드 아서 밀른 (Edward Arthur Milne, 1896~1950)**
영국의 천체물리학자이며 수학자이다. 팽창우주론을 발전시키고 별 내부 구조를 연구하는 등 많은 업적을 남겼다.

우주는 평탄하다고 결론을 내리는 것이다. 훨씬 옛날에는 Ω의 값이 0에 가깝고 k가 0이 아니었을 수도 있다.

또 수년 전까지 '정설'로 받아들여지던 그림 6-27의 프리드만의 우주 모델에는 우주상수가 없다.

그림 6-28에서는 해의 대부분이 시간과 함께 지수함수적인 팽창으로 바뀌는 것에 주목해야 한다. C는 '현수선' 형태, O는 '진동(oscillation)'하는 형태, I는 ' S자' 형태의 우주이다. deS는 지수함

그림 6-27 ⁝⁝ 프리드만의 우주 모델

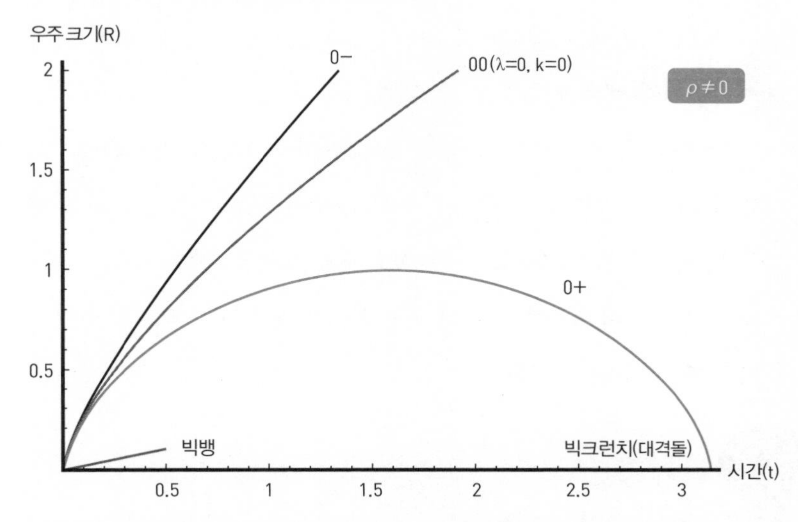

공간 그 자체의 곡률 k가 플러스인지 0인지 마이너스인지에 따라 우주의 운명이 결정된다.

그림 6-28 ⁝⁝ 우주상수 λ가 0이 아닌 모델들

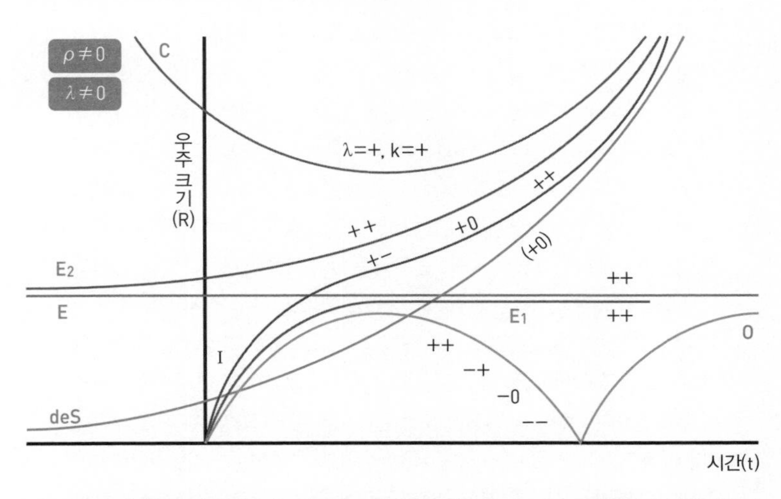

E는 아인슈타인의 정지 모델로서 λ와 k가 모두 플러스이다. E_1과 E_2는 그 변형이다. 불안정한 정지 상태에서 약간 벗어나면 이렇게 된다.

수적인 팽창의 전형인 데시테르우주인데 $\rho=0$인 모델이어서 그림 6-28의 범위에는 들어가지 않는다. 하지만 C나 E_2나 I형이 이에 가까워지기 때문에 참고로 그려두었다.

현재의 우주 모델은 그림 6-28 I형의 '+0'으로 기술된다. 그러나 나중에 이야기하겠지만 초기 우주에서는 이야기가 복잡해진다. 또 각각의 그래프 가운데서 '+−' 또는 '−0'이라는 표시는 'λ가 플러스이고 k가 마이너스인 경우'이거나 'λ가 마이너스이고 k가 0인 경우'를 의미한다.

슬픈 개인사를 살았던 인간 아인슈타인

아인슈타인은 천재였지만 동시에 아주 인간적인 면모도 있었다. 학교 성적은 아주 우수했는데 아인슈타인의 어머니가 아인슈타인의 할머니에게 보낸 편지에는, "어제 알베르트의 성적표를 받았습니다. 또 1등입니다. 그 아이의 성적표는 아주 훌륭합니다"라는 문장이 나온다.

1895년 독일에서 도망쳐 스위스 연방공과대학에 입학하려고 시험을 치르지만 떨어졌다. 아인슈타인이 시험에 떨어졌다는 사실도 놀랍지만 당시 아인슈타인의 나이가 열여섯 살이었다는 점은 더욱 놀랍다. 유대인이라는 이유로 차별받는 일도 있었고 또 자유로운 정신 활동을 원하던 그에게 당시 독일의 정책은 마음에 들지 않았다. 1896년 결국 독일 국적을 포기하고 만다. 그러고 나서 5년 후 스위스 시민권을 얻기까지 아인슈타인은 무국적자였다.

아인슈타인의 인생은 결코 순조롭지 못했다. 첫 부인이었던 밀레바와 사이에서 낳은 첫아이 '리절'은 지금까지도 종적이 묘연하다. 당시 아인슈타인의 집안은 아인슈타인과 밀레바의 결혼을 강하게 반대했다. 그러던 사이에 리절이 태어났다. 리절은 곧바로 밀레바의 부모님 집에 맡겨졌는데 성홍열에 걸린 뒤로 행방을 알 수 없게 되었다. 또 차남 에두아르트는 통합실조증을 앓

다가 정신병원에서 생을 마쳤다.

아인슈타인은 1933년 나치에 쫓겨 미국으로 망명하고 결국 루스벨트 대통령에게 보내는 '원폭 편지'에 서명한다. 독일 · 일본보다 서둘러서 원자폭탄을 개발할 필요가 있다는 내용의 편지였다.

아인슈타인이라고 하면 1905년에 발표한 상대성이론으로 유명하지만, 아이러니하게도 노벨상은 (같은 1905년에 발표한) 양자론에 대한 업적으로 받았다. 그럼에도 살아 있는 내내 양자론의 확률적인 구조에 만족하지 못하고 "신은 주사위를 던지지 않는다"고 말하면서 양자론의 불완전성을 주장했다.

또 아인슈타인은 '우주상수'를 도입한 것은 '생애 최대의 실수'라며 후회했다. 만년의 대부분은 '통일장이론'의 꿈을 좇는 데 보내면서 많은 실패를 겪는다. 그래도 그가 인류에게 남긴 지적, 문화적 영향은 실로 막대한 것이며 아직까지도 세계에서 가장 유명한 과학자로 전 세계인의 사랑을 받고 있다.

그림 6-29 ∷ 알베르트 아인슈타인(Albert Einstein, 1879~1955)

상대성이론의 창시자로서 20세기 최고의 물리학자로 손꼽힌다. 인습의 틀에 얽매이지 않은 그의 수많은 독창적인 이론들은 현대 과학기술뿐 아니라 철학, 인문 사상계에도 크나큰 영향을 미쳤다. 1921년에 노벨 물리학상을 받았다.

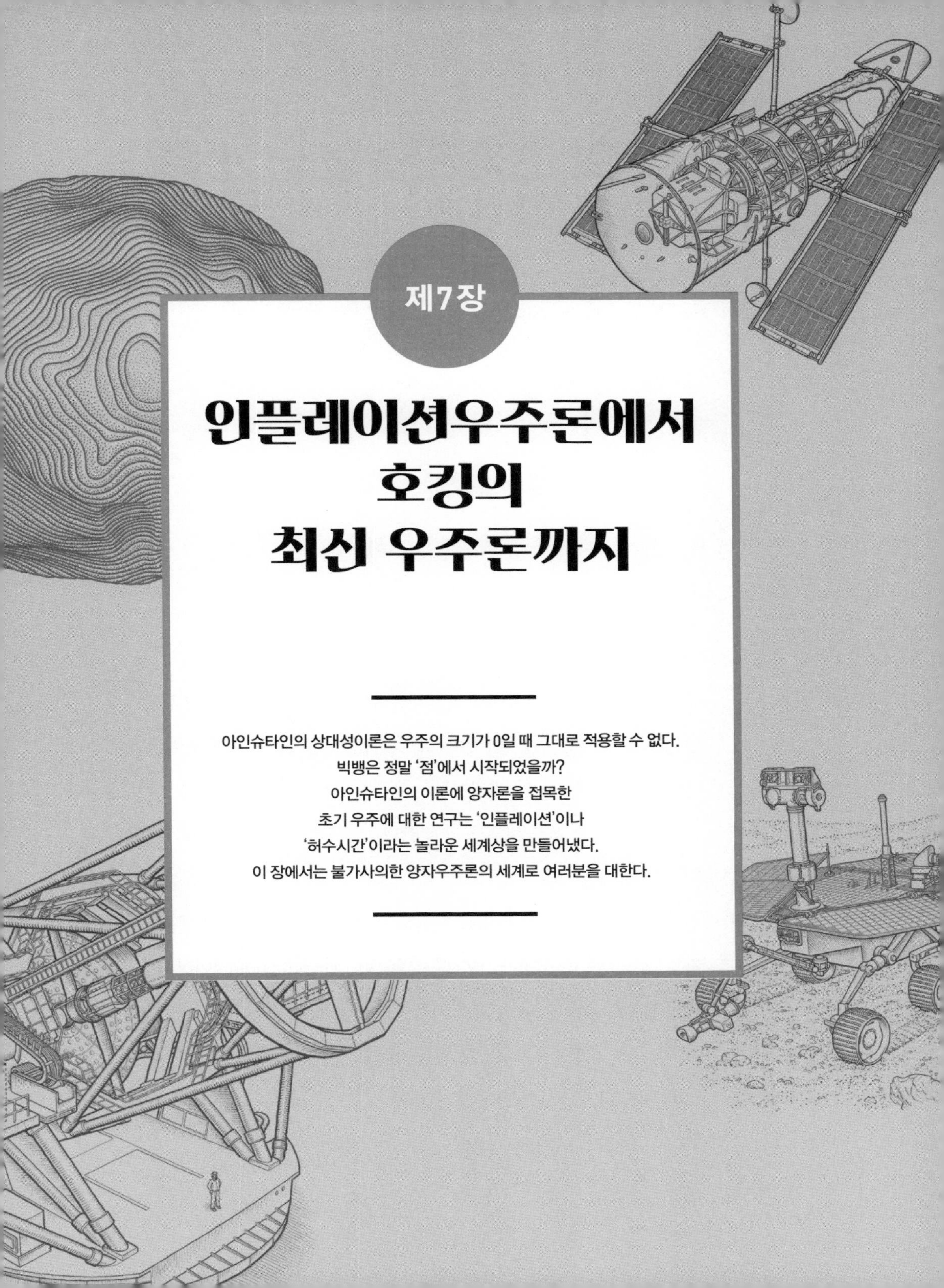

제7장

인플레이션우주론에서 호킹의 최신 우주론까지

아인슈타인의 상대성이론은 우주의 크기가 0일 때 그대로 적용할 수 없다.
빅뱅은 정말 '점'에서 시작되었을까?
아인슈타인의 이론에 양자론을 접목한
초기 우주에 대한 연구는 '인플레이션'이나
'허수시간'이라는 놀라운 세계상을 만들어냈다.
이 장에서는 불가사의한 양자우주론의 세계로 여러분을 대한다.

7-1 우주의 초기 모습을 알기 위해 필요한 양자론

이제부터는 아인슈타인의 고전적 중력이론을 적용할 수 없는 세계로 들어간다.
우주 초기에 어떤 일이 일어났는지를 알아내기 위해서는
양자론의 관점이 절대적으로 필요하다.
여기서는 양자론에서 가장 기본이 되는 내용을 알아보기로 한다.

양자란 무엇인가?

현대 우주론에서 양자론은 없어서는 안 될 중요한 이론이다. 일반적으로 확립된 이론을 '양자역학', 확립되지 못한 상태의 이론을 '양자론'이라 한다. 이 책에서는 이들을 구분하지 않고 사용한다.

양자론은 극소의 세계를 지배한다. 분자에서 원자 차원으로 현미경의 배율을 높여가면 고전역학으로는 설명할 수 없는 영역으로 점점 들어서게 되고 마침내는 결코 해결할 수 없을 것 같은 세계가 그 모습을 드러낸다. 양자는 영어로 '콴텀(quantum)'이라고 해서 '양을 나타내는 최소 단위의 입자'라는 뜻을 지니고 있다. 전자나 쿼크 등 소립자는 양자의 일종이라고 할 수 있다.

저온이 되면 소립자보다 크기가 큰 것도 양자로서 작용할 때가 있다. 예를 들면 액체헬륨의 한 종류는 절대온도 2.17K(섭씨 −271도 정도)까지 차가워지면 마찰저항 없이 부드럽게 흐를 수 있다. 그것을 '초유동'이라고 한다. 액체헬륨 전체가 양자로서 작용하는 현상이다.

그러면 양자란 무엇인가? 한마디로 다음과 같이 말할 수 있다.

'양자란 입자성과 파동성을 동시에 지닌 확률적인 것이다.'

예를 들면 권총의 탄약이나 쌀알 같은 것들은 확실한 입자이다. 알갱이 하나하나인 것이다. 이는 '하나, 둘'이라고 셀 수 있고 정해진 크기와 위치가 있다. '이 쌀알과 저 쌀알'이라는 식으로 잘 관찰하면 나뉘어 있다.

이와는 달리 바다의 파도나 지진파는 '저 파는 어디 파'라고 말할 수 없다. 파는 퍼져 있고 정해진 위치가 없으며 셀 수도 없다. 양자는 이 두 가지의 상반된 성질을 겸비한, 모순된(혹은, 모순된 것 같이 느껴지는) 존재다.

허수의 파(동)

양자의 대표적인 예라 할 수 있는 수소 원자를 생각해보자. 학교에서는 수소 원자의 한가운데에 원자핵(이 경우는 하나의 양성자)이 있고 그 주변을 하나의 전자가 돌고 있는 모델을 배운다. 이것을 '수소 원자의 태양계 모델'이라고 한다. 원자핵이 태양, 전자가 행성이라고 할 수 있다. 그러나 이 모델은 옳지 않다. 왜냐하면 원자핵 주변에는 전자의 '파'가 퍼져 있기 때문이다. 이러한 형태를 전자구름이라 한다. 그 파는 놀랍게도 허수의 파•여서 눈으로 볼 수는 없지만 그림으로 나타낼 수 있다.

허수의 파
정확하게 말하면 '복소수의 파'이다. 허수는 제곱하면 마이너스가 되는 수로서, 뒤에 나오는 호킹의 우주론에서 큰 역할을 한다.

전자구름을 그림으로 나타낼 수 있는 방법 : 전자가 발견될 위치의 확률

그림 7-1 ∷ 전자구름

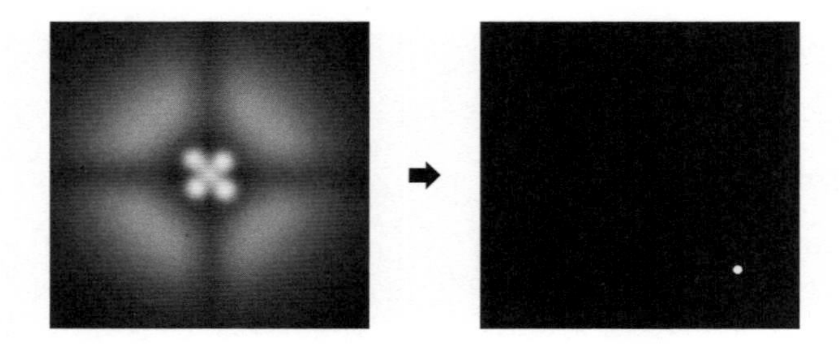

전자구름은 그림 7-1의 왼쪽과 같은 모습이다. 그러나 전자는 양자이기 때문에 관측되면 입자로 '돌변'해 위치가 정해진다(그림 7-1의 오른쪽). 관측되지 않으면 파로 남아 위치가 정해지지 않는다.

우주의 탄생과 양자적 요동

양자의 세계에는 불확정성이 있다. 우리는 뉴턴이 완성한 고전역학의 정교하고 치밀한 세계관에 익숙하기 때문에 측정 장치의 정확도를 개선하면 얼마든지 정밀한 관측을 할 수 있다고 생각한다. 그러나 극소의 세계에서는 그렇지 못하다. 파는 원래 퍼져 있어서 위치를 정할 수 없기 때문에 불확정성을 띠고 있다. 양자 역시 파의 한 종류이므로 정확한 측정이 불가능하다.

그러면 왜 우주론에 양자론이 필수불가결한가? 그것은 우주가 시작될 당시에 우주의 크기가 작았기 때문에 양자론을 사용하지 않으면 연구가 불가능하기 때문이다. 현대 우주론의 관점에서는 양자의 생성과 소멸이 중요한 문제이다. 양자의 불확정성이라는 성질 때문에 양자의 '개수'도 분명하지 않다. 마치 수면에 거품이 생겼다 사라지는 것처럼 진공상태에서도 양자는 항상 생성과 소멸을 반복한다.

우주론의 근본적인 질문 가운데 하나는 '우주가 어떻게 탄생했을까?' 하는 것이다. 태곳적의 작은 우주는 당연히 양자론의 지배를 받았을 것임이 틀림없다. 그렇다면 우주 그 자체가 생성·소멸했을 수도 있지 않을까?

양자론은 일반상대성이론과 함께 현대 우주론을 떠받치는 양대 기둥이다.

그림 7-2 ∷ 양자론과 상대성이론은 우주론의 양대 기둥

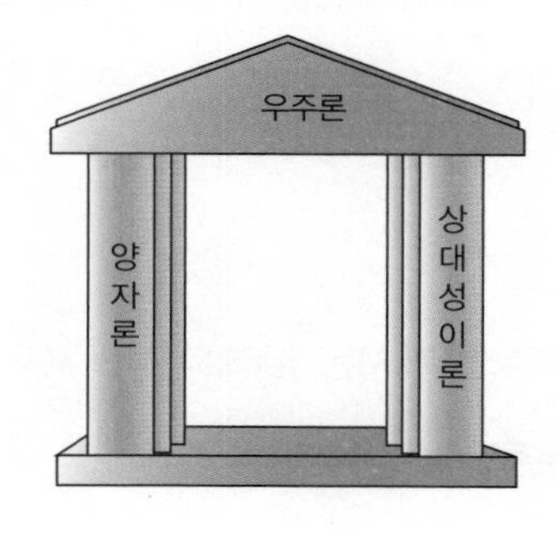

7-2 빅뱅 이전에 '인플레이션'이 있었다?

경제의 인플레이션처럼 우주는 탄생 무렵에 급격히 팽창하는
'인플레이션' 시기를 겪었으리라 보고 있다.
그 인플레이션이 끝남과 동시에 빅뱅이 일어났다는 것이다.

인플레이션우주론이란 다음과 같은 가설이다.

'우주의 탄생에는 인플레이션 시기가 있었다.'

이 가설은 1981년 미국 매사추세츠 공과대학(MIT)의 앨런 하비구스와 일본 도쿄 대학 사토 가쓰히코 교수가 제창했다. 필자가 학생이었던 약 20년 전의 우주론에는 몇 가지 어려운 문제가 있었다. 그 가운데 두 가지가 인플레이션우주론의 출발점이라고 할 수 있다.

지평선 문제 : 왜 우주배경복사는 우주의 지평선 저쪽에서도 똑같을까?

평탄성 문제 : 왜 우주는 이렇게 평탄할까?

평탄성 문제

이 가운데서 평탄성 문제가 더 이해하기 쉽기 때문에 먼저 설명하기로 한다. 이미 앞서도 이야기했지만 아인슈타인의 일반상대성이론에 따르면 우주의 모양에는 곡률이 플러스이거나, 0이거나, 마이너스인 세 가지의 가능성이 있다.

3차원 공간의 구부러진 모양을 시각화하는 일은 매우 어렵기 때문에 간단하게 평면상에서 설명한다. 이 세 가지의 굽은 모양은 각각 '구형', '평탄형', '말안장형'이라 한다. 관측을 통해서 본 현재 우주의 모습은 '평탄형'에 아주 가까운 것으로 알려졌다. 이론적으로는 세 가지 가능성이 있는데 왜 하필이면 평탄형일까?

또 구형이나 말안장형에도 많은 종류가 있다. 그러나 우주의 형태는 그러한 것들이 아니라 오히려 '전혀 구부러지지 않았다'는 결론에 이르렀다는 사실은 매우 아이러니하다.

우주는 왜 이렇게 평탄한 것일까? 구스와 사토 교수가 생각한 인플레이션우주론은 우주가 탄생할 때 어떤 원인에 의해 '인플레이션'이 발생하여 단기간에 지수함수적으로 팽창했다는 가설이다.

예를 들어 둥근 고무풍선을 단숨에 분다고 하자. 풍선이 부풀기 전에는 구형이었으나 갑자기 부풀어서 커진 후에는 '평탄형'과 구별하기 어려워진다(그림 7-3 참조). 결국 우주 초기에 인플레이션을 가정하면 우리는 현재 우주의 평탄성 문제로 골머리를 썩지 않아도 되는 것이다. 앞에서 나온 수식으로 설명하면 다음과 같은 함

그림 7-3 :: 팽창하는 우주의 모습

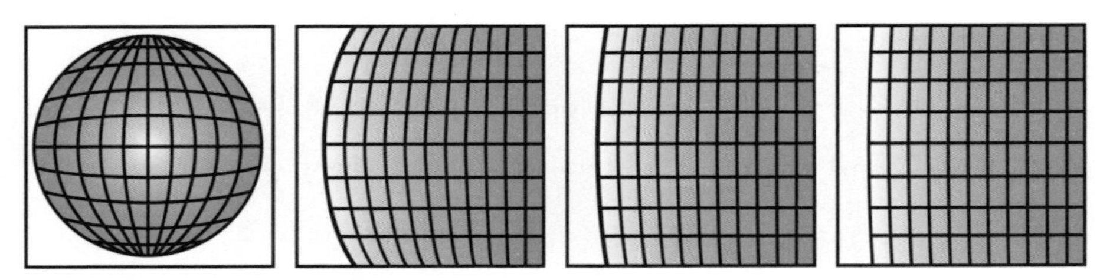

구형일지라도 인플레이션 후에는 평탄형과 구별하기 어렵다.

수에서 '우주 반지름 R이 단번에 커졌다'는 단순한 이야기에 지나지 않는다.

$$1-\Omega \propto -\frac{k}{R^2}$$

그렇더라도 평탄성 문제는 개인 선호의 문제로도 볼 수 있다. '처음부터 평탄했다고 한들 뭐가 문제인가?'라고 반문한다면 누구도 할 말이 없는 것이다.

지평선 문제

또 하나의 문제는 '지평선 문제'인데 이는 매우 심각한 문제이다. 현재 관측되는 우주배경복사를 분석해보면 우주의 모든 방향에서 태곳적 잔광이 같다는 사실을 알려준다. 그러나 이것은 매우 이상하다.

우주가 137억 년 전에 생겨났다고 가정하자. 우리는 137억 년 전 우주의 모습을 '보고 있다'. 그러나 같은 우주배경복사라도 지구 북극 바로 위로 도착하는 것과 지구 남극 바로 위로 도착하는 것은 137억 년의 두 배인 274억 광년이나 떨어져 있는 게 아닌가!

다시 말하면 우주의 북쪽 끝에서 오는 정보는 137억 년이나 걸려 지구에 도착하는 것이지만 남쪽 끝에서 오는 정보와는 무관한 것이다. 그럼에도 왜 둘은 같은 것일까? 우주의 북쪽 끝과 남쪽 끝에 도착하는 우주배경복사가 같은 정보를 지니고 있다는 사실은 아무리 생각해도 이상하다.

비유하자면 학교에서 시험을 치르는데 복도 맨 앞쪽 교실과 맨

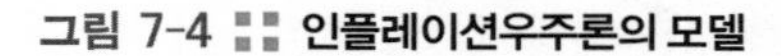
그림 7-4 ▪▪ 인플레이션우주론의 모델

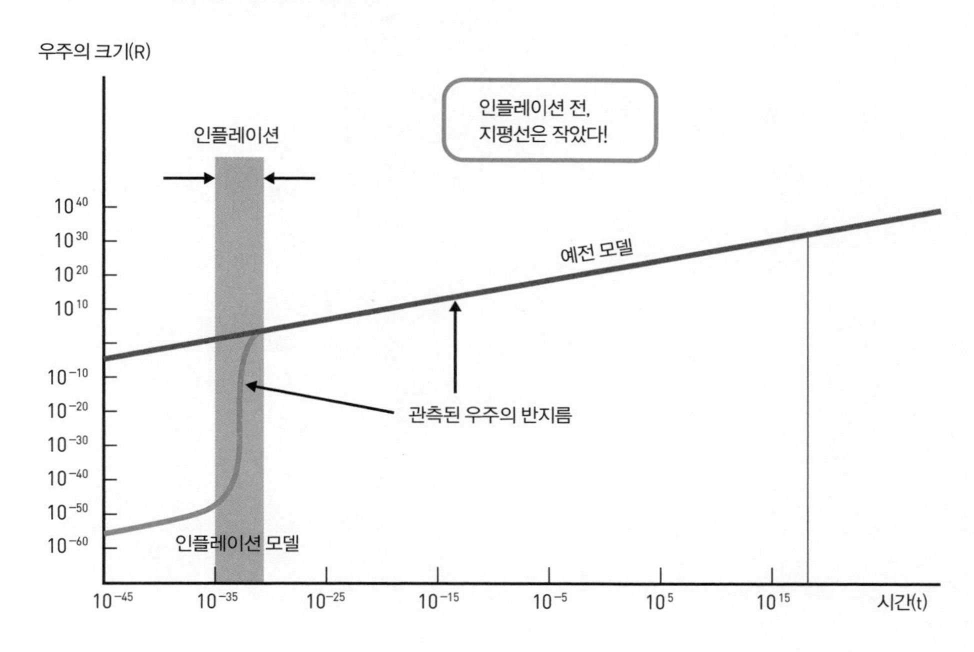

뒤쪽 교실은 정보 전달이 불가능한데도 학생 모두가 같은 답안을 작성했다는 기묘한 상황에 처한 것이나 마찬가지인 셈이다. 도대체 우주는 언제 '부정행위'를 한 것일까?

태곳적 우주에 인플레이션 시기가 있었다고 하면 지평선 문제는 해결된다. 인플레이션 전의 우주는 아주 작았다. 그래서 현재 지평선 저쪽에 있는 영역도 옛날에는 그 지평선에 인접해 있었던 것이다. 이웃이기 때문에 얼마든지 '부정행위'가 가능했을 것이다.

그림 7-5 ∷ 앨런 하비 구스(Alan Harvey Guth, 1947~)

미국의 우주물리학자이며 MIT 교수이다. 인플레이션우주론을 제창했다.

그림 7-6 ∷ 사토 가쓰히코(佐藤勝彦, 1945~)

일본의 우주물리학자이며 도쿄 대학 이학부 교수이다. 우주의 탄생과 초기 우주를 연구하며 인플레이션우주론을 제창했다.

인플레이션을 일으킨 녀석, 미지의 소립자 인플라톤

우주 초기에 인플레이션이 일어났다는 것은 현대 우주론의 이론 면에서나 관측 면에서 정설로 받아들여진다. 그러나 다음 질문에 답을 제시한 사람은 아무도 없다.

'인플레이션이 왜 일어났는가?'

사건은 일어났다. 그러나 범인을 잡지 못했다. 이것이 우리가 지금 처한 상황이다. 인플레이션을 일으킨 '범인'은 미스터 X라고 하는 수수께끼의 인물이라는 뜻을 담아서 인플라톤이라 한다. '인플레이션을 일으킨 녀석'이라는 느낌이랄까?

아인슈타인의 중력마당방정식에서는 우주 팽창이 일반적으로 물질의 에너지밀도와 압력에 따라 감속할 것이라 예측한다. 물질이 있으면 그 중력에 따라 우주가 당연히 수축하려 들기 때문이다. 조금 더 자세히 수식을 적어보면 그 가속도는 다음 수식에 비례한다.

$$-(\varepsilon+3P)$$

ε가 에너지밀도이고 P가 압력이다. 기체의 압력을 생각하면 알기 쉬운데, 일반적으로 물질에서는 에너지밀도가 크면 압력도 크다. 따라서 고체든 기체든 물질이 존재한다면 우주는 스스로의 '무게(중력)'에 이끌려 감속하게 된다.

그러나 물리학자는 상상력이 풍부해 에너지밀도가 커지면 압력이 작아지는 기묘한 물질을 생각해냈다. 바꿔 말하면 '마이너스압력'을 가진 물질을 상상한 것이다. 만약 그런 기묘한 움직임을 지닌 물질이 존재한다면 아인슈타인의 방정식은 괄호 안이 마이너스가 됨으로써 결국 가속도는 플러스가 되어 우주가 점점 가속 팽창할 것이라 예측하는 셈이다. 아인슈타인이 최초에 도입한 우주상수도 바로 그런 기묘한 움직임을 보이는 물질의 한 예이다.

그러나 현대 우주론의 정설이 된 인플레이션을 일으킨 범인이 아인슈타인의 우주상수라고 생각하기에는 무리가 많다. 왜냐하면 아인슈타인의 우주상수는 우주를 항상 넓게 퍼지게 하는 '만유척력'으로 작용하므로 우주는 아무리 시간이 흘러도 인플레이션에서 벗어나지 못한다는 말이 되기 때문이다.

여기서 미지의 범인 인플라톤은 우주를 안전하게 팽창시킨 다음 재빨리 무대에서 퇴장하지 않으면 안 된다. 바꿔 말하면 최초에는 우주상수처럼 작용하고 그 다음에는 천천히 약해져 0이 되어야 한다는 것이다.

인플라톤이나 우주상수를 '진공에너지'라 부르기도 한다. 이는 진공 그 자체가 지닌 에너지라는 뜻이다. 이 말의 사용이 적합하려면 우주가 탄생할 때는 '가짜 진공상태(우주상수가 존재)'였고 그 후 천천히 상태가 변화하여 나중에는 '진짜 진공상태(우주상수가 0)'가 되었다고 가정해야 한다.

그러나 굳이 우주 초기의 인플레이션이 아니라도 약 50억 년 전부터 우주가 다시 가속 팽창을 시작했기 때문에 우주상수는 계속 존재하고 있었을지도 모른다. 어쨌든 암흑에너지의 정체를 밝히지 못한 것처럼 우주 초기 인플라톤의 정체 또한 현재로서는 베일에 가려 있는 상황이다.

시공간마저 무너뜨리는 무서운 특이점

7-3

물리학의 가장 큰 이점은 계산을 통해 예측을 할 수 있는 것이다. 그러나 물질이나 에너지가 한 점에 집중되면 시공간이 무너져서 방정식을 이용해 계산해도 예측이 불가능해진다.

특이점이란 무엇인가?

특이점은 양자우주론이 아니라 아인슈타인의 일반상대성이론의 틀 속에 있는 고전적인 내용의 현상이다. 아인슈타인이 일반상대성이론을 완성해 그것을 우주나 블랙홀 등을 계산하기 위해 적용했을 때는 여러 가지 문제점이 있었다.

예를 들면 일반상대성이론에 따르는 우주론에서는 우주가 탄생할 때의 크기가 0이다. 만약 물질이나 에너지가 변하지 않고 그대로 존재해 한곳에 모이면 우주의 밀도는 무한대가 된다. 같은 상황은 블랙홀의 '중심부'에서도 벌어진다.

그러한 시공간의 점을 '특이점'이라 한다. 특이점의 특징은 다음과 같이 정리할 수 있다.

(1) 크기가 0

(2) 밀도가 무한대

아인슈타인의 일반상대성이론에서는 반드시 특이점이 생길 수밖에 없다는 매우 어려운 내용을 증명한 사람은 스티븐 호킹과 로저 펜로즈이다. 그 이전인 1963년에는 러시아의 물리학자 이브게니 미하일로비치 리프시츠(1915~1985)와 이사크 M. 할라트니코프(1919~)가 인위적인 가설을 토대로 대칭성이 높은 우주에서만 특이점이 생기며, 실제 우주는 복잡하기 때문에 특이점이 생기지 않는다고 주장한 적도 있다. 요컨대 이들의 주장은 한마디로 다음과 같다.

'우주의 시작은 없다'

그 후 1965년에 호킹과 펜로즈는 이 주장이 잘못된 것이며 특

그림 7-7 ▪▪ 특이점

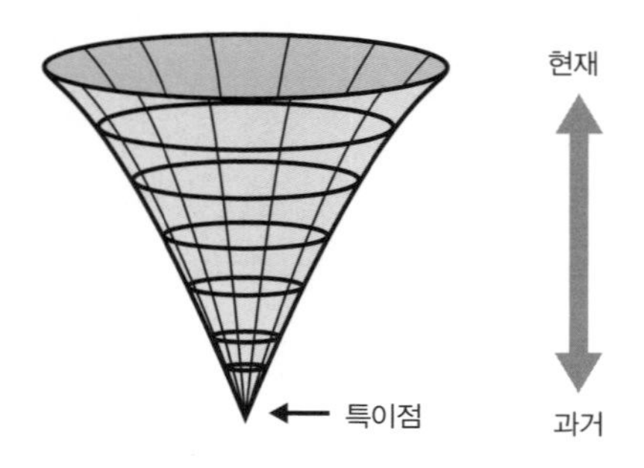

이점의 생성은 상대성이론에서 피할 수 없는 문제임을 수학적으로 증명했다. 특이점은 어떤 의미에서는 상대성이론을 적용 범위에서 벗어나 무리하게 적용한 데서 온 결과라 할 수 있다. 따라서 실제 우주에 양자론을 적용하면 특이점을 피할 수 있으리라 생각한 것이다.

호킹은 자신이 증명한 **특이점 정리**를 기반으로 실제 우주에 특이점 문제가 나타나는 일이 없도록 하기 위해 양자우주론을 생각했다. 즉 우주의 시작을 '원만히' 하는 가설을 제창한 것이다.

그림 7-8 :: 로저 펜로즈(Roger Penrose, 1931~)

영국의 이론물리학자. 일반상대성이론의 세계적 권위자로 우주론과 블랙홀에 관한 이론적인 연구를 진행하고 있다.

우주 탄생의 지표, 플랑크

우주가 탄생할 때의 크기, 시간, 질량에는 모두 '플랑크'라는 이름이 붙어 있다.
막스 플랑크●는 양자론의 창시자로 알려진 물리학자이다.
우주가 탄생할 때는 양자론 효과가 크게 작용한다.

공간, 시간, 물질은 한순간에 생겨났다

●
막스 플랑크
(Max Karl Ernst Ludwig Planck, 1858~1947)
독일의 이론물리학자. 열복사 연구를 하던 중 플랑크상수를 발견하고 양자가설을 주장해 양자론의 길을 열었다.

앞서 이야기하였지만 '플랑크길이', '플랑크시간', '플랑크질량'은 공통적인 의미가 있다. 즉 이들은 모두 우주가 탄생할 때의 상태를 나타내는 지표이다. 물리학에는 몇 가지 기초 상수가 있다.

중력의 세기를 나타내는 중력상수 G

정보 전달의 한계를 나타내는 광속 c

양자의 불확정성을 나타내는 플랑크상수 h

이 세 가지 상수는 각각 아인슈타인의 중력이론(일반상대성이론), 특수상대성이론, 양자론을 특징짓는 것으로 다른 물리상수보다 그 중요도가 매우 높다.

이 세 가지 기초 상수를 곱하거나 나누거나 때에 따라서는 제곱근 등을 취하면 길이나 시간, 질량의 단위를 가진 물리량을 만들 수 있다. 그것이 플랑크길이, 플랑크시간, 플랑크질량이다. 구체적으로는 대략 다음과 같다.

그림 7-9 ∷ 우주의 탄생과 플랑크 크기

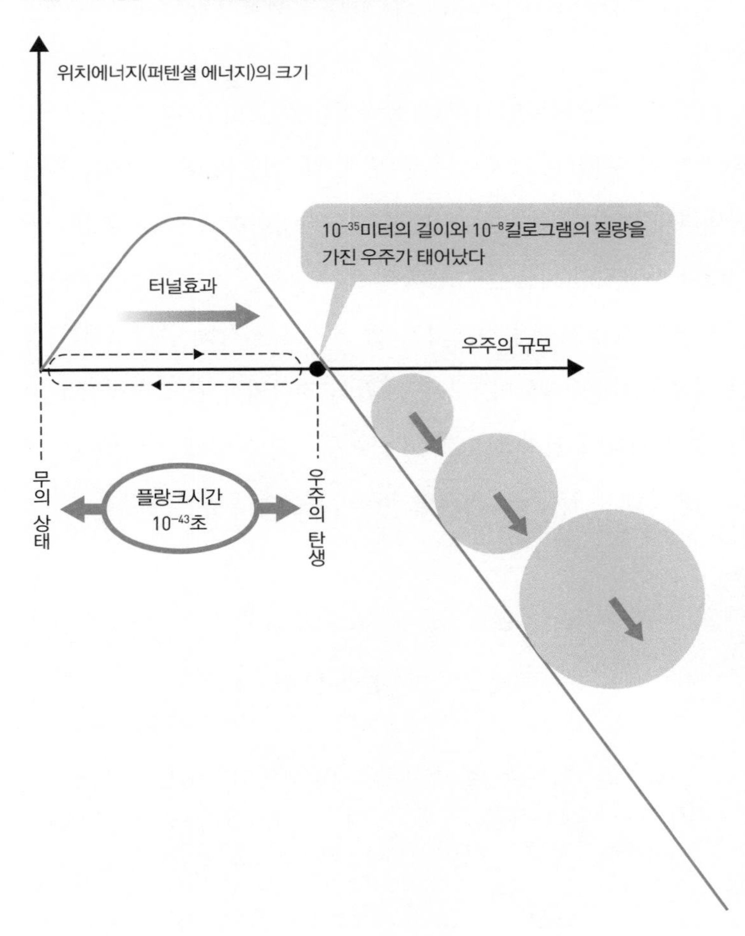

플랑크길이 : 10^{-35}미터

플랑크시간 : 10^{-43}

플랑크질량 : 10^{-8}킬로그램

이들 상수는 양자론과 중력이론을 통합한, 아직은 미완성인 양자중력이론을 특징짓는 것이다. 실제 양자중력이론의 유력한 후보인 초끈이론•에서는 '끈'의 길이가 대략 플랑크길이 정도로 계산된다.

초끈이론
Superstring Theory
소립자의 상호작용, 쿼크 등의 기본 입자, 시간, 공간을 통일적으로 기술할 수 있을 것으로 기대되는 이론. 독특한 점은 기본 입자를 점이 아닌 1차원적으로 퍼져 있는 끈이라고 생각하는 것이다.

아직까지 인류는 양자론과 중력이론을 통합한 완성판을 아직 손에 넣지 못했다. 그래서 우주 탄생 때 어떤 일이 일어났는지를 완벽하게 설명할 수 있는 시나리오를 작성하지 못하는 실정이다. 그러나 대략적인 서술은 가능하다.

우주는 플랑크길이 정도의 극소 크기로 시작해 플랑크시간 동안 갑작스럽게 탄생했다. 그 후 시간이 지나면서 규모가 커짐에 따라 우주 전체의 양자적 효과는 줄어들어 오늘날에는 아인슈타인의 일반상대성이론으로 기술되기에 이르렀다.

플랑크의 크기를 계산해보자

정말 세 가지 기초 상수를 이용해 플랑크시간을 도출할 수 있는지 계산해보자. 그러나 G와 c와 h를 각각 몇 번 곱해야 시간의 단위가 나오는지 전혀 알 수가 없다. 이런 때는 '차원 해석'이라는 편리한 방법을 동원한다.

G를 x번, c를 y번, h를 z번 곱하면 '초' 단위만 남는다고 가정하자.

G는 $6.672 \times 10^{-11} m^3 kg^{-1} s^{-2}$, c는 $2.99792458 \times 10^{-8} ms^{-1}$, h는 $6.626068 \times 10^{-34} m^2 kgS^{-1}$이므로 G를 x번, c를 y번, h를 z번 곱하면 다음과 같다.

m(미터)의 단위 = 3x+y+2z
kg(킬로그램)의 단위 = −x+0y+z
s(초)의 단위 = −2x−y−z

여기서 미터와 킬로그램의 단위가 0이고 마지막   단위가 1이면 되니까 다음과 같은 연립방정식을 풀면 된다.

$3x+y+2z=0$
$-x+0y+z=0$
$-2x-y-z=1$

결과는 다음과 같다.

$x=1/2$
$y=-5/2$
$z=1/2$

1/2제곱이라는 것은 제곱근을 뜻한다. 따라서 G를 1회 곱하고 c로 5회 나누고 h를 1회 곱하고 마지막으로 전체의 제곱근을 구하면 된다.

결국 다음이 플랑크시간인 것이다.

$$\sqrt{\frac{Gh}{c^5}} = 1.35125 \times 10^{-43} s$$

우주 초기의 시간은 허수시간

'휠체어 탄 뉴턴'이라는 별명을 지닌 스티븐 호킹은 특이점 문제를 해결하기 위해 '우주 초기의 시간은 허수였다'는 놀랄 만한 가설을 제창했다.
시간이 허수라는 것은 도대체 무슨 뜻일까?

호킹의 허수시간 가설이란

특이점에서는 온도와 밀도가 무한대이기 때문에 기존의 물리법칙은 붕괴되고 만다. 물리법칙이 없으면 물리 현상을 기술하기가 곤란하므로 가능하면 특이점을 없애야 한다. 양자론의 효과를 수용한 양자중력이론이라면 특이점이 없어지리라 생각되지만 유감스럽게도 완전한 양자중력이론은 아직 완성되지 못했다. 그러면 어떻게 해야 할까? 이 골칫거리를 풀기 위해 호킹은 획기적인 가설을 제창했다.

호킹의 허수시간 가설 : 우주 초기에 시간은 허수였다.

시간이 허수라는 것은 무슨 뜻일까? 이를 알려면 먼저 허수가 무엇인지 알아야 한다. 세상에는 많은 종류의 수가 있다. 그러나 여기서는 대분류로서 실수와 허수로 나눈다. 실수와 허수의 뜻은 다음과 같다.

실수 : 제곱하면 플러스 값이 되는 수

허수 : 제곱하면 마이너스 값이 되는 수

허수의 단위를 i로 나타내면 다음과 같이 쓸 수 있다.

$$i^2 = -1$$

설명을 단순화하기 위해 3차원 공간(x, y, z)이 아닌 1차원 공간(x)에서 생각하기로 한다. 먼저 호킹이 말하는 '허수시간의 우주'는 아니지만 그에 가까운 우주에 관한 수식을 적어보자. 그 세계에서는 두 점 사이의 거리 s를 **피타고라스의 정리**로 구할 수 있다.

$$s^2 = x^2 + t^2$$

빗변 s의 제곱은 밑변 x의 제곱과 높이 t의 제곱을 더한 것이다. 이 공식이 성립하는 공간을 **유클리드공간**이라 한다. 유클리드기하학이 성립하는 우주이다. 그러나 현재 우주(여기서는 y와 z를 무시한 시공간)에서는 중력이 없을 경우 두 점 사이의 거리를 다음과 같은 공식으로 구할 수 있다.

$$s^2 = x^2 - t^2$$

이것을 민코프스키시공간이라고 한다. 덧붙이면 헤르만 민코프스키[•]는 아인슈타인의 수학 선생님이었다. 민코프스키는 아인슈타인의 상대성이론을 기하학적으로 설명한 인물이다.

• **헤르만 민코프스키 (Hermann Minkowski, 1864~1909)** 러시아 출신의 독일 수학자. 수리물리학, 기학학적 수론, 상대론 등에서 큰 업적을 남겼다.

피타고라스의 정리가 이상한 형태로 변한 탓에 지금의 우주에

그림 7-10 ∷ 특이점이 있는 우주의 진화

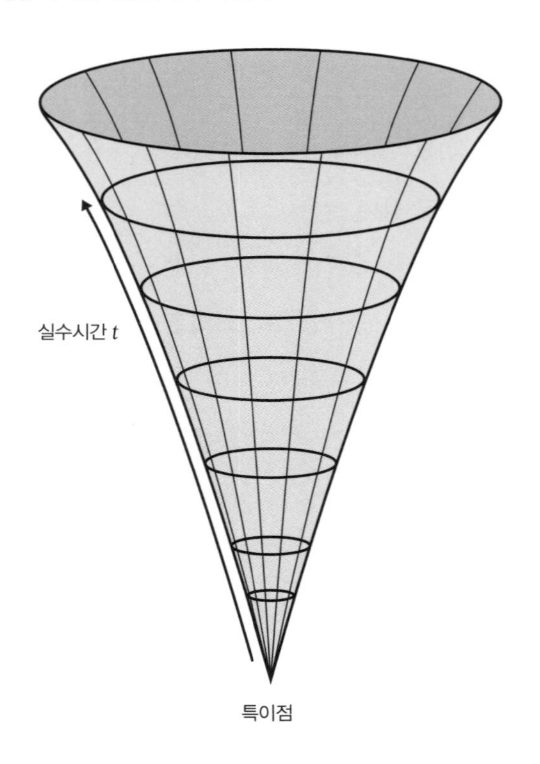

들어맞는 이 민코프스키시공간이 기묘하게 여겨질 수도 있다. 그것은 차치하더라도 이 두 방정식을 비교해보면, 민코프스키시공간에서 시간 t를 시간에 허수를 곱한 it[•]로 바꾸면 유클리드공간이 됨을 알 수 있다. 호킹은 '우주 초기의 시공간에서도 피타고라스의 정리가 성립하도록 만들면 되지 않을까?'라고 생각한 것이다.

• **it**
i는 허수, t는 시간이다.

실제 우주에는 물질과 에너지가 존재한다. 특이점이라는 것은 크기가 0이라는 것 외에도 그 밀도가 무한대여서 기존의 물리법칙을 적용할 수 없게 된 무의미한 점이다.

허수시간과 양자우주론

현재 우주는 계속 팽창하고 있는데 그 크기와 시간의 관계는 아인슈타인의 방정식으로 기술할 수 있다. 그것을 그림으로 나타내면 그림 7-10과 같다. 시간이 0이 되면 우주의 크기도 0이 되지만 에너지가 존재하기 때문에 밀도는 무한대가 된다. 만약 시간이 허수가 되면 어떻게 될까?

유클리드공간에서는 일반적으로 피타고라스의 정리가 성립하며 그 방정식은 '원'을 나타낸다. 빗변 s를 반지름이라고 생각하는 것이다. 여기에 공간 차원을 하나 더 늘리고, 반지름 s를 1이라고 하면 다음과 같이 '구'를 나타내는 방정식이 된다.

$$x^2 + y^2 + t^2 = 1$$

요컨대 우주 초기의 시간이 허수라고 생각하면, 우주는 '구'가 되고 '뾰족하던 우주의 시작점이 둥글어지는' 것이다(그림 7-11 참조).

그 모양은 지름이 점점 작아지는 원통 아래에 구를 절반으로 자른 반구를 붙인 것과 같은 모습이다. 그러나 여기서도 우주의 시작이 '점'이었기 때문에 문제는 여전히 남아 있다고 말할지도 모르겠다. 그러나 호킹은 웃으면서 말한다.

"구의 표면은 모두 점이다. 지구 표면을 생각하면 간단하다. 남극점에 서 있다고 해서 그곳 물질의 밀도가 무한대가 되는 것은 아니다. 구의 표면은 그 어디에서도 솟아 있지 않으니까."

그림 7-11 ∷ 호킹의 우주 모델

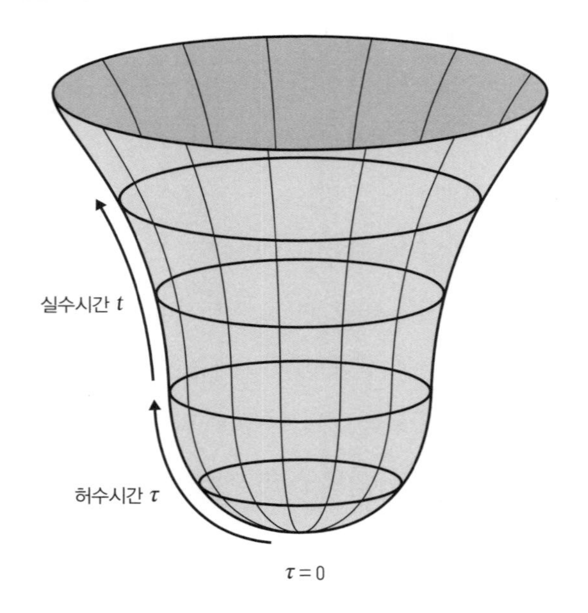

도대체 어떤 메커니즘에 따라 우주 초기 허수시간의 우주가 현재 우리가 살고 있는 실수시간의 우주로 변신한 것일까? 이러한 의문이 들겠지만 다음과 같이 생각하면 이야기가 잘 들어맞는다.

초기 우주는 작았기 때문에 양자우주라 할 수 있다. 양자의 세계에서는 '터널효과•'라는 현상이 나타낸다. 우주는 양자의 불확정성으로 인해 허수시간 쪽에서 실수시간 쪽으로 터널을 지나왔다.

• **터널효과**
입자의 파동성에 의한 양자역학적 현상의 하나. 입자가 자신보다도 큰 에너지 장벽을 뚫고 지나가는 현상이다. 주사형터널현미경은 이를 응용한 것이다.

그림 7-12 ▪▪ 스티븐 호킹(Stephen W. Hawking, 1942~2018)

영국의 이론물리학자. 케임브리지 대학 대학원 재학 중에 난치병인 근위축성측색경화증(일명 루게릭병)에 걸렸지만, 연구를 계속해 '특이점 문제'를 증명하고 블랙홀을 연구하는 등 큰 업적을 올렸다. 일반 독자를 대상으로 집필한 교양서 『시간의 역사』(1988)는 세계적인 베스트셀러이다.

7-6 호킹이 생각해낸 호두우주

여기서는 호킹으로 대표되는 양자우주론의 개요를 소개한다.
물론 호킹 혼자서 생각한 것은 아니다. 이 장에서는 특별히
우주의 탄생과 양자론을 접목한 호킹의 아이디어를 알기 쉽게 설명한다.

로켓과 중력퍼텐셜

양자우주론이란 한마디로 말하면 '우주 전체에 양자론을 적용하려는 시도'라고 할 수 있다. 물론 양자론은 극소의 물체에 적용하는 이론이므로, 양자우주론은 우주가 아직 '갓난아기'였을 때의 움직임을 밝히는 학문이라 할 수 있다.

양자우주론의 핵심은 터널효과이다. 터널효과를 설명하기 전에 로켓 운동을 생각해보자. 지구에서 로켓을 발사할 때의 힘은 그 로켓의 운명을 결정한다. 쏘아 올리는 속도가 느리면(에너지가 작으면) 로켓은 지구의 중력권을 넘어서지 못하고 떨어져버린다. 반대로 쏘아 올리는 에너지가 충분히 크면 로켓은 지구의 중력권을 넘어 무한히 먼 곳까지 날아갈 수 있다.

그림 7-13 :: 중력퍼텐셜(중력우물)과 로켓의 관계

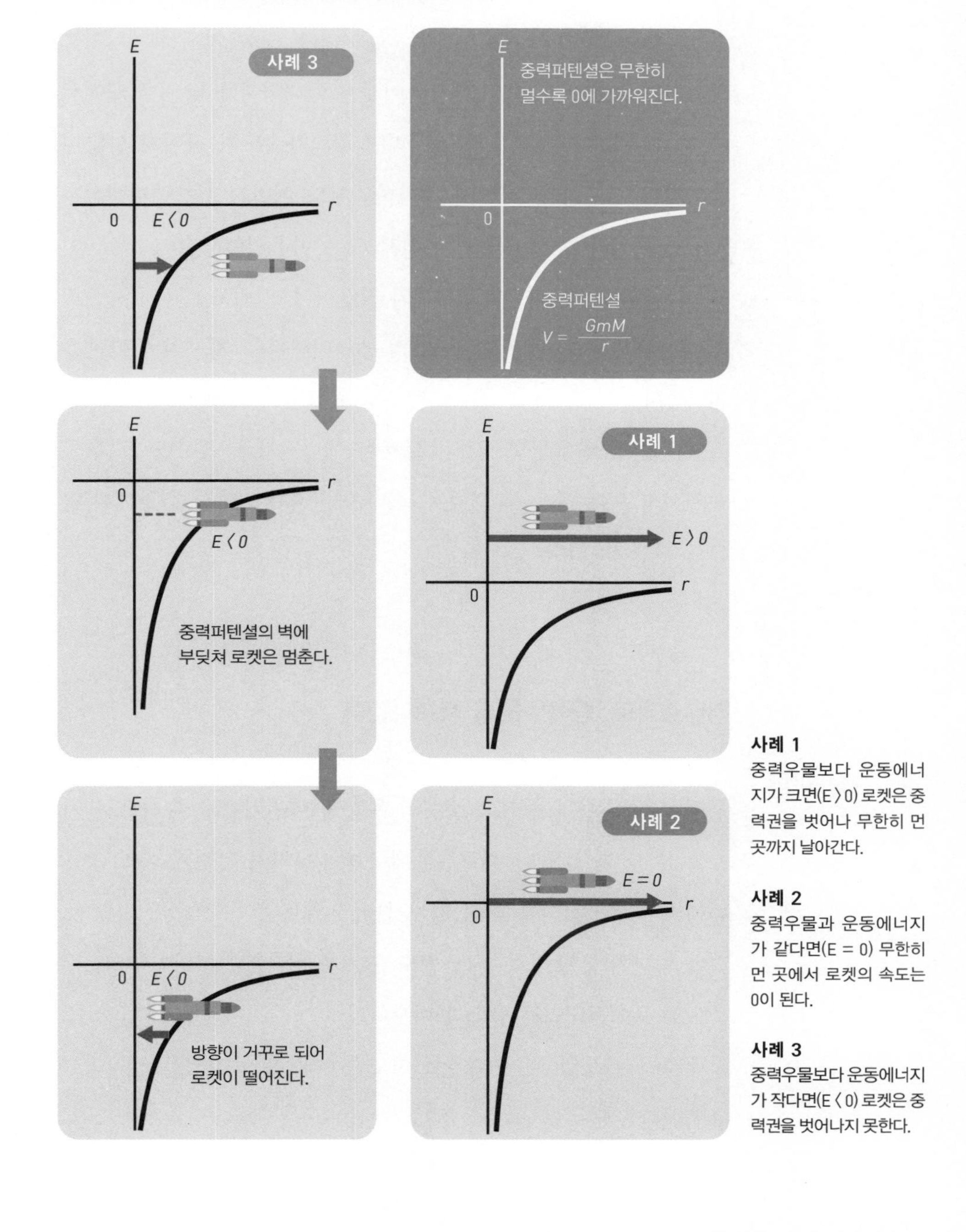

사례 1
중력우물보다 운동에너지가 크면(E〉0) 로켓은 중력권을 벗어나 무한히 먼 곳까지 날아간다.

사례 2
중력우물과 운동에너지가 같다면(E = 0) 무한히 먼 곳에서 로켓의 속도는 0이 된다.

사례 3
중력우물보다 운동에너지가 작다면(E〈0) 로켓은 중력권을 벗어나지 못한다.

우리는 학교에서 위치에너지를 m×g×h(mgh)로 배운다. m은 질량, g는 중력가속도(9.8m/s²), h는 높이이다. 보통 이 위치에너지를 중력퍼텐셜이라고 한다. 그러나 이것은 어디까지나 낮은 고도에서나 통하는 말이다. 고도가 높아지면 중력가속도가 작아져 상황이 달라지기 때문이다. 따라서 정확하면서도 일반적인 중력퍼텐셜은 (−GmM/r)이라 할 수 있다. 여기서 G는 만유인력상수(중력상수)이고 m은 물체의 질량, M은 지구의 질량이다. 그리고 r은 지구 중심에서 물체까지의 거리이다. 이때의 중력퍼텐셜은 '지구의 중력권'을 의미한다.

이것은 '중력우물'과 같다. 로켓이 에너지가 부족하면 그 우물 속에서 밖으로 나올 수 없다. 그러나 에너지가 크다면 우물에서 밖으로 나올 수 있다.

터널효과로 '중력우물'을 빠져나간다

사실은 우주의 팽창도 로켓의 운동과 마찬가지로 수식으로 기술할 수 있다. 로켓이 중력우물에서 빠져나가지 못하고 어느 정도 높이까지 올라갔다가 다시 떨어지는 것은 우주가 질량에 의해 중력이 지나치게 강해져 어느 정도 크기까지는 팽창하다가 다시 수축으로 돌아서버리는 상황과 비슷하다.

우주가 탄생할 때 중력우물의 모습은 다음과 같았을 것이라고 추측한다.

그림 7-14 ▪▪ 우주가 탄생할 때의 중력우물

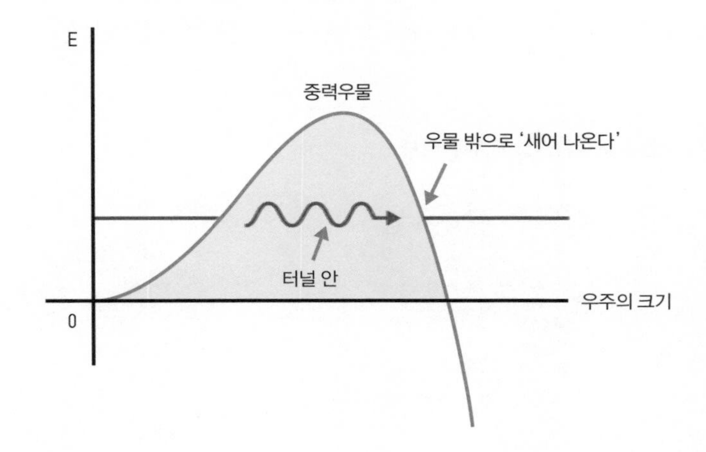

우주는 크기가 0인 상태에서 탄생하기 때문에 팽창을 시작해도 중력퍼텐셜(중력우물)의 벽에 부딪치면 튕겨 나와 수축해버린다. 팽창에서 수축으로 돌아설 때의 시간은 대략 10^{-43}초이고 그 크기는 10^{-35}미터 정도이다.

그러나 양자론의 세계에서는 '터널효과'라 불리는 기묘한 현상이 일어난다. 그러한 세계는 확률의 지배를 받으므로 중력우물을 빠져나와 반대편으로 나가버리는 터널효과가 발생할 수 있는 것이다. 실제로 일본의 에자키 레오나 박사는 양자론에 따르는 터널다이오드효과를 발견한 업적으로 1973년 노벨 물리학상을 받았다.

양자우주론은 이 가능성에 주목한다. 탄생 직후 우주는 팽창하여 중력퍼텐셜의 벽에 부딪치지만 크기가 작은 탓에 양자론의 터널효과에 힘입어 중력퍼텐셜을 통과해 지구 중력권을 벗어난 로켓과 같이 자유롭게 팽창하리라는 것이다.

호킹의 우주를 허수시간으로 시각화하면 주름진 호두 모양이 된다. 주름은 우주배경복사의 요동 또는 '얼룩'에 대응한다.

그림 7-15 ∷ 실수시간과 허수시간일 때 우주 역사

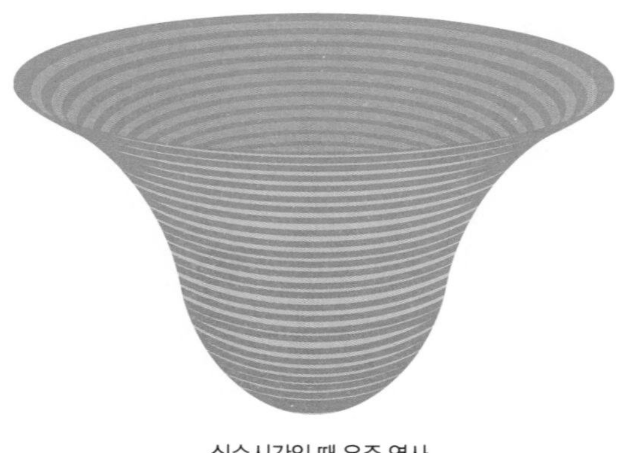

실수시간일 때 우주 역사

허수시간일 때 우주 역사

그림 7-16 ∷ 호킹의 호두우주

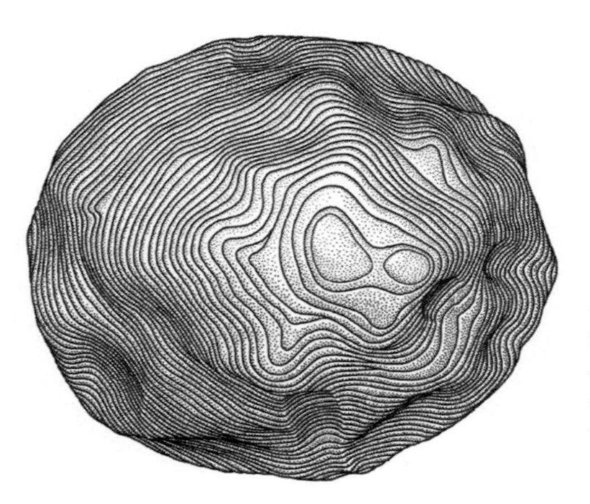

허수시간일 때 인플레이션이 멈춘 우주 역사

실수시간일 때 우주 역사를 허수시간 속에서 그림으로 나타내면 구가 된다(그림 7-15). 여기에 요동을 도입해 인플레이션이 멈춘 모델로 만들면, 허수시간에서는 우주가 호두 모양이 된다(그림 7-16).

7-7 결국 사건의 진상은 '무의 세계'

'우주는 무에서 시작되었다'는 설이 있다.
마치 음양오행의 세계관처럼 들리지만 이는 물리학의 한 이론이다.
도대체 왜 '무'에서 우주가 생기는 걸까? 그 메커니즘을 좇아보려 한다.

우주는 시간도 공간도 존재하지 않는 '무'에서 탄생했다

미국의 우주물리학자인 알렉산더 빌렌킨은 1982년에 놀라운 가설을 제창했다.

빌렌킨의 가설 : 우주는 '무'에서 탄생했다.

오래전부터 우주의 탄생에 관한 문제는 철학자와 과학자, 종교학자 모두에게 골칫거리였다. 현대 물리학과 우주론에서도 예외는 아니다. '시작도 없이 우주는 영원히 계속되고 있다'는 프레드 호일의 정상우주론도 이 고민에서 벗어날 수 있는 하나의 방법이기는 하지만, 빌렌킨은 '어차피 탄생한 것은 탄생한 것이니까 태도를 바

그림 7-17 ∷ 전자와 양전자의 쌍생성

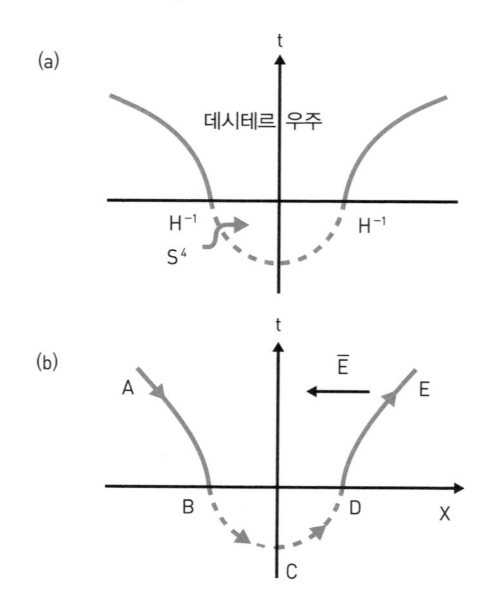

위쪽이 무에서 탄생한 우주, 아래쪽이 전자와 양전자의 쌍생성(세로축이 시간, 가로축이 공간)

출처 : Alexander Vilenkin, "Creation of universes from nothing", *Physics Letters B*, Volume 117, Issues 1–2, 4 November 1982, Pages 25–28

꾸면 되지 않을까?' 하고 생각했다. 탄생하기 전에는 아무것도 없었기 때문에 결국 우주는 '무'에서 생겨났다는 것이다.

그렇지만 이것이 무엇을 뜻하는지 이해하기 어려워 어쩔 수 없이 빌렌킨의 논문을 살펴보기로 한다. 그의 논문에서는 "'우주가 무에서 탄생했다니 제정신이 아니구나'라고 생각할지도 모를 독자를 안심시키기 위해 더 가까운 곳에서 예를 찾아보자"라고 밝히면서 전자와 양전자가 쌍생성하는 예를 소개하고 있다.

양자론의 불확정성원리에 따르면 전자와 양전자가 동시에 생성

될 때가 있다. 양전자는 전자의 반물질로서 전자와 질량은 같고 전하 부호는 반대이다. 그것이 그림 (b)에 나타나 있다. AB를 이동하는 화살표는 양전자를, DE를 이동하는 화살표는 전자를 나타낸다. 그리고 $\vec{E}$는 전기장을 표시한 것이다. 시간이 0일 때 B점과 D점에서 동시에 양전자와 전자가 생긴다. 그때까지는 '진공'이다. 고전역학적으로는 아무것도 없기 때문에 이것도 분명한 '무'에서 물질과 반물질이 생성된 것이다.

여기까지는 대부분의 물리학자들도 이해한다. 그 다음으로 빌렌킨은 같은 방정식을 이용해 전자와 양전자 대신 우주와 반우주(?)의 쌍생성이 가능함을 증명한다. 그것이 그림 (a)이다.

그림 7-18 :: 알렉산더 빌렌킨(Alexander Vilenkin, 1949~)

미국 터프츠 대학 물리학과 교수. 1976년 우크라이나에서 미국으로 이주한 뒤 우주론 분야에서 왕성한 활동을 펼치고 있다.

여기서 가로축 아래의 점선, 다시 말해 시간 0보다 '이전' 부분이 바로 허수시간의 영역이다. 이 '시간 같지 않은 시간' 동안에 '터널효과'가 발생해 우주는 실제로 존재하게 되었고 지수함수적인 팽창, 즉 인플레이션이 일어난 것이다.

우주는 그 밖에도 많다? 우주다중발생설!

수많은 양자우주론에서는 모두 인플레이션을 상정하지만 그 가운데서도 가장 독특한 것은 '우주다중발생설'이다. 인플레이션의 원리는 물을 가열하면 거품이 나오고 그 거품이 점점 커져 부푸는 것과 같은 이치이다. 부풀어 오르는 것이 시공간 그 자체인 것이 다르기는 하지만……. 그렇다면 거품이 하나가 아니라 수없이 많이 생긴다고 해도 이상한 일이 아니다.

실제의 우주 그 자체에 양자론을 적용하면 우주의 모습이 불확정적이므로 '어미우주'에서 '딸우주' 그리고 '손자우주'가 생긴다고 해도 이상할 것은 없다. 이와 같은 우주다중발생설은 일본의 사토 가쓰히코와 안드레이 린데● 등이 제창했다.

● **안드레이 린데 (Andrei Linde, 1948~)**
미국 스탠퍼드 대학 교수. 마이너스압력을 띤 암흑에너지가 척력으로 작용해 우주는 지수함수적으로 팽창한다는 인플레이션우주론의 발전에 큰 기여를 했다.

그림 7-19 ∷ '어미우주'와 '딸우주'는 적용되는 물리법칙이 서로 다를 수 있다

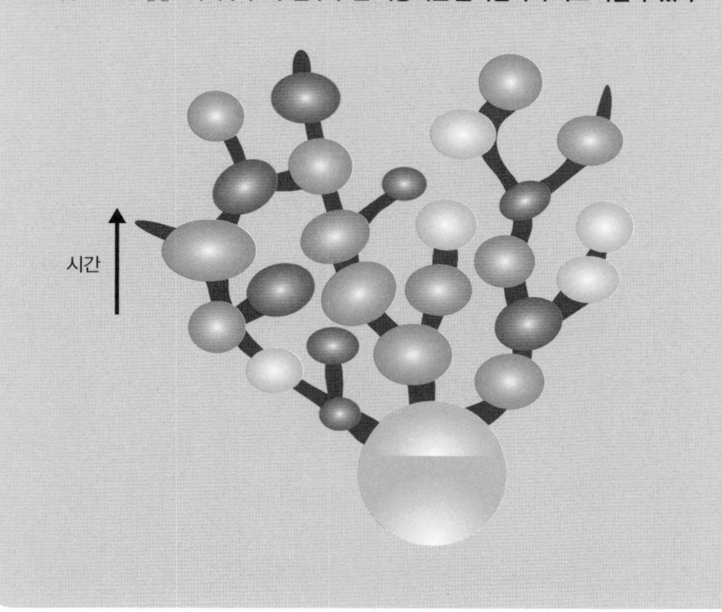

아인슈타인이 꿈꾼 대통일장이론

힘을 통일하는 이론 부분에서 네 가지 힘의 통일에 대해 설명했다.
또 이론의 통일이라는 것은 아인슈타인의 중력이론과
양자론의 통일(양자중력이론)을 뜻한다고 앞서 이야기한 적이 있다.
이러한 현대식 통일 이론과 아인슈타인의 '꿈'이었던
'통일장이론(unified theory of field)'은 어떤 관계가 있을까?

네 가지 힘을 통일한다

현대식으로 말하면 우주에는 강력, 전자기력, 약력, 중력의 네 가지 기본적인 힘이 있다. 이 가운데 전자기력과 약력은 스티븐 와인버그•와 압두스 살람••, 셸던 리 글래쇼•••가 '전약통일이론'으로 통일했다. 세 사람은 1979년 노벨 물리학상을 수상했다. 강력이 통일되면 '대통일이론(GUT, grand unified theory)'이 완성되겠지만 그것은 아직 완성하지 못했다. 또 중력은 '손대지도 못하는' 상황이다. 덧붙이면 강력이나 전자기력이나 약력은 모두 양자론의 범위에 포함된다.

•
스티븐 와인버그 (Steven Weinberg, 1933~2021)
미국의 물리학자. 양자장론을 연구했다.

••
압두스 살람 (Abdus Salam, 1926~1996)
파키스탄 물리학자. 이슬람교도 중 첫 노벨 물리학상 수상자가 되었다.

••
셸던 리 글래쇼 (Sheldon Lee Glashow, 1932~)
미국 보스턴 대학 교수. 전약통일이론을 완성하고, 참 쿼크의 존재를 최초로 예측했다.

그림 7-20 ▪▪ 네 가지 힘을 정리하는 대통일이론

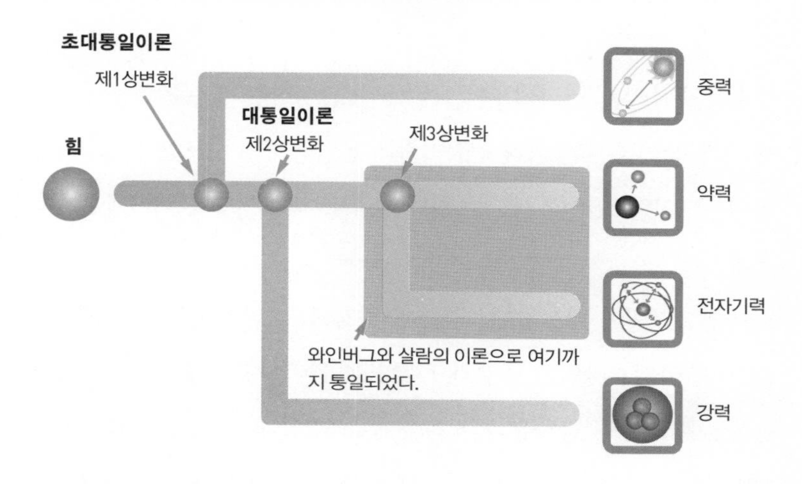

상황을 정리해보자. 현대의 통일 이론은 모두 양자론에 기초한다. 전자기력과 약력을 통일하는 이론(전약통일이론)은 벌써 완성되어 소립자의 표준이론이 되었다. 그러나 강력을 통일하기 위해서는 '한 걸음 더' 진보가 필요하며 중력은 아직까지 '손도 대지' 못하고 있다.

그러면 왜 중력만은 '손도 대지' 못하는 것일까? 이는 제대로 된 중력이론이 없기 때문이다. 초끈이론과 양자중력이론이라는 유력한 후보는 있기는 하지만 말이다.

양자론을 기반으로 하는 현대의 통일 이론은, 태곳적 우주에서 '같은 것'으로 보였을 네 가지 힘을 통일해 기술할 수 있는 이론을 찾아 헤매고 있는 상황이다.

아인슈타인도 손들고 말았다

아인슈타인은 만년에 통일장이론을 완성하는 데 온 힘을 쏟았다. 통일장이론은 중력과 전자기력을 통일하려는 시도였다. 그러면 아인슈타인의 그러한 시도는 현대 우주론에서 어떻게 이어지고 있을까?

아인슈타인이 활동하던 때는 네 가지 힘의 존재가 다 알려지지 않았다. 아인슈타인은 중력과 전자기력밖에 알지 못했다. 또 아인슈타인은 생전에 양자론과 거리를 두고 있었다. 그것은 굉장히 아이러니한 일이었다. 왜냐하면 1921년 아인슈타인은 광양자설의 업적을 인정받아 노벨상을 수상했기 때문이다. 아인슈타인은 1905년에 특수상대성이론과 광양자설에 관한 논문을 썼다.

자신이 창시자로서 참여한 양자론은 물리 현상의 확률적 예측밖에 하지 못했다. 그는 이에 만족할 수 없었던 것이다. 그래서 아인슈타인은 1955년 일생을 마감하기 전까지 통일장이론을 완성하기 위해 심혈을 기울였다. 그렇지만 다음의 두 가지 이유로 인해 지금은 과학사에서도 한 페이지 정도를 차지하는 일화로만 남아 있을 뿐이다.

- **현재 알려진 네 가지 힘 가운데 두 가지밖에 고려하지 않았다.**
- **현대 물리학의 기초 이론에서는 누구나 인정하는 양자론을 고려하지 않았다.**

잃어버린 반물질의 수수께끼

7-9

'반물질'은 공상과학영화에나 나오는 허구의 이야기가 아니라 실재하는 물리학적 개념이다. 글자 그대로 '물질의 반대'라는 뜻으로, 물질과는 반대의 전하를 띠고 있다. 우리가 살고 있는 우주는 대부분 물질로 이루어져 있고 반물질은 거의 존재하지 않는다. 그러나 우주 초기에는 반물질도 물질과 같은 정도로 있었으리라 여겨진다. 그렇다면 반물질은 어디로 사라진 것일까?

일찍이 존재했던 '반물질'

앞에서 지금까지 알려진 소립자 목록을 제시하면서 반물질에 대해 이야기한 적이 있다. 일반적인 소립자를 물질이라고 한다면 그와 반대의 전하를 가진 소립자를 반물질이라고 한다.

그림 7-21 ∷ 반물질의 세계

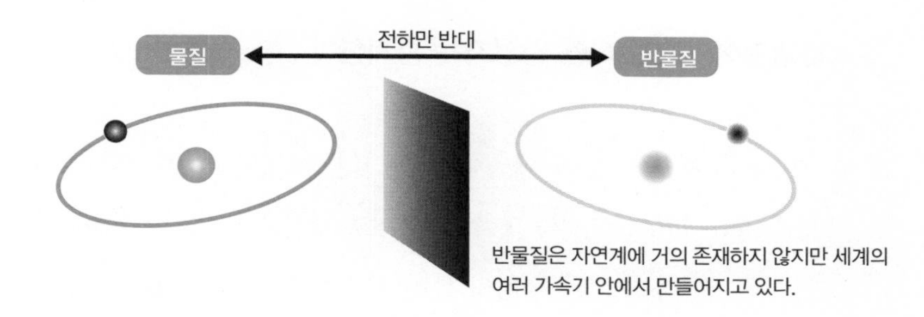

이상하게도 물질과 반물질은 전하가 반대라는 것 외에는 모든 것이 같아 보인다. 그렇다면 왜 우리의 우주에는 대부분 물질만 있고 반물질은 없는 것일까?

우주에 존재하는 네 가지 힘 가운데 중력을 제외한 나머지 세 가지가 '뒤섞여' 구별되지 않았을 때 어떤 일이 일어났는지를 규명하는 이론을 '대통일이론'이라고 한다. 이 이론에 따르면 초기 우주에서 세 가지 힘이 분리되지 않았을 때 거기에는 현재의 소립자 목록에는 없는 'X보손'이라는 소립자가 있었다고 한다. 이 X보손에는 짝을 이루는 반입자인 '반X보손'이 있었고 그 수는 서로 정확하게 같았다. 그러나 나중에 우주의 온도가 내려가 상변화가 발생해 X보손이 두 개의 쿼크로 붕괴되었고, 그때 붕괴율은 반X보손이 두 개의 반쿼크로 붕괴되는 비율과 미세하게 달랐다고 한다.

우주 초기 있었던 그 미세한 '계산 착오'가 문제가 되어 처음에는 수적으로 약간 웃돌던 물질이 나중에는 반물질에 비해 수적으로 월등히 우세해졌다. 그리고 결국에는 반물질을 우주에서 '추방하고' 말았다.

반물질이 존재한다면 양성자는 붕괴한다

물론 이것은 이론적 예측에 불과하다. 하지만 정말 그런 일이 있었는지 실험으로 검증할 수 있다. 그 실험은 만약 X보손이 실제로 존재한다면 이는 우리의 몸이나 별을 이루는 중요한 요소인 양성자가 놀랍게도 붕괴한다는 사실을 이용하는 것이다. 양성자가 붕괴하는 현상을 실험으로 검증할 수 있다면 우주 초기의 물질이 반물질을 '이겼다'는 사실도 간접적으로 증명할 수 있는 셈이다.

사실 앞서 소개한 슈퍼카미오칸데는 원래 양성자의 붕괴를 탐지하기 위해 건설한 실험 시설이었다. 슈퍼카미오칸데에서는 양성자의 붕괴 사례를 아직 발견하지 못했다. 지금까지 발견되지 않은 것으로 미루어 양성자의 수명이 100000000000000000000000000000000년(10^{32}년) 이상일 것으로 생각된다.

앞으로 양성자가 붕괴한다는 사실이 확인되면 우리는 우주 초기의 수수께끼를 해명하는 데 한 걸음 더 나아갈 수 있을 것이다.

제8장

양자중력이론에 근거를 둔 새로운 우주론

초끈이론, 브레인우주론, 루프양자중력이론

앞장에서는 아인슈타인의 이론에 양자론을 접목한 양자우주론을 소개했다.
그러나 우주의 탄생을 온전히 이해하려면 양자론을
단순히 접목하는 것만으로는 부족하고
아인슈타인의 중력마당이론과 양자역학을 완전히 통합해야 한다.
이 장에서는 그러한 '양자중력이론'과
그것에 기초를 둔 새로운 우주론을 살펴보자.

고상한 '초끈'의 세계

우주가 소립자 등의 요소로 이루어져 있다면 가장 작은 궁극의 요소는 무엇일까?
현대 물리학에서는 우주를 이루는 궁극의 요소를 '초끈'이라 본다.
그렇다면 우주가 끈으로 구성되어 있다는 것은 무슨 뜻일까?

궁극적인 의문에서 출발한다

우주가 무엇으로 이루어져 있는가 하는 의문을 풀기 위해서는 두 가지 측면에서 접근해볼 필요가 있다. 첫째는 현재 우주를 이루는 물질이나 에너지의 정체를 이미 알고 있는 소립자나 가설상의 소립자와 관련지어 밝히는 일이다. 둘째는 그러한 모든 소립자나 시공간이 무엇으로 이루어져 있는지를 탐색하는 일이다.

첫째 측면에 대해서는 우주의 96퍼센트가 수수께끼의 에너지로 구성되어 있으며, 그 가운데 23퍼센트는 암흑물질, 73퍼센트는 암흑에너지라는 것과 그 정체가 밝혀진 물질은 4퍼센트에 지나지 않음을 이미 소개했다.

이번에는 둘째 측면에 대해 이야기한다. 우주를 담는 그릇인 '시공간'과 그 안에 있는 에너지나 물질의 궁극적 기초는 무엇일까? 바꿔 말하면 태곳적 우주의 '초고온 용광로'를 채운 것은 과연 무엇이었을까? 어쩌면 그것이 식어서 현재 우리가 알고 있는 소립자가 생겼을지도 모른다.

이 의문은 극대 세계를 기술하는 아인슈타인의 중력마당이론(일반상대성이론)과 극소 세계를 기술하는 양자역학을 통합하는 일과 깊은 관련이 있다. 이는 우주가 탄생할 때 존재했고 현재는 소립자의 기원이 되었으리라 생각하는 궁극의 물질은 중력상호작용만 하는 매우 작은 요소였을 것으로 생각되기 때문이다. 현재 우주의 근원이자 세계를 탄생시킨 궁극적 요소로 가장 주목받고 있는 후보는 **'초끈'**이라는 것이다.

그렇다면 초끈이란 과연 무엇일까? 양자의 일종인 전자는 기본적으로 '점'이라 생각된다. 동시에 양자는 파이기 때문에 엄밀하게 크기를 정의하기는 어렵지만, '구조를 가지지 않는다'는 측면에서는 점이라고 할 수 있다.

지금까지 물리학에서는 크기가 없는 한 점에서 출발해 거기에 양자론적 효과를 덧붙여 이론을 구축해왔다. 그러나 초끈이론은 이름 그대로 크기가 없는 점이 아니라 크기가 있는 '끈'에서 출발해 이론을 구축하고 있다.

초끈의 진동 하모니

점과 끈의 큰 차이점은 무엇일까? 그것은 끈(현)은 점과 달리 진동한다는 것이다. 케플러의 우주론을 소개하면서 천체의 하모니라는 말을 사용했다. 옛날부터 많은 사람들은 천체가 아름다운 음악을 연주하고 있다고 생각했다. 그 아이디어는 초끈이론이 만들어진 후에도 건재하다.

양자론에 따르면 에너지는 진동수에 비례하고, 아인슈타인의 상대성이론에 따르면 질량은 에너지에 비례한다. 초끈은 양자론과 상대성이론 양쪽 모두를 따르기 때문에 '초끈의 질량은 진동수 그 자체'가 된다.

피아노 건반에서 한가운데의 '도'를 치면 그 진동수는 약 260.7 헤르츠이다. 1초에 260.7회 진동한다는 뜻이다. 동시에 '솔'이나 한

그림 8-1 :: 초끈은 바이올린 현의 진동

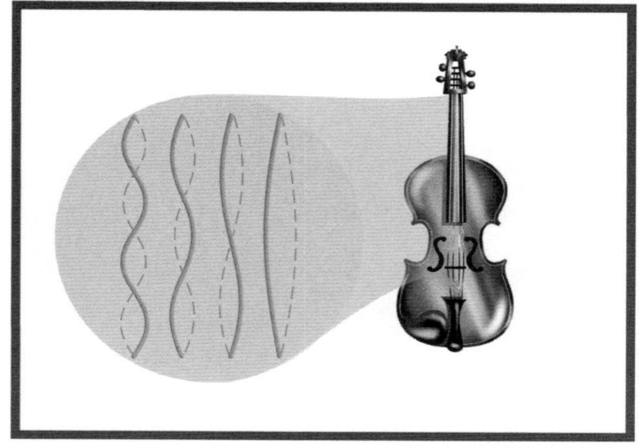

© DESY(Hamburg, Germany)

그림 8-2 ▪▪ 현의 진동 상태가 하나하나의 입자에 해당한다

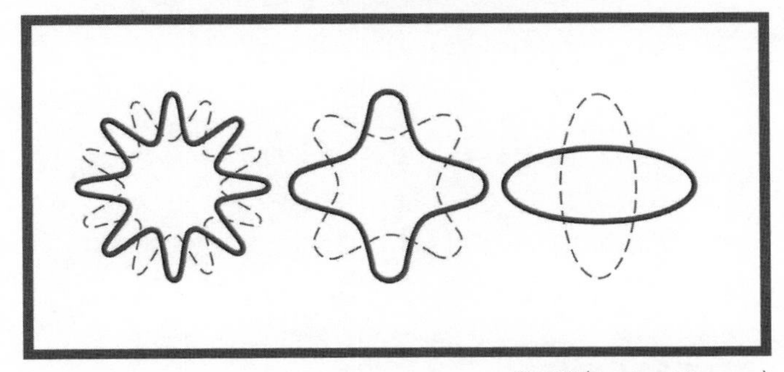

© DESY(Hamburg, Germany)

옥타브 위의 '도'도 약하게 들려온다. 이렇게 동시에 들려오는 음을 '배음' 또는 고조파라고 한다. 도와 솔의 진동수 비는 2대 3이고 도와 한 옥타브 위인 도의 진동수 비는 1대 2이다. 진동수가 이렇게 일정한 정수비가 되면 조화를 이뤄 귀에 편안하게 들린다. 어떤 배음이 어느 정도 포함되어 있는지에 따라 피아노의 음색이 정해지는데, 음색이 풍부할수록 많은 배음이 포함되어 있다. 초끈의 질량은 피아노의 음색과 같은 것으로서 많은 배음이 있다.

그러나 초끈은 우리에게 익숙한 3차원 공간 또는 시간이 포함된 4차원 시공간이 아니라 10차원 또는 11차원 공간에 있다. 이것은 매우 이상한 일이지만 복잡한 수학적 이유로 그렇게 될 수밖에 없다. 초끈이 진동하는 방향은 3차원이 아니라 고차원이라는 뜻이다. 이것은 어느 누구도 상상할 수 없다. 초끈의 여러 가지 '음색' 가운데 하나가 현재 관측된 소립자인 것이다.

그러나 초끈은 어디까지나 가설일 뿐이다. 현재까지 실험이나 천문 관측으로 초끈의 존재를 확인한 사람은 없다.

고상한 초끈의 시공간을 살펴보자

초끈은 10차원 또는 11차원 공간에 있는데, 우리가 사는 우주는 3차원 공간과 1차원의 시간으로 구성되어 있다. 만약 초끈이론이 옳다면 많은 차원이 작게 줄어들어 있을 가능성이 있다. 그 모습을 수학적으로는 엄밀하게 계산할 수 있다. 시뮬레이션 영상을 보기로 한다.

그림 8-3 ∷ 초끈공간

초끈공간에서 높이 방향은 작게 뭉쳐서 줄어들어 있다고 한다. 이 작게 뭉쳐진 공간을 칼라비 · 야우공간• 이라고 한다.

칼라비 · 야우공간 (Calabi · Yau Space)
대수기하학과 초끈이론에서 사용하는 매니폴드의 하나. 초끈이론에서는 여분의 차원이 6차원인 매니폴드를 이루고 있을 것으로 생각한다. 이탈리아계 미국 수학자 에우제니오 칼라비(Eugenio Calabi, 1923~ ; 펜실베이니아 대학 수학 교수)와 중국계 미국 수학자 치우청통(丘成桐, 1949~ ; 하버드 대학 수학 교수)이 확립했다.

그림 8-4 ∷ 칼라비 · 야우공간

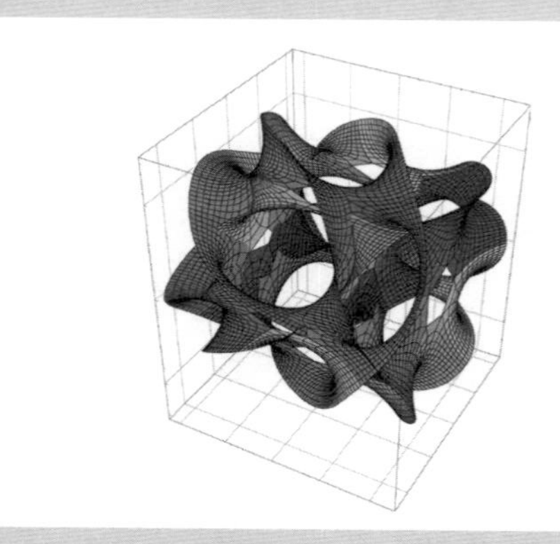

11차원으로 시각화된 브레인우주론

8-2

초끈이론에서는 '브레인'이라는 특수한 구조의 존재를 상정한다.
이 브레인에서 '끈'이 생겨났으며,
우리가 사는 우주 그 자체가 하나의 브레인일 수도 있다는 것이다.

초끈의 '흑막'은 브레인

초끈이론의 초는 초대칭성의 머리글자로 '보손과 페르미온을 바꿔 넣어도 세계는 변하지 않는다'는 불가사의한 뜻을 지니고 있다. 이미 이야기한 것처럼 우리에게 익숙한 광자는 보손이라는 소립자에 속하고 전자는 **페르미온**이라는 소립자에 속한다. 초대칭성 가설은 보손인 광자(포톤)와 짝을 이루는 페르미온 입자에 포티노가 있고, 페르미온인 전자(일렉트론)와 짝을 이루는 보손 입자에 s-전자(실렉트론)가 있다는 것이다. 이 가설에 따르면 이미 알고 있는 소립자의 수는 배가 된다. 결국 모두에게는 숨은 짝이 있다는 말로 이해하면 된다.

쉽게 설명하면 세계에 남자인 철수가 있다면 반드시 짝이 되는 여자인 영희가 있고, 여자인 순희가 있다면 짝이 되는 남자인 영수가 있다는 것과 같은 말이다. 그러나 짝이 되는 것은 일반적으로 세상에 모습을 보이지 않는다. 초대칭성 소립자가 아직도 발견되지 않은 것은 그 질량이 지나치게 커서 현재의 실험 장치로는 만들어 낼 수 없기 때문으로 생각한다.

초끈이론에 있는 것은 그러한 초대칭성을 가진 '끈'뿐만이 아니다. 최근에 이론이 진전되어 초끈이 반드시 주인공은 아니며 더 중요한 무언가가 있음을 밝혔다. 그것이 브레인이다.

'브레인•'은 원래 '막'이라는 뜻으로 '퍼지는 성질을 띤 것'이다. 브레인은 크게 두 종류로 나뉜다. 단단하고 매끄러운 브레인과 부드럽지만 한 면에 털(초끈!)이 나 있는 브레인이다. 브레인이나 초끈 같은 것은 고차원에 존재하지만 그 가운데 일부 브레인은 우리가 사는 3차원 공간에도 존재한다.

•
브레인
brane 막(membrane)에서 유래한 말. 브레인은 '만물의 이론'으로 여겨지는 M이론의 기본 요소이다. 11차원 내에서는 어떤 차원도 가질 수 있다.

브레인우주가 충돌을 반복한다

그러면 초끈이론에 등장하는 브레인이 왜 우주론과 관련이 있을까? 최신 우주론의 관측과 보조를 맞추듯이 2002년에 미국 프린스턴 대학의 폴 스타인하트와 영국 케임브리지 대학의 닐 터록은 흥미로운 가설을 제창했다. 그것은 순환우주론(에크피로틱우주론••)이다.

••
에크피로틱우주론
정확하게 말하면 순환우주론과는 모델이 서로 다르다.

순환우주 모델 : 우주에는 3차원 공간을 가진 두 종류의 브레인우주가 있으며 이 둘은 정기적으로 충돌을 반복한다.

우리가 사는 우주는 그 자체가 하나의 브레인이다. 그것이 또 다른 하나의 브레인에 부딪치거나 멀어지는 일을 반복한다. 이는 우리 우주와 다른 우주 사이에 중력이 작용하기 때문인데 마치 한 쌍의 심벌즈가 서로 용수철(중력)로 연결되어 있어서 정기적으로 부딪치고 다시 멀어지는 일을 영원히 반복하는 것과 같은 이치다.

이미 알고 있겠지만 이렇게 부딪칠 때가 '빅뱅'이다. 또 브레인끼리 부딪칠 때 '얼룩'이 생기는데, 그것이 바로 '요동'이며 WMAP으

그림 8-5 브레인의 충돌이 반복되는 우주 모델

로 관측된다. 이것이 은하의 씨앗으로 성장하는 것이다. 이 브레인 우주론은 어쩌면 우주의 73퍼센트를 차지하는 암흑에너지의 정체까지도 설명할 수 있을지 모른다. 상대 브레인에 영향을 미치는 이 중력이야말로 눈에 보이지 않은 암흑에너지의 정체일지도 모른다.

너무 잘 들어맞는 이야기 같지만 초끈이론은 아직 검증되지 않았다. 그러므로 스타인하트와 터록의 '새로운 브레인우주론'은 현재 하나의 가능성일 뿐이다.

우주 팽창의 수수께끼를 푸는 열쇠, 제5원소

8-3

현재 우주는 가속 팽창을 하고 있다. 그 원인은 아직도 수수께끼로 남아 있다.
다만 그 원인으로 주목받고 있는 것에 '퀸테센스'가 있다.
아인슈타인이 제시한 우주상수와 비슷한 퀸테센스는 대체 무엇일까?

우주 팽창의 원인은 마이너스의 압력인 '퀸테센스'일까?

암흑에너지의 정체는 아인슈타인이 말한 우주상수일지도 모른다고 생각하지만 아직 확실하지 않다. 뉴턴의 중력이론에서는 질량만이 중력의 원인이다. 마이너스 질량이 존재하지 않기 때문에 뉴턴역학에서는 인력만 예측할 수 있을 뿐이다. 그러나 아인슈타인의 상대성이론에서는 질량뿐 아니라 질량을 포함한 에너지와 운동량 전체가 중력을 낳는다. 에너지와 운동량을 단위체적당으로 계산하면 에너지밀도(ε)와 운동량밀도(압력, P)가 된다. 그래서 중력은 다음과 같은 조합으로 정해진다.

$$-(\varepsilon+3P)$$

뉴턴역학에서는 에너지밀도 ε이 질량밀도가 되고 압력 P는 0이 된다. 3P의 '3'은 우주 공간이 3차원이기 때문이다. 에너지밀도 ε과 운동량밀도(압력) P가 플러스이면 중력은 전체적으로 마이너스, 즉 '인력'이 된다. 그러나 만약 P가 충분한 크기의 마이너스라면 전체적으로는 플러스, 즉 '척력'이 된다.

이러한 마이너스 압력을 지닌 소립자나 진공에너지를 퀸테센스라고 한다. 아인슈타인이 생각한 우주상수는 P=−ε인 데 비해 퀸테센스는 일반적으로 P=−ε/3보다 작다.

에너지가 있음에도 압력이 마이너스인 것이 이상하다고 생각된다면 용수철을 생각해보라. 평형상태에 있는 용수철을 잡아당겨 늘어뜨리면 에너지는 있지만 용수철은 줄어들려고 한다. 거꾸로 평형상태의 용수철을 압축하여 줄이면 역시 에너지는 있지만 용수철은 늘어나려고 한다. 따라서 일반적인 물질과 반대의 압력을 가진 물질을 생각하는 것은 그다지 이상한 것은 아니다.

그림 8-6 ∷ 마이너스 압력을 용수철에 비유해 이해하자

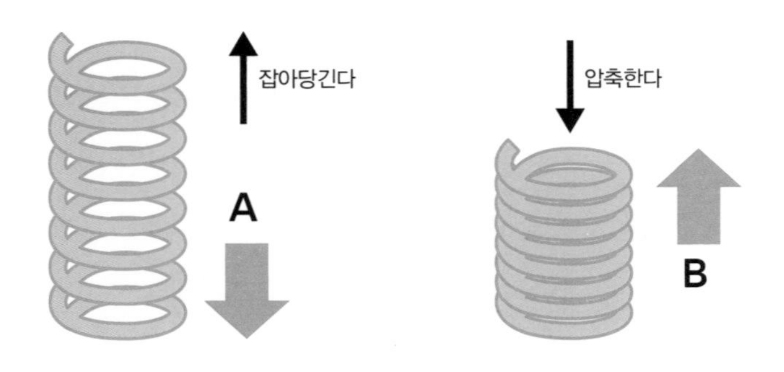

이 경우 A와 B의 에너지를 '마이너스 압력'이라 생각하면 된다.

퀸테센스는 고대 그리스 철학에서 흙·불·물·공기인 4원소 다음으로 생각한 제5원소로 '완전한 물질'이라는 뜻이다. 현대의 관점에서는 소립자 사이에 작용하는 네 가지 힘 다음으로 생각할 수 있는 힘이다.

현재로서는 우주를 가속하는 원인이라 여겨지는 암흑에너지의 정체를 알 수 없다. 그래서 거기에 퀸테센스, 즉 완전한 원소라는 이름을 붙인 것이다. 그 정체는 과연 아인슈타인이 생각한 우주상수(진공에너지)일까, 아니면 미지의 소립자일까? 가까운 미래에 밝혀지리라 기대한다.

그림 8-7 :: 퀸테센스의 정체

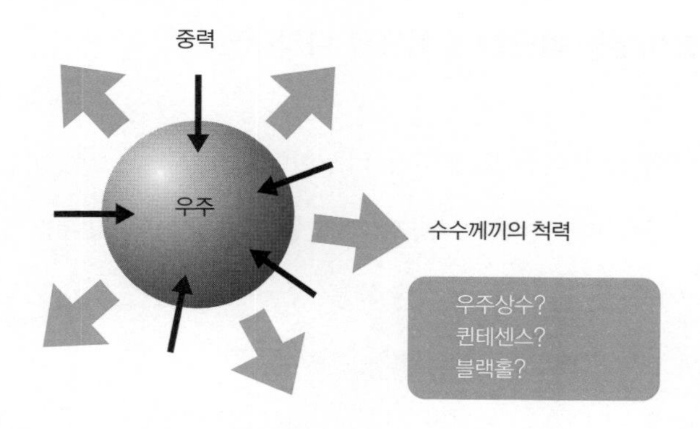

8-4 초끈을 묶어내는 M이란?

1980년대에 몇 가지 초끈이론이 전개됐다.
고무밴드처럼 닫힌 고리 모양의 초끈, 고리가 끊겨 선이 된 모양의 초끈,
여러 가지 대칭성을 띤 초끈까지……. 최근에는 이처럼 다양한 초끈이론이
모두 '같은 이론'이라는 사실이 확연해지고 있다.

초끈이론을 간단한 수식으로 나타내면?

만약 초끈이론이 우주가 탄생할 때의 상황을 기술하는 정확한 양자중력이론이라면 그렇게 여러 종류의 이론이 있다는 사실은 매우 이상하다. 우주를 기술하는 궁극적 이론은 가능하면 하나로 정해지기를 바랄 따름이다.

비유적인 예로 이러한 상황을 떠올려보자. 여기 두 개의 수식이 있다.

수식 1 : X^2+2X

수식 2 : $1+2X$

이 두 개의 식은 각각 다른 식으로밖에 보이지 않는다. X에 여러 값을 대입해도 두 수식의 값은 일치하지 않는다. 그러나 이 두 수식은 어쩌면 '더 기본적인 수식'의 각각 다른 측면일지도 모른다. 예를 들면 다음과 같다.

더 기본적인 수식 : $(X+1)^2$

X가 클 때, 예를 들어 X=100일 때 수식 1은 10200이 되고 '더 기본적인 수식'은 10201이 되어 거의 일치한다. 반대로 X가 작을 때, 예를 들어 X=0.01일 때 수식 2는 1.02가 되고 '더 기본적인 수식'은 1.0201이 되어 거의 일치한다. 다시 말하면 기본적인 수식이 있고 그 변수 X가 클 경우와 작을 경우에 성립하는 식이 위에 제시한 두 수식일지 모른다.

마술, 미스터리, 아니면 근원

1980년대에 속속 전개된 초끈이론들은 근사적인 이론이다. 그리고 이보다 기본적인 M이론이라는 궁극적 이론도 있다. 초끈이론에서 변수 X에 대응하는 것은 공간의 크기이거나 초끈들 상호 간에 작용하는 힘의 세기이다.

그렇다면 이 궁극적인 이론에 왜 M이론이라는 이름을 붙인 것일까? 이름을 붙인 에드워드 위튼*에 따르면 M은 영어의 마술

(Magic), 미스터리(Mystery)의 머리글자라고 한다. 또 만물의 근원 이론이라는 뜻에서 근원(Mother)의 머리글자인 M이라고 말하는 사람도 있다.

그러나 기본적인 수식으로는 대략 형태를 알 수 있지만 실제 M이론이 구체적으로 어떤 것인지는 아직은 알 길이 없다.

그림 8-8 M이론과 초끈이론의 관계

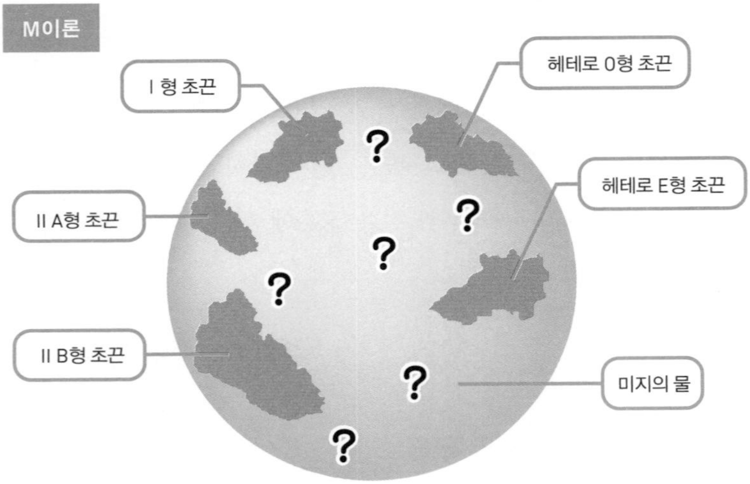

많은 초끈이론은 모두 M이론이라는 행성 위의 대륙에 지나지 않는다.

시공간을 소멸시키는 루프양자중력

8-5

초끈이론만이 우주의 탄생을 기술할 수 있는 것은 아니다. 그 외에도 후보는 있다.
초끈이론의 강력한 경쟁 상대로는 '루프양자중력이론'이 있다.
루프양자중력이론의 세계관은 초끈이론보다 더 철저하다.
이 이론에서는 시공간 자체가 소멸해버린다.

우주는 노드와 링크로 이루어져 있다

우주가 어떻게 탄생했는지를 해명하기 위해서는 극소 세계를 지배하는 양자론과 극대 세계를 기술하는 아인슈타인의 중력마당이론(일반상대성이론)을 통합하는 일이 필요하다. 정확한 양자중력이론을 완성하지 못하면 우주의 탄생을 '계산'할 수 없다. 계산할 수 없으면 천문 관측으로 검증하는 것도 불가능하다.

현재 초끈이론 외 양자중력이론의 강력한 후보로 떠오르고 있는 것은 **루프양자중력이론**이다. '루프'라는 이름은 전자기학의 전기력선을 떠올리면 그 유래를 이해할 수 있다.

라디오나 텔레비전 방송의 전파는 전자기파의 일종이다. 쉽게 생각하면 안테나 속을 움직이는 전하에서 나오는 전기력선이 잘게

그림 8-9 :: 전기력선

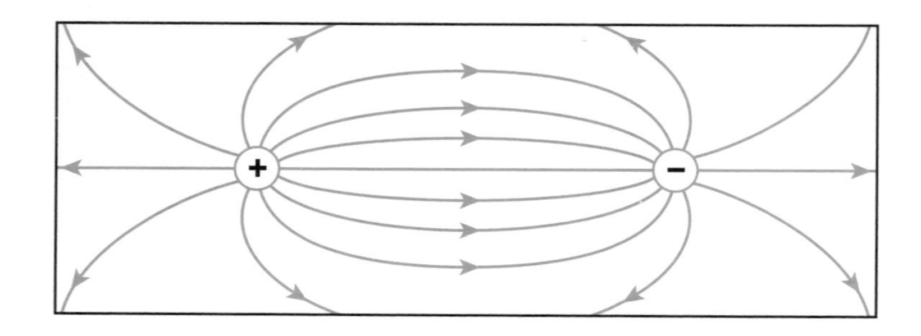

찢어져 고리(루프)가 되어 공중을 날아가는 것이다.

루프양자중력이론의 기초가 되는 루프는 많은 숫자로 이어져 네트워크를 형성한다. 네트워크라는 것은 인간의 뇌와 같이 거점이 되는 노드가 있고 그 노드들을 링크가 잇는 구조이다.

소립자는 스핀이라는 양자론적인 속성을 띤다. 이것은 극소 자전과 같은 것이다. 그러나 양자론의 지배를 받는 자전이기 때문에 그 값은 불연속적인 디지털(숫자값)이 된다. 따라서 디스크자키가 손가락으로 레코드판의 회전속도를 마음대로 조절하는 것처럼 소립자를 정해진 스핀 값 사이의 중간 값으로 회전시키는 일은 불가능하다. 루프양자중력이론의 링크에는 이 스핀 값이 정해져 있기 때문이다.

그러면 노드와 링크로 이뤄진 네트워크의 어느 부분이 양자중력일까? 사실은 이 네트워크에서 '시공간'이 태어난다. 먼저 링크를 옆으로 자른 면을 생각한다. 그러면 노드는 몇 개의 면으로 둘러싸인다. 그리하여 네트워크에서 2차원적으로 '면적'과 '체적'이라는 개념이 파생된다.

그림 8-10에서 a는 한 변의 길이가 2인 정육면체이다. 각 면의 면적은 4, 정육면체의 체적은 8이다. 이 정육면체는 공간 그 자체라 할 수 있다. 그러나 이 공간을 다른 방법으로도 나타낼 수 있

그림 8-10 ▪▪ 스핀 네트워크에서 시공간이 태어난다

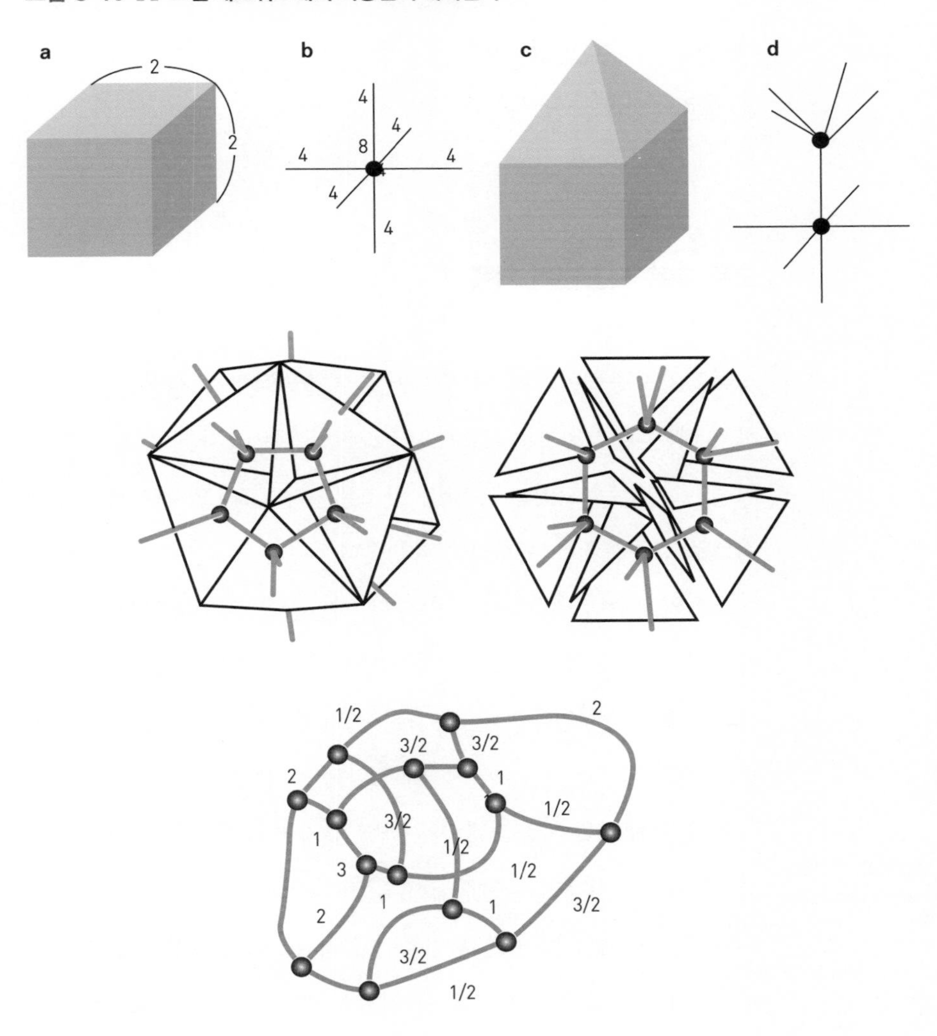

다. 그것이 b이다. 정육면체를 노드, 각 면을 링크로 나타낸다. 노드에는 체적 8, 링크에는 면적 4가 적혀 있다. c와 d도 마찬가지로 '같은 것'이다.

그러면 그 아래 모델을 보자. 공간을 면의 교차로 생각할 수도 있으나 노드와 링크로 볼 수도 있다. 수학적으로는 면이나 정육면체 등을 가정하지 않고 네트워크만을 생각해도 괜찮다. 그것이 바로 우리에게 익숙한 시공간 개념인 것이다.

모든 것은 시공간의 거품

루프양자중력이론에 따르면 이론의 출발점부터 시공간을 가정하지 않는다. 가정하는 것은 오직 스핀이라는 양자론적 속성의 이어짐, 즉 네트워크라는 수학적 구조뿐이다. 그리고 거기서 2차원적으로 시공간이라는 개념이 파생한다.

루프양자중력이론에서 예측하는 시공간은 아인슈타인의 중력마당이론이 가정하는 시공간과는 다르다. 루프양자중력이론의 시공간은 불연속적인데 이는 양자론 전반에 공통되는 성질이다. 바꿔 말하면 시공간이 격자처럼 되어 있는 것이다.

원래 양자론을 시공간에 적용하면 양자론의 불확정성원리에 따라 시공간 그 자체가 불안정해진다. 이 사실은 이미 오래전부터 거론되어왔다. 예를 들면 존 아치볼드 휠러• 는 이러한 상태를 시공간의 거품이라고 표현했다. 지금은 거품이 아니라 격자로 표현하지만

존 아치볼드 휠러 (John Archibald Wheeler, 1911~2008)
미국의 물리학자. 프린스턴 대학 명예 교수. 블랙홀의 작명자이기도 하다.

그림 8-11 :: 시공간의 거품

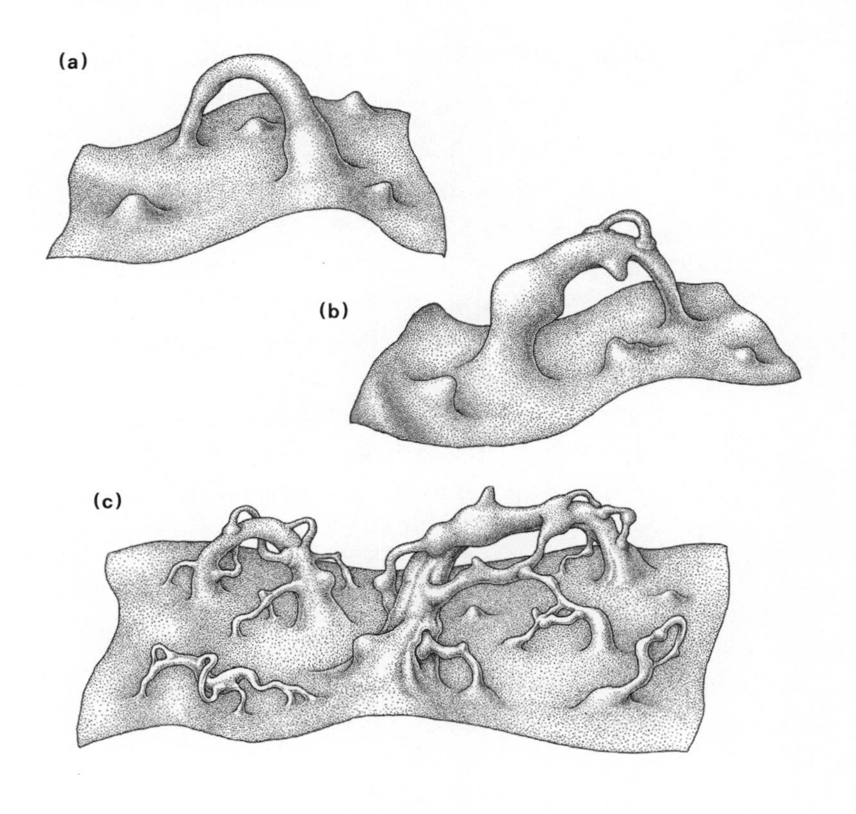

기본적으로는 같은 것이다.

플랑크길이 정도가 되면 시공간은 매끈매끈하지 않고 거품 상태일지 모른다. 그것은 시공간의 양자론적 '들뜬상태'라고 생각할 수 있다. 그림 8-11의 (a), (b), (c)는 각각의 들뜬상태를 나타낸다.

들뜬상태
양자역학에서 원자, 분자 등이 에너지가 가장 낮은 상태(바닥상태)보다 높은 상태이다.

감마선버스트로 루프양자중력이론을 검증한다

만약 정말 시공간이 극소 수준, 즉 플랑크길이 정도의 격자 상태라고 한다면 천문 관측을 통해 검증할 수도 있다. 그렇다면 도대체 어떤 방법으로 플랑크길이 차원의 현상을 포착할 수 있을까?

2007년에 쏘아 올린 감마선광역우주망원경(GLAST)은 수십억 년 이상 먼 우주에서 오는 '감마선버스트'를 정밀하게 관측하는 임무도 띠고 있다. 그러나 '감마선의 에너지 수준에 따라 감마선이 도달하는 데 걸리는 시간이 달라진다'는 문제점이 있다.

만약 시공간이 연속적이어서 틈이 없다면 모든 에너지 수준의 감마선은 우주를 여행하는 데 같은 시간이 걸린다. 그러나 우주가 플랑크길이 정도의 격자 상태라면 에너지 수준에 따라 격자를 통과하는 시간에 미묘한 차이가 생긴다.

최신 입자가속기가 측정할 수 있는 시공간의 길이는 플랑크길이의 1경 배 정도이다. 이것은 시력 0.01의 근시인 필자가 전자현미경으로 볼 수 있는 크기의 물질을 맨눈으로 보려는 것과 같다. 그러나 하늘로 눈을 돌려 감마선버스트를 관측함으로써 우리는 어쩌면 플랑크길이를 간접적으로 볼 수 있을지도 모른다.

● GLAST
Gamma Ray Large Area Telescope

그림 8-12 :: 차세대 감마선광역우주망원경 GLAST

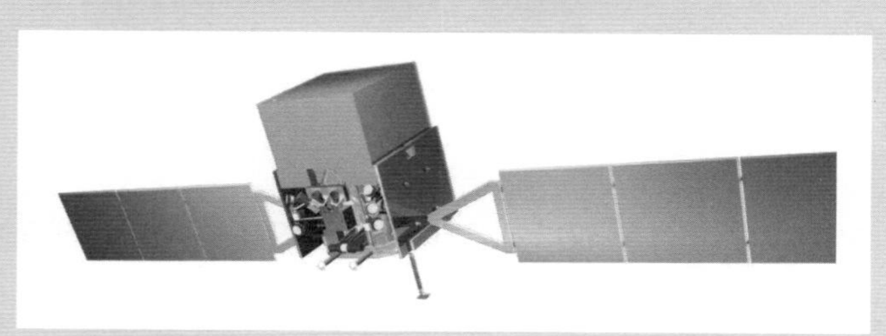

자료 제공 : NASA

팽창의 끝, 우주의 종말 8-6

산봉우리가 바람과 눈에 깎여 평지가 되는 것처럼 우주도 계속 팽창해
에너지의 높낮이가 완만해지면 마침내는 아무것도 일어나지 않게 될까,
아니면 우주는 언젠가 수축해 무너져버릴까?

우주는 블랙홀투성이가 된다?

우주의 탄생에 대해서는 '어떤 양자적인 현상에서 시작해 인플레이션이 일어나고 그것이 어느 정도 가라앉고 나면 남은 에너지로 인해 가열되어 빅뱅이 일어난다'는 가설이 성립되어 있다.

그러면 우주의 종말은 어떠할까?

얼마 전까지만 해도 이야기는 간단했다. 우주는 현재 팽창하고 있지만 우주의 총질량만 정확히 알면 앞으로 우주가 수축할지 아니면 계속 팽창할지 알 수 있다고 생각했기 때문이다.

그러나 우주가 다시 가속 팽창의 시대에 들어갔다는 것을 알고 나서부터는 이야기가 복잡해졌다. 이대로 가속된다면 우주는 점점 캄캄해져 그야말로 열죽음•의 상태가 될 것이기 때문이다.

열죽음
우주의 엔트로피가 최대가 되어 완전한 무질서 상태가 된다는 우주론의 가설. 열적 사라고도 한다.

생성 당시에는 높게 솟아 있던 산도 시간이 흐르며 비바람에 깎여 완만해진다. 이처럼 우주 에너지의 높낮이도 천천히 완만해져 마침내는 대부분의 활동이 사라질 것으로 예상한다.

별은 다 타버려 더 이상 새로운 빛이 생기지 않으며, 우주는 빛이 없는 캄캄한 공간이 되고, 공간의 여기저기에는 죽은 별의 잔해인 블랙홀뿐인 어두운 미래가 다가오리라는 것이다.

하지만 인류를 대신하는 지적 생명체가 생겨나 우주에 대해 계속 생각할 가능성도 존재한다. 우주론 학자 가운데는 '블랙홀과 같은 것이 모여 새로운 생명과 의식을 형성한다'고 생각하는 사람도 있다.

그러나 그렇게 되기 전에 가속 팽창으로 은하들의 거리가 점점 멀어져 마침내 우주가 캄캄해지고 우리가 고립될 때까지는 1500억 년밖에(?) 남지 않았다. 정말 앞이 캄캄한 일이 아닐 수 없다.

우주는 언젠가 다시 수축해 100억 년 후면 사라질 것이다

그러나 우주의 가속 팽창이 이대로 계속된다는 보장도 없다. 실제로 빅뱅 이전의 인플레이션도 눈 깜짝할 사이에 끝나지 않았는가! 현재 진행되는 가속 팽창의 원인인 암흑에너지의 정체가 시간적으로 변화하는 퀸테센스라면 우주의 가속 팽창은 완만해질 가능성이 있다.

우주론 학자 안드레이 린데는 우주에서 빅크런치•가 일어날 가

빅크런치
우주가 팽창에서 수축으로 전환해 모든 공간과 물질이 소멸하는 상태를 일컫는다.

능성을 이야기하고 있다.

지금 우리가 눈으로 보는 모든 것, 훨씬 먼 곳에 있어 보이지 않는 모든 것이 양성자 한 개보다 작은 점으로 무너져버린다. 국소적으로는 마치 블랙홀 안에 있는 것과 같다. 당신의 존재는 끝장인 것이다.

—스탠퍼드 대학 뉴스에서

그림 8-13 ■■ 빅뱅에서 빅크런치로

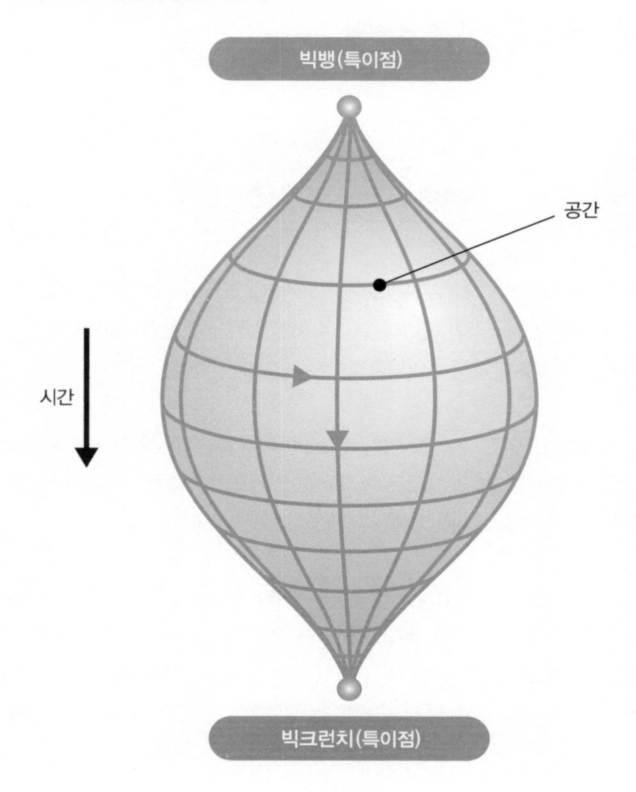

린데는 암흑에너지의 에너지밀도가 마이너스가 되면 우주는 가속 팽창한 후에 수축으로 전환해 약 100억 년 후부터 200억 년 후 사이에 붕괴할 것이라고 주장한다.

솔직히 말하면 암흑에너지의 정체를 해명할 때까지는 우주의 종말에 대해서 '무엇이든지 가능하다'고 할 수 있다. 많은 시나리오가 있지만 그 누구도 무엇이 옳다고 말할 수 없는 것이다.

개인적으로는 호킹의 '호두우주'에서 말하는 '주름' 하나도 가속과 감속을 되풀이해 마침내 작은 점이 되었다가 다시 태어나는 것은 아닐까 하고 생각해보지만, 그렇게 되면 우주론이라기보다는 공상과학영화가 되고 말 것이다.

여기서 잠깐!

거대수이론과 인간중심원리

지금까지 여러 가지 우주론이 대립해왔는데 거대수이론과 인간중심원리의 대립이 그 대표적인 예이다. 거대수이론은 원래 천문학자 아서 에딩턴● 이 제창한 것으로 나중에 양자물리학자 폴 디랙●● 이 발전시켰다.

거대수이론이란 '우주 반지름 ÷ 전자 반지름 또는 전자기력 ÷ 중력' 또는 '우주 전체 양성자수의 제곱근'이 모두 10^{40} 정도의 거대한 수에 달하는 것은 중력이 해를 거듭할수록 약해지기 때문이라는 이론이다.

디랙의 거대수이론에 따르면 먼저 우주의 크기와 소립자의 크기는 대략 10^{40}배 정도 차이가 난다. 그리고 전자기력의 강도와 중력의 강도도 대략 엇비슷한 정도로 차이가 난다. 예를 들어 전자 한 개와 양성자 한 개 사이에 작용하는 전자기력과 중력을 비교하면 그 정도 차이가 난다. 또 우주 전체에 존

●
아서 에딩턴
(Arthur Stanley Eddington, 1882~1944)
영국의 천문학자이며 이론물리학자. 1919년 개기일식 때 태양 빛이 중력 때문에 휘어진다는 사실을 발견하여 아인슈타인의 일반상대성이론을 증명했다.

●●
폴 디랙
(Paul Adrien Maurice Dirac, 1902~1984)
영국의 이론물리학자. 1928년에 전자를 기술하는 상대론적 파동방정식, 즉 '디랙의 방정식'을 도출했다. 양자역학과 상대성원리를 통합해 반입자(양전자)의 존재를 예측하고, 1933년 오스트리아 물리학자 에르빈 슈뢰딩거와 함께 노벨 물리학상을 받았다.

재하는 전체 양성자 수의 제곱근도 10^{40} 정도라고 할 수 있다.

이 일련의 거대한 수들이 같은 크기를 보이는 것은 우연일까, 아니면 무엇인가 깊은 물리학적인 이유가 있는 것일까? 디랙은 그 해답으로서 '중력이 해를 거듭할수록 약해진다'고 생각했다. 뉴턴의 중력상수 G가 시간에 따라서 약해진다는 것이다. 말하자면 전자의 크기나 전자기력은 상수지만 중력에 관계되는 양은 시간과 함께 변화한다고 생각한 것이다.

이 생각에 정면으로 대립한 것이 '인간중심원리'라는 사상이다.

이 사상에서는 믿을 수 없을 정도로 정확히 수가 일치하는 것은, 지적인 생물(인간)이 진화하면서 우연히 수의 일치와 마주쳤기 때문이라고 설명한다.

좀 어려운 이야기지만 우주의 나이나 크기는 허블상수와 관련짓는다. 그리고 인간이 진화하는 데 걸리는 시간은 별이 진화하는 데 걸리는 시간에, 그 별이 진화하는 데 걸리는 시간은 우주가 진화하는 데 걸리는 시간에 대응한다는 것이다. 전자기력과 중력의 비가 10^{40} 정도인 것은 우리 인류가 우연히 우주의 크기와 소립자의 크기 비가 10^{40} 정도가 되었을 때 지적 생물로서 '우주론을 연구하고 있다'는 것으로 설명한다.

요컨대 우주의 중력이 약해진다고 생각하는 대신에 인간이 진화하는 데 시간이 걸렸다고 생각하는 것이다. 인간중심원리에 따르면 미래에는 우주의 반지름이나 우주 전체의 양성자 수가 점점 커질 것이라고 한다.

그러면 어떤 것이 옳은 생각일까? 현재의 관측으로는 중력상수가 약해지고 있다는 증거는 없다. 인간중심원리는 사상적인 측면이 강해 어떻게 '검증'할 수 있을지 의문이다.

최근 호킹 등은 초끈이론과 관련해 새로운 인간중심원리를 제창했다.

호킹의 인간중심원리란 우주의 11차원 가운데 4차원만이 크고 나머지 차원이 작아져버린 것은 4차원 시공간이 아니면 지적 생명이 태어날 수 없기 때문이라는 이론이다.

그 외에도 5차원만이 큰 우주, 2차원만이 큰 우주도 존재하지만, 그러한 우주는 지나치게 단순하거나 지나치게 불안정해 은하나 별, 지적 생명체가 탄생할 수 없다는 것이다. 따라서 '왜 하필 4차원이어야 할까?' 하고 생각하는 인류 자체도 그곳에는 존재하지 않는다는 것이다.

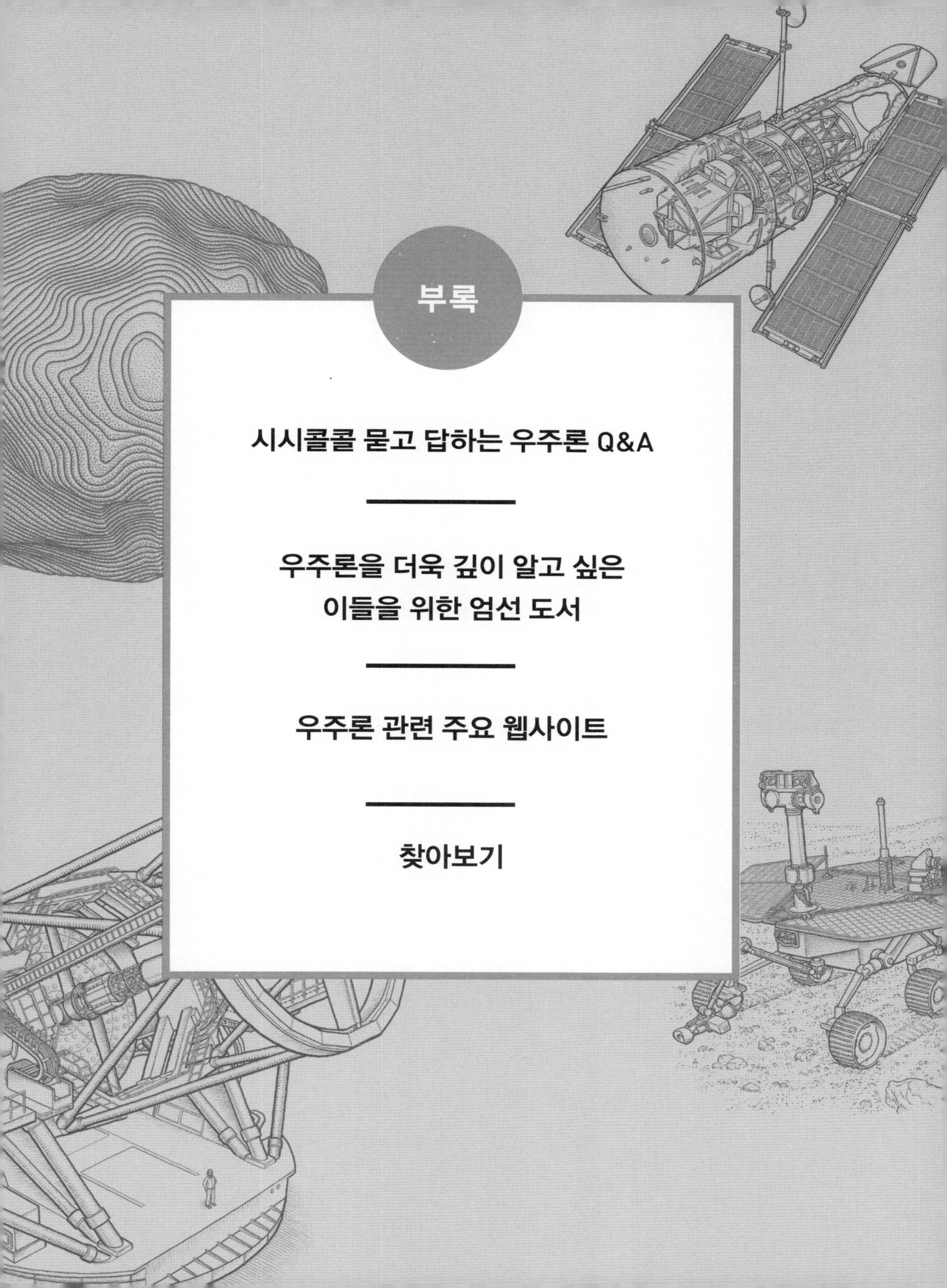

부록

시시콜콜 묻고 답하는 우주론 Q&A

우주론을 더욱 깊이 알고 싶은
이들을 위한 엄선 도서

우주론 관련 주요 웹사이트

찾아보기

Q **우주에는 수많은 별들이 있는데 밤하늘은 왜 어두울까?**

A 이것은 올베르스의 패러독스라고 하는 아주 유명한 문제이다. 하인리히 빌헬름 올베르스(1758~1840)는 독일의 의사이자 천문학자이다. 그는 '우주가 영원히 존재하고 무한하게 크다면 밤하늘은 어디를 보아도 별이 보일 것이므로 태양처럼 밝아야 하지 않을까?'라고 생각했다.

밤하늘이 어두운 것은 다음의 두 가지 이유 때문인 것으로 생각된다.

첫째, 우주는 약 137억 년 전에 탄생한 것으로서 영원히 존재하는 것이 아니라는 것이다. 둘째, 우리가 보는 밤하늘은 과거의 우주이며, 우주 탄생 후 38만 년 정도까지는 작열하는 지옥의 태양처럼 밝았지만 팽창하면서 온도가 내려가 절대온도 3K 정도의 우주배경복사로 남았다는 것이다.

결국 밤하늘은 실제로 태양처럼 빛나고 있었지만 그 파장이 넓게 퍼지고 어두워져 눈에 보이지 않게 되었다는 것이다.

Q 왜 광속보다 빠른 물질이 존재하지 않을까?

A 이론적으로는 광속보다 빠른 타키온이라는 입자를 생각할 수 있다. 그러나 타키온은 질량이 허수가 되어버린다. 그러한 입자는 아직까지 실험을 통해 확인하지 못했다. 광속보다 빠른 물질이 존재하지 않는 이유는 매우 어려운 문제로 사실 아직까지 아무도 모른다.

그러나 이를 밝힐 단서는 있다. 전자처럼 질량을 가진 입자라도 순간적으로는 광속으로 움직일 수 있다. 이것을 지그재그 운동이라 한다. 다시 말하면 광속 이하로 움직이는 입자라도 실은 광속으로 운동하고 있다는 말이다. 다만 다른 물체와 충돌하여 직진하지 못하고 지그재그로 진행하므로 평균적인 속도가 광속보다 느린 것이다.

결국 자연계에는 원래 광속이라는 하나의 속도밖에 존재하지 않는데, 직진 운동을 하면 광속이 되고 그러지 못하면 평균적으로 광속 이하가 된다는 것이다. 즉 광속 이하로는 운동할 수 있어도 초광속 운동은 불가능하다는 결론에 이른다. 하지만 이것도 어디까지나 하나의 가능성일 뿐이다.

Q **인류가 화성에서 살려면 무엇이 필요할까?**

A 화성은 지구 바로 옆에 있는 행성이며 지구와 환경이 비슷해 미래에는 인류가 그곳으로 이주할 가능성이 있다. 그러기 위해서는 화성을 '지구화'하지 않으면 안 되는데 그것을 화성테라포밍이라고 한다.

화성까지는 우주선으로 약 반년 정도 걸리는데, 화성 여행은 현재의 기술로도 충분히 가능하다. 화성 대기의 95퍼센트는 이산화탄소이며 중력은 지구의 38퍼센트이다. 화성은 하루가 24시간 40분, 1년이 687일, 자전축의 기울기가 25.2도(지구는 23.5도)로 계절이 존재한다.

인류가 대거 화성에 옮겨 살게 되었을 때 문제가 되는 것은 영하 53도의 평균기온일 것이다. 이주를 위해서는 이 기온을 높일 방법을 찾아야 한다. 현재 고안된 것은 온실효과를 내는 기체로 화성을 온난화하는 방법이다. 그것은 수백 년이 걸리는 일이지만 일단 평균기온이 올라가면 지상에 얼어 있으리라 생각되는 물이 녹는다. 그리고 그 물과 풍부한 이산화탄소를 이용해 식물을 기를 수 있다. 결국에는 식물의 광합성으로 산소의 양을 늘리는 일도 가능해진다.

다시 말해 제1단계는 기온을 올리는 것이고, 제2단계는 산소를 만드는 것이다. 그러나 화성을 지구 환경에 가깝게 만드는 데는 수천 년에서 수만 년이 걸린다. 따라서 가까운 미래에 인류가 화성으로 이주한다고 해도 헬멧을 쓰고 산소통을 메지 않고는 기지 밖을 걸어 다닐 수 없을 것이다.

Q **오래된 화석으로 생물의 진화나 지구의 역사를 알 수 있듯이 우주에 도 어딘가에 '화석'이 있는 것은 아닐까?**

A 그렇다. 모노폴(자기단극자)이라는 입자가 '우주의 화석'으로 존재하지 않을까 하고 어떤 학자들은 내다보고 있다. 이름 그대로 자석의 N극과 S극이 단독으로 존재하는 것이다. 보통 자석에는 N극과 S극이 있고 이 둘은 항상 짝을 이룬다. 자석을 절반으로 잘라도 N극과 S극이 분리되지 않고 작아진 자석에서도 N극과 S극이 짝을 이룬다. 일반적인 자석은 아무리 작게 잘라도 두 개의 극이 생겨나기 때문에 자기쌍극자라고 한다.

초기 우주는 뜨겁고 질퍽질퍽하게 녹아 있는 상태였다. 설탕물이 차가워지면 설탕이 추출되듯이 우주도 차가워짐에 따라 서서히 그 구조가 나타난다. 또 물을 얼렸을 때를 생각해보자. 물을 빨리 얼리면 무색투명한 균일한 얼음이 아닌 기포 같은 점들이 생겨 흰 얼음이 만들어진다.

우주가 차가워질 때도 그처럼 균일하지 않은 '결함'이 생길 것으로 생각한다. 결함에는 선 상태, 면 상태 외에도 점 상태가 있는데 그것이 자기단극자이다. 그러나 아직 실험·관측으로 자기단극자를 발견하지는 못했다.

Q 현실과 반전된 세계가 어딘가에 존재할까?

A 물리학에서는 세 가지 중요한 반전이 있다.

전하의 반전 : C

공간의 반전 : P

시간의 반전 : T

패리티(parity)
우기성(偶奇性)이라고도 한다. 공간을 반전했을 때 파동함수의 부호가 바뀌는지, 바뀌지 않는지에 따른 속성을 말한다.

C는 전하(charge), P는 패리티•(parity), T는 시간(time)의 머리글자이다. 예컨대 공간의 반전은 상태 함수 ψ (x, y, z)를 공간 좌표의 부호가 반대인 ψ (−x, −y, −z)로 반전하는 것이다. 수식은 다음과 같다.

$$\psi(-x, -y, -z) = P\psi(x, y, z)$$

즉 P라는 반전을 했을 때 ψ 함수가 어떻게 변하는지를 문제 삼는 것이다. C나 T도 마찬가지다. 소립자 차원에서는 C와 P와 T를 동시에 반전하면 '세계는 변하지 않을 것'이라 한다. 우주 전체 소립자의 전하를 반대로 하고 시간을 역행하며 공간을 뒤집으면 처음과 하나도 달라지지 않는다는 것이다.

문제는 C와 P와 T를 한꺼번에 반전하지 않고 하나 또는 두 개만 반전했을 경우 과연 그러한 세계가 존재할까 하는 것이다. 본문에서도 다루었지만 약력이 관계하는 현상에서 C와 P를 반전시키면 세계는 변한다는 사실이 실험을 통해 밝혀졌다. 이것이 원인이 되어 물질과 반물질의 조화가 깨지고 물질이 우주를 지배하게 된 것이라 생각한다.

그러나 우주의 지평선 저쪽에 반물질이 지배하는 우주 공간이 존재할 수 있다. 그러한 우주 공간이 우리 우주 가까이에 있다면 큰일이다. 물질 우주와 반물질 우주가 충돌하면 대폭발을 일으켜 에너지로 전환되기 때문이다. 반물질의 우주는 지금으로서는 공상과학영화에나 나올 법한 이야기라고 생각하는 편이 나을 듯하다.

Q 우주대규모구조, 거품구조, 그레이트월이라는 것은 무엇일까?

A 우주 전체의 모습을 A4 용지에 그리면 거기에는 섬유처럼 생긴 구조가 있음을 알 수 있다. 이것이 우주의 가장 큰 구조로 **우주대규모구조**라 한다. 그 정체는 수없이 많은 은하들이 모인 것이다. 이 구조는 마치 '거품'처럼 보이는데 그 모양 때문에 거품구조라고도 한다. 또 중국의 만리장성과 같이 긴 섬유처럼 생긴 것을 **그레이트월**이라 한다. 처음에는 그레이트월이 하나뿐인 것으로 생각했으나 최근 관측을 통해 더 큰 그레이트월이 존재한다는 사실도 확인했다.

Q 상대성이론은 '광속도'를 절대불변의 것으로 가정한다. 이를 두고 상대적인 것이라 할 수 있을까?

A 상대성이론은 '모든 것이 상대적이다'라는 뜻의 '상대주의'를 의미하지 않는다. 우주의 어디에서도 시간이 변하지 않는다는 생각을 버리고 (실험 결과와 들어맞는) 광속은 불변한다는 생각을 채택한 이론이다. 그런 의미에서 본다면 광속이 절대적인 기준이 되더라도 틀린 말은 아니다.

Q 우주의 '끝'은 어디에 있으며, 그 끝에는 무엇이 있을까?

A 만약 우주가 지금처럼 가속 팽창을 계속한다면 미래영겁에는 천문 관측으로 볼 수 있는 현상에도 경계(한계)가 있을 것이므로 우주에도 '끝'이 있다고 할 수 있다.

우리는 밤하늘을 통해 우주의 먼 과거를 보고 있다. 그 가운데 '아직 보이지 않은' 영역의 일들을 입자지평선이라고 한다. 그리고 지금으로부터 먼 미래 '미래영겁에도 보이지 않을' 영역의 일들은 사상지평선이라고 한다.

일단 지금 보이는 우주 범위로만 이야기를 한다면, 지금 이 순간 우리를 중심으로 생각했을 때 우주의 끝에도 우리 은하와 같은 은하가 있을 것이다. 반면 그곳에 사는 존재의 관점에서 본다면 자신들이 우주의 중심에 있고 지구가 오히려 우주의 끝에 있는 것이다. 그러나 그들은 아직 지구가 탄생하기 전의 우리가 있는 이 자리를 보고 있는 것이다.

Q 만약 우주가 팽창해 퍼져 나간다면 그 바깥쪽은 어떨까? 지구에서 볼 때 광속의 80퍼센트 속도로 북극에서 멀어지는 별은 광속의 80퍼센트에 달하는 속도로 남극에서 멀어지는 별에 영원히 도달하지 못할까? 만약 그렇다면 그것은 서로에 대해 우주의 끝이 되는 셈이 아닐까?

A 이것은 우주론에서도 이해하기 어려운 문제 가운데 하나이다. 여기서는 일단 '우주의 끝'이라고 해둔다.

우주상수가 있고 가속 팽창하는 우주는 데시테르우주라 한다. 데시테르우주는 빠르게 팽창하기 때문에 '미래영겁에도 볼 수 없을' 영역이 있다. 앞에서 언급했듯이 그 경계선을 사상지평선이라고 한다. 서로 급속하게 멀어지기 때문에 통신도 할 수 없고 관측도 할 수 없다. 그 영역끼리는 서로 '상대는 우주 밖에 있다'고 말할 수밖에 없다.

또 다른 의미의 우주의 끝이 있다. '지금은 보이지 않지만 시간이 흐르면 언젠가는 보일' 영역이다. 멀기 때문에 아직 빛이 도달하지 않았지만 언젠가는 빛이 도달할 영역으로 입자지평선이 그것이다. 즉 '우리는 아직 우주의 전체 입자를 보지 않았을 뿐 지평선 저쪽에는 미지의 물질이 존재한다'는 것이다. 입자지평선은 미래에 우리에게 물리적인 영향을 미칠 가능성이 있다는 뜻에서 무서운 존재일 수도 있다.

지금 우리는 달이 뜨는 것을 본다. 하지만 내일은 입자지평선을 넘어 엄청난 중력의 충격파가 도달하여 달을 파괴해 우리가 달을 볼 수 없을지도 모른다. 입자지평선은 우리의 물리학적 예측 능력에 한계를 느끼게 하는 것이다.

Q 중력자란 무엇일까?

A 현대 물리학에서 모든 힘은 소립자가 매개한다고 생각한다. 전자기력의 매개체는 광자이다. 같은 식으로 우리가 느끼는 중력도 중력자라는 소립자가 매개하고 있을 것이라 생각한다.

그러나 이러한 소립자에 대한 생각은 양자역학에 기초한다. 광자는 양자의 일종이다. 여기에 만약 양자역학을 적용하지 않는다면 광자라는 말을 버리고 '전자기파'라고 말하지 않으면 안 된다. 광자는 양자역학적으로 본다면 양자가 되는 것이지만 고전역학적으로 본다면 전자기파가 되기 때문이다.

다시 말하면 전자기파와 광자는 같은 것이지만 배경이 되는 이론에 따라 그 성질이나 이름이 달라진다. 이와 같이 고전역학에서는 중력파였던 것이 양자역학에서는 중력자가 된다. 그러나 지금으로서는 양자역학이 완성되지 않았기 때문에 중력자라는 것도 잠정적인 이름에 지나지 않는다.

Q 양자론과 중력이론은 왜 통일되지 못했을까?

A 전자기학과 양자론을 통합한 것처럼 중력이론과 양자론을 통일하려 한다면 계산상으로 해가 무한대로 발산하여 예측할 수 없다. 전자기학에서도 같은 문제가 있었지만 투입*이라는 수학적인 방법으로 해가 무한대가 되는 것을 피했다.

그러나 중력이론은 '투입이 불가능한' 이론이기 때문에 해가 무한대로 발산하면 어찌할 도리가 없다. 중력이론을 양자화할 경우에 '점'이라는 개념을 버리고 길이가 있는 '끈'의 개념에서부터 출발하자는 것이 초끈이론이다. 초끈이론은 양자론이지만 저에너지근사*를 이용하므로 아인슈타인의 방정식도 도출할 수 있다. 초끈이론은 완성판 양자중력이론의 제1후보인 셈이다.

투입
이론상 무한대가 되는 전자의 질량과 전하를 유한한 실측값으로 바꿔 식에 대입하는 양자전기역학의 방법이다.

저에너지근사
우주론 관련 수식에서 발산하는 항을 무시해 해를 근사적으로 구할 수 있는 수학적 방법의 일종이다.

Q 루프양자중력이론의 '노드'와 '링크'로 모든 것을 설명할 수 있을까?

A 루프양자중력이론은 정확한 양자중력마당이론의 후보지만 이론 자체가 현재로서는 개발 단계에 있다. 만약 루프양자중력이론이 옳다면 저에너지근사로 아인슈타인의 중력마당이론(일반상대성이론)을 유도할 수 있지만 현재 시점에서 그 도출은 완전하지 다. 특정 문제에 대해서는 저에너지근사를 이용하면 아인슈타인의 중력마당이론과 일치하는 해를 구할 수 있다는 사실이 알려져 있다. 그러나 더욱 일반적인 문제에서도 저에너지근사를 이용하면

항상 아인슈타인의 중력마당이론이 도출된다는 것은 아직 증명되지 않았다.

그 점에서는 저에너지근사를 이용하면 어떤 계산에서도 아인슈타인의 중력마당이론이 도출되는 초끈이론이 더 유리하다. 그러나 초끈이론은 시공간의 존재를 가정하고 그 '위에' 초끈을 놓고 이론을 전개한다. 이에 비해, 루프양자중력이론은 시공간 자체가 더욱 기본적인 루프와 노드에서 나온다. 따라서 이론적 구조 면에서 루프양자중력이론이 초끈이론보다 근본적이라고 생각하는 사람도 있다.

Q 외계인(지구 외 지적 생명체)이 과연 있을까?

A 미국의 천문학자 프랭크 드레이크는 1960년대에 다음과 같은 드레이크방정식을 제창했다.

$$N = N^* \times fp \times ne \times fl \times fi \times fc \times fL$$

N : 우리 은하계에 존재하는 문명 가운데 지구와 통신할 수 있는 문명의 수

N* : 은하계에서 생명이 탄생하는 데 적합한 별의 생성률

fp : 별이 행성계를 이룰 확률

ne : 하나의 행성계에서 생명이 존재할 수 있는 행성의 평균 수

fl : 그 행성에 생명이 발생할 확률

fi : 그 생명체가 지적 생명체로 진화할 확률

fc : 그 지적 생명체가 성간(별과 별 사이의 공간) 통신을 할 확률

fL : 성간 통신을 할 수 있는 문명의 존속 기간

이 드레이크의 방정식에 칼 세이건 박사가 추정한 값을 대입하면 N=10이 된다. 사람에 따라 추정치가 다르지만 만약 N이 매우 크다면 우리 은하계에는 우주인이 '바글바글하다'는 뜻이다. 그러면 다음과 같은 소박한 의문이 남는다.

'그렇게 우주인이 많다면 왜 아직 지구에 오지 않는 것일까?'

이러한 의문은 미국의 원자핵물리학자 엔리코 페르미•가 제기한 것으로 페르미의 패러독스라 한다. 페르미는 N이 1(지구인!)에 가깝다고 생각했다.

그러나 N이 1보다 크다고 해도 상대성이론의 한계, 즉 광속을 넘지 못하기 때문에 아직까지 그 누구도 지구에 연락을 할 수 없었을 가능성도 있다.

필자는 개인적으로 지구인 이외에 지적 생명체가 우주에 존재하리라 생각한다. 워프 등 우주 항법을 개발한 생명체가 거의 없기 때문에 지구인이 아직까지 외계인과 접촉하지 못한 것이 아닐까?

• **엔리코 페르미**
(Enrico Fermi, 1901~1954)
이탈리아계 미국의 물리학자. 양자전기역학의 길을 연 공로자로서 1938년 노벨 물리학상을 받았다.

우주론을 더욱 깊이 알고 싶은 이들을 위한 엄선 도서

이 책을 집필하기에 앞서 많은 책을 참고했다. 우주론을 더 자세히 알고 싶은 독자를 위해 그 일부를 엄선해 여기에 소개한다. 먼저 일본어로 된 서적 중 2003년 이후의 최신 성과를 소개한 다음의 두 권을 추천한다.

- 『개정판 '상대론적 우주론'(新裝版 '相對論的宇宙論')』, 佐藤文隆·松田卓也著 (講談社 ブルーバックス)
- 『우주 96퍼센트의 수수께끼(宇宙「96%の謎」)』, 佐藤勝彦著 (室業之日本社)

전자는 입자지평선과 사상지평선에 관한 내용을, 후자는 최신 우주론의 성과를 알기 쉽게 설명하고 있다. 또 2002년 노벨 물리학상을 받은 고시바 마사토시 교수의 저서도 새롭게 출간되었으니 확인해보길 바란다!

- 『뉴트리노 천체물리학 입문(ニュートリノ天体物理学入門)』, 小柴昌俊著 (講談社 ブルーバックス)

우주의 모양에 관한 일반교양서는 의외로 많지 않다.

- 『우주의 위상(宇宙のトポロジー)』, 前田恵一著 (岩波書店)

다음 책은 조금 어려울 수도 있지만 최신 성과와 경향을 공부하기에는 좋다.

- 『우주를 보는 새로운 눈(宇宙を見る新しい目)』, 日本物理学会編(日本評論社)

상대성이론 입문서로는 다음 책을 추천한다.

- 『시공간과 중력(時空と重力)』, 藤井保憲著産業図書
- 『시공간의 물리학(時空の物理学)』, ティラーホイラー著曽我見郁夫·林浩一訳(現代数学社)

전자는 고등학생 수준의 수학 지식이 있다는 가정 아래 아인슈타인의 일반상대성이론에 입문할 수 있는 책이다. 후자는 학교 선생님들을 위해 나온 것으로 특수상대성이론을 공부할 수 있는 좋은 책이다.
영어 교과서도 몇 권 소개한다. 이들은 개인적으로 필자가 좋아하는 책들이다.

- *Flat and Curved Space-times*, George F. R. Ellis and Ruth M. Williams (Oxford University Press)
- *Introduction to Cosmology*, Barbara Ryden (Addision-Wesley)
- *Gravity*, James B. Hartle (Addision-Wesley)
- *A First Course in String Theory*, Barton Zwiebach (Cambridge University Press)
- *Gauge Fields, Knots and Gravity*, John C. Baez and Javier P. Muniain (World Scientific Publishing)
- *Quarks and Leptons : An Introductory Course in Modern Particle Physics*, Francis Halzen and Alan D. Martin (Wiley, John & Sons)

마지막으로 이 책의 내용과 관련이 깊은 책을 몇 권 소개한다.

- 『초끈이론이란 무엇인가(超ひも理論とはなにか)』(講談社 ブルーバックス)
- 『펜로즈의 뒤틀린 4차원(ペンロースのねじれた四次元)』(講談社 ブルーバックス)
- 『제로에서 시작하는 상대성이론(ゼロから学ぶ相對性理論)』(講談社 サイエンティフィク)
- 『아인슈타인과 파인먼의 이론을 배우는 책(アインシュタインとファインマンの理論を学ぶ本)』(工学社)

해외의 우주론 관련 웹사이트

Universe Forum

http://cfa-www.harvard.edu/seuforum/

하버드 대학 스미스소니언천문대에서 블랙홀과 암흑에너지 등을 해설한다.

Professor Stephen W. Hawking's web pages

http://www.hawking.org.uk/

스티븐 호킹의 공식 사이트. 텍스트 판과 그래픽 판이 있다. 'lectures'를 클릭하면 과거 호킹의 강연 내용을 읽을 수 있다. 호킹의 이론과 최신 우주론을 알고 싶은 사람은 반드시 읽어보기 바란다.

The Official String Theory Web Site

http://superstringtheory.com/

초끈이론을 정리한 사이트. 작자는 퍼트리샤 슈워즈(Patricia Schwarz)이다.

Stephen Hawking's Universe

http://www.thirteen.org/hawking/

미국 방송국 PBS(Public Broadcasting Service)에서 우주론을 해설한 사이트. 고전 우주론에서 현대 우주론을 인물 소개를 곁들여 간단하게 정리하고 있다.

KITP Public Lectures

http://online.itp.ucsb.edu/online/plecture/

캘리포니아 대학 부속 KITP(The Kavli Institute for Theoretical Physics)의 대규모 자료 수집관. 킵 손, 에드워드 위튼 등의 강의 메모, 음성 파일 등을 다운로드할 수 있다.

Wilkinson Microwave Anisotropy Probe

http://map.gsfc.nasa.gov/

WMAP의 공식 사이트. 'Universe' 페이지에 우주론 해설이 있다.

Legacy Archive for Microwave Background Date Analysis

http://lambda.gsfc.nasa.gov/

우주배경복사를 관측하는 연구 기관 LAMDA의 공식 사이트. COBE와 WMAP의 관측 결과를 공표하고 있다.

일본의 웹사이트

우주 포털사이트-유니버스

http://www.universe-s.com/

천문, 우주, 항공, 교육 등의 홍보연락회가 제작·운용하는 우주 정보 종합 링크 사이트.

천문, 우주, 항공, 교육홍보연락회

http://www.universe-i.com/

우주를 주제로 한 교육 계획 사이트. '우주 수업' 등 교육 기관을 대상으로 한 내용이 충실하다.

우주 영상을 즐길 수 있는 곳

Space4case

http://www.space4case.com/

NASA의 데이터를 영상화한 우주 영상집. 미술 사진집처럼 아름다운 이미지가 있는 페이지. 네덜란드인 케스 베넨보스(Kees Veenenbos)가 운영한다.

Astronomy Picture of the Day

http://antwrp.gsfc.nasa.gov/apod/astropix.html

NASA의 영상집. 천문학자의 해설과 함께 매일 갱신된다.

HubbleSite

http://hubblesite.org/gallery/

허블우주망원경이 관측한 영상 갤러리.

The Hubble Heritage Project

http://heritage.stsci.edu/

허블우주망원경의 유산. 갤러리 페이지에는 허블우주망원경이 관측한 유명한 영상을 소개한다.

NASA's Mars Exploration Program

http://mpfwww.jpl.nasa.gov/

NASA의 화성 탐사 특집 페이지. 화성 관련 최신 정보는 여기에서 보기 바란다.

European Southern Observatory(ESO)

http://www.eso.org/

칠레에 있는 남유럽천문대의 VLT가 촬영한 영상이 풍부하다.

European Space Agency(ESA)

http://www.esa.int/

유럽우주국 사이트.

우주를 체감하는 프리 소프트웨어

4차원 디지털 우주 계획

http://4d2u.nao.ac.jp/

일본 국립천문대에서 천체 소프트웨어나 영화를 제공한다. 여기서 다운로드할 수 있는 소프트웨어 'Mitaka'는 지구에서 우주대규모구조까지 공간 크기를 넓혀 가면서 우주의 여러 구조와 천체의 위치를 볼 수 있다. 운용 OS는 Windows XP.

NASA World Wind

http://worldwind.arc.nasa.gov/

우주에서 지구 전체를 볼 수 있는 3D 지구본 소프트웨어(NASA 제공). 마우스 왼쪽 버튼으로 지구를 회전, 마우스 휠로 확대·축소, 마우스 오른쪽 버튼으로 시점을 기울게 한다. 소프트웨어에 입력된 지표 데이터에 덧붙여 NASA나 USGS가 공개하는 위성 데이터를 인터넷을 경유하여 자동 취득하는 것으로 간선도로 등의 상세한 영상을 확인할 수 있다. 재앙이 발생했을 때 지역의 아이콘 표시 등 다채로운 기능이 있다. 운용 OS는 Windows95/98/ME/2000/XP. 운용에는 DirectX와 NET Framework가 필요하다.

Orbiter—A Free Space Flight Simulator

http://www.orbitersim.com/

우주 시뮬레이션의 기초. 운용 OS는 Windows95/98/ME/2000/XP. 구동에는 DirectX가 필요하다. 확장 기능이 풍부하다. 작자는 마르틴 슈바이거(Martin Schweiger).

Eagle Lander 3D

http://eaglelander3d.com/

아폴로 11호의 달착륙선을 조작하는 시뮬레이터. 셰어웨어판으로는 여러 미션을 즐길 수 있다. 구동에는 DirectX가 필요하다. 작자는 론 몬슨(Ron Monsen).

* 홈페이지 주소는 예고없이 변경될 수 있습니다.

찾아보기

ㅁ

ㅂ

ㅅ

ㅇ

ㅈ

ㅎ

영어

옮긴이_ 김재호

경북대학교 전기공학과를 졸업하고 일본 도쿄대학에서 플라즈마 이공학 전공으로 Ph. D 학위를 받았다. 졸업 후 도쿄대학 연구원을 지냈고 현재는 국가 출원 연구소인 산업기술종합연구소(AIST) 나노튜브응용연구센터 연구원으로 차세대 나노 신소재 연구 개발에 힘쓰고 있다. 장차 학문 융합 시대를 이끌어갈 공학자로서 양자역학을 비롯한 물리, 화학, 바이오, 환경, 우주 천문학 등 다양한 분야의 학문을 연구하고 있다. 역서로 『친절한 양자론』이 있다.

옮긴이_ 이문숙

전북대학교 독어독문학과 졸업 후 일본 도쿄대학에서 언어학 박사학위를 받았다. 현재는 동경 이과대학과 방송대학에서 한국어를 가르치면서 외국어로서의 한국어 교육에 힘쓰고 있다. 또한 일본 내에서 실시되는 한글 검정 시험의 문제 출제, 평가, 채점 위원으로도 활동 중이다.
역서로 『친절한 양자론』이 있다.

편집기획_ 구성엽

중앙대학교 물리학과를 졸업한 뒤 월간 과학 잡지 〈Newton〉의 과학전문기자(2000년 8월~2005년 12월)로 활동했다. 《친절한 우주론》의 번역 원고를 더욱 전문적으로 다듬는 작업과 외국의 전문 사이트에 대한 분석과 검토를 통해 내용을 보강하는 작업에 참여했다. 또 다양한 시각자료를 찾아 책의 내용을 더욱 풍성하게 하는 데 도움을 주었다. 앞으로도 '더 많은 독자들의 과학적 이해를 높이기 위한 사이언스 북 기획자'로서 활동 중이다.

친절한 우주론

개정판 1쇄 인쇄 | 2021년 12월 22일
개정판 1쇄 발행 | 2021년 12월 29일

지은이 | 다케우치 가오루
옮긴이 | 김재호·이문숙
펴낸이 | 강효림

편집기획 | 구성엽
편집 | 이남훈·김자영
디자인 | 채지연
마케팅 | 김용우

용지 | 한서지업(주)
인쇄 | 한영문화사

펴낸곳 | 도서출판 전나무숲 檜林
출판등록 | 1994년 7월 15일·제10-1008호
주소 | 03961 서울시 마포구 방울내로 75, 2층
전화 | 02-322-7128
팩스 | 02-325-0944
홈페이지 | www.firforest.co.kr
이메일 | forest@firforest.co.kr

ISBN | 979-11-88544-78-3 (04420)
ISBN | 979-11-88544-67-7 (세트)

※ 책값은 뒤표지에 있습니다.

※ 잘못된 책은 구입하신 서점에서 바꿔드립니다.

전나무숲 건강편지는 매일 아침 유익한 건강 정보를 담아 회원들의 이메일로 배달됩니다. 매일 아침 30초 투자로 하루의 건강 비타민을 톡톡히 챙기세요. 도서출판 전나무숲의 네이버 블로그에는 전나무숲 건강편지 전편이 차곡차곡 정리되어 있어 언제든 필요한 내용을 찾아볼 수 있습니다.

http://blog.naver.com/firforest

'전나무숲 건강편지'를 메일로 받는 방법 forest@firforest.co.kr로 이름과 이메일 주소를 보내주세요. 다음 날부터 매일 아침 건강편지가 배달됩니다.

유익한 건강 정보, 이젠 쉽고 재미있게 읽으세요!

도서출판 전나무숲의 티스토리에서는 스토리텔링 방식으로 건강 정보를 제공합니다. 누구나 쉽고 재미있게 읽을 수 있도록 구성해, 읽다 보면 자연스럽게 소중한 건강 정보를 얻을 수 있습니다.

http://firforest.tistory.com